高等学校教材

# 高分子化学实验

GAOFENZI HUAXUE SHIYAN

尹奋平　乌兰　主编
张宏　彭程　副主编

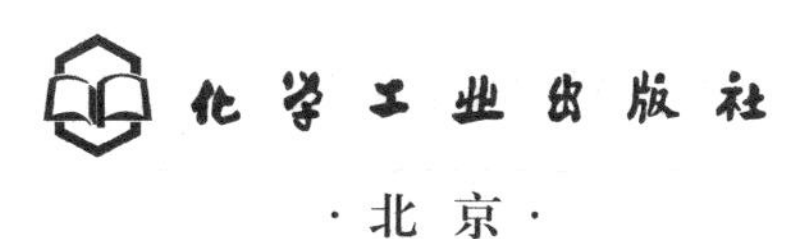


·北京·

《高分子化学实验》介绍了高分子化学实验的基本知识，包括实验室基本常识、实验仪器的使用和维护、高分子化学实验的基本操作和基本技能、高分子化学实验课程的学习方法等。实验部分共有57个实验，内容涉及逐步聚合、自由基聚合、离子聚合、开环聚合和高分子化学反应，主要是聚合物合成和高分子材料制备实验，并结合必要的结构分析和性能测定，其中综合性实验旨在拓展高分子化学实验教学思路、引导学生在实验教学过程中的思考和探索。实验中给出了教学建议，以便不同学校根据具体情况安排相应的实验。附录中列出一些单体、聚合物和溶剂的物理常数，还包括其他常用的数据。

本教材是针对高等院校高分子科学相关专业的各类学生编写的，也是他们从事科学研究工作的重要参考书；亦可作为高分子材料和复合材料相关专业的本科教材，也可供相关科研和技术人员参考。

**图书在版编目（CIP）数据**

高分子化学实验/尹奋平，乌兰主编. —北京：化学工业出版社，2015.3（2024.2 重印）
高等学校教材
ISBN 978-7-122-22864-2

Ⅰ.①高… Ⅱ.①尹…②乌… Ⅲ.①高分子化学-化学实验-高等学校-教材 Ⅳ.①O631.6

中国版本图书馆 CIP 数据核字（2015）第 016407 号

责任编辑：窦　臻　　文字编辑：王　琪
责任校对：边　涛　　装帧设计：韩　飞

出版发行：化学工业出版社（北京市东城区青年湖南街 13 号　邮政编码 100011）
印　　装：北京七彩京通数码快印有限公司
787mm×1092mm　1/16　印张 13¼　字数 323 千字　2024 年 2 月北京第 1 版第 6 次印刷

购书咨询：010-64518888　　售后服务：010-64518899
网　　址：http：//www. cip. com. cn
凡购买本书，如有缺损质量问题，本社销售中心负责调换。

定　　价：39.00 元

# 前言

高分子化学是一门实验科学，实验技术和技能的培养是高分子专业学生必不可少的环节，而高分子化学实验课程是此环节中的重要组成部分。

本教材的内容主要包括两大类。一类是高分子化学实验基础，包括高分子化学实验室安全与防护、聚合机理、聚合方法、高分子的化学反应、聚合物的性能评价、聚合物的分离和纯化、化学试剂的精制方法。另一类是高分子化学实验项目，包括逐步聚合反应实验、自由基聚合实验、离子型聚合和开环聚合实验、高分子化学反应实验、常用高分子的表征方法及特殊聚合反应。高分子化学实验部分共有实验 57 个。另外，书后面的附录有常用高分子材料方面的测试方法及常用材料物理数据等，可以供广大学生和科研工作者在学习和工作中方便查阅。

高分子化学实验和与其配套的课程教学是分不开的。本实验课是为高分子材料与工程专业大三学生开设的一门专业实验课，它是在学完高分子化学理论课程之后所进行的实验训练课程，为此本教材在大部分实验的后面部分增加了思考题。这些思考题不仅包括专业知识，还包括实验技巧方面的内容，让学生带着问题做实验，在实验过程中深入思考，从而达到更加深入和牢固地掌握专业知识、提高实验技能的目的。

本教材所有实验的选取和编排基于高分子材料与工程专业本科教学大纲对高分子化学实验课程的要求，在此基础上进行一些知识的扩展。是在西北民族大学化工学院高分子材料实验室多年来使用的实验讲义和近年来实验教学经验积累的基础上编写的，在内容及形式上都有了较大的改变。

本教材由西北民族大学化工学院的尹奋平、乌兰任主编，张宏、彭程任副主编，第一篇主要由尹奋平、乌兰具体编写，第二篇和附录主要由张宏、彭程具体编写，苑沛霖、吴尚参与了编写工作。全书由尹奋平负责统稿和定稿。

本教材在编写过程中得到了西北民族大学化工学院王彦斌教授、苏琼教授的指导，另外，西北师范大学高分子材料研究所的王荣民教授也提出宝贵意见。本书在出版过程中也得到了化学工业出版社的大力支持，特此感谢。他们的宝贵意见和热情鼓励，使这本实验教材能够编写完成，在此一并致谢。

由于编者水平有限，书中难免存在缺点和不足之处，欢迎广大读者批评指正。

编　者

2014 年 11 月

# 目录

## 第一篇　高分子化学实验基础

## 第二篇 高分子化学实验项目

# 第一篇

# 高分子化学实验基础

# 第一章　高分子化学实验室安全与防护

能够圆满地完成一项高分子化学实验，不仅仅意味着顺利地获得预期产物并对其结构进行充分的表征，更为重要的往往被忽视的是避免安全事故的发生。实验室的安全关系到个人人身安全和国家、集体的财产安全。在进行实验前必须加强安全学习，熟悉安全操作规程，做好安全预案。尤其是在实验过程中实验者必须坚持自己不被伤害，也不伤害他人，不被他人伤害。因为高分子化学的许多药品是有毒、易燃、易爆的，进入高分子化学实验室首先要了解实验室安全与防护的知识，这是顺利地进行高分子化学实验的重要保证。要遵守所在实验室的安全规则，正确规范地存放和使用化学试剂，了解紧急事故的处理方法和消防知识，以下是高分子化学实验中常常要遵守的一些规章。

## 一、高分子化学实验室安全规则

(1) 准时上课，提前预习好实验，写出当天要进行实验的预习报告，上课时老师检查签字。

(2) 熟悉实验室的安全设施和安全防护的方法，实验仪器设备的安装和运行要按有关的规定和操作规程进行。

(3) 对所用的化学试剂必须了解其物性和毒性，正确使用和防护。使用时看好标签，严禁将试剂混合或挪作他用，严禁将药品携带出实验室。实验公用的仪器、试剂使用后要放回原处，遗撒的试剂要及时清理、回收。

(4) 实验态度认真，操作中要仔细，实事求是。实验条件要严格控制，并在实验中仔细思考，实验中不要做与实验无关的事，不得擅自离开。实验室要保持安静，不准打闹，不准吃东西。

(5) 严禁将所合成的聚合物、不溶的凝胶、杂物等倒入水池，以免堵塞下水道。实验中使用过的废溶剂严禁随意倒入水池，应收集在分类的回收瓶中。

(6) 实验室应保持干净、整洁，实验完毕安排值日生进行清扫。在离开实验室之前，必须仔细检查，断水、断电（除冰箱外），关窗锁门。了解和掌握各种灭火器的使用方法，以备必要时可正确使用。

## 二、化学试剂的使用安全

正确规范地存放和使用化学试剂是化学实验顺利进行的前提，也是实验室财产和人身安全的重要保证。下面介绍化学试剂存放和使用的基本常识。

### 1. 药品的存放

所有试剂在存放时都应具备明确的标签，包括名称、含量或纯度、生产日期和毒性。

一般常用试剂要分类存放，按有机物分成两大类，有机试剂再按照醇、醛、酮、酸、胺、盐类等细分为几类存放；特殊试剂的存放要注意以下几方面原则。

（1）活泼金属必须浸泡在煤油中。

（2）单体、生物试剂等需要在冰箱中存放，并密封好。

（3）引发剂、催化剂等需要在干燥器中避光存放。

（4）易挥发、易升华试剂必须保证密封，存放在通风处或干燥器内。

（5）易燃的有机物和还原剂不能与强氧化剂放在一起。

（6）惰性气体的压力气瓶不能放在过道，并注意检查气瓶出口是否有泄漏。

（7）可燃性气体和有毒气体必须存放在室外专用的气柜中，并严格管理。

（8）剧毒药品应由专人管理，购买和使用必须严格遵守相关规定。

**2. 使用安全**

许多化合物对人体都有不同程度的毒害，一切有挥发性的物质，其蒸气长时间、高浓度与人体接触总是有毒的。随着中毒情况的加深和持续性的影响，会出现急性中毒和慢性中毒。急性中毒是在高浓度、短时间的暴露情况下发生的，并表现出全身的中毒症状；慢性中毒也可在一定条件下发生，但通常是在较低浓度、长时间暴露情况下发生的，毒性侵入人体后发生累积性中毒。急性中毒除造成致命的危险外，一般危险性较低，比慢性中毒容易得到恢复，而且症状明显，容易辨认。但无论是何种中毒情况，对人体都是不利的。

化学试剂使人体中毒的主要途径有吸入、经皮肤接触和经口服三种。支配毒性的最重要因素之一是溶剂的挥发性，高挥发性溶剂在空气中的浓度较高，因此达到致命浓度的可能性就高。低挥发性溶剂相对比较安全，但要注意经皮肤和经口服的中毒。化学试剂的毒性各不相同，在使用时应特别注意了解试剂的毒性，以便正确使用和防护。

经过长期的实践和研究，人们总结了常用试剂的毒性，并加以分类。如果按对人体的损害程度分类，可以大致分为低毒性、中等毒性和高毒性三类。如果所用的试剂属于中等或以上毒性，就必须进行防护。以下列出一些常见强毒性试剂，另有国家颁布的剧毒化学品目录可以通过各种渠道查询。

（1）有毒气体　氯气、氨气、氯化氢、二氧化硫、光气、一氧化碳、硫化氢、甲烷等。

（2）重金属　铅、铊、汞等。

（3）芳香烃类化合物　苯、氯苯、苯胺、硝基苯、苯肼、4-氨基联苯、多环芳香烃等。

（4）其他含氮化合物　乙腈、氰化物、亚硝基化合物等。

（5）含卤素的化合物　氯仿、四氯化碳、碘甲烷、碘乙烷、氯化亚砜、六氟丙烯、二氯乙烷、氯乙醇、溴甲烷、溴乙烷等。

（6）含硫的化合物　二硫化碳、硫酸二甲酯等。

（7）高度致癌物　苯、铍及其化合物、镉及其化合物、六价铬化合物、镍及其化合物、环氧乙烷、砷及其化合物、煤焦沥青、石棉纤维、氯甲醚、甲苯-2,4-二异氰酸酯等。

对于有毒化学试剂在使用中的防护，应做到了解试剂物性和毒性以及必要的防护措施，以便安全存放和使用；实验室应具备必要的防护措施，具有良好的自然通风和通风效果达标的通风柜，试剂的称量和进行有机化学反应时应尽量在通风柜中进行，尽量减少接触有毒化学物质的蒸气；养成良好的药品使用习惯，应避免有毒化学物质接触五官或伤口，使用化学试剂要戴橡胶手套和防护眼镜，必要时佩戴防毒面具。

正确规范的使用是安全的重要保证。例如，不使用明火直接加热有机溶剂，做带加热的实验时要根据反应温度加装冷凝管，切不可将整个装置处于密闭状态进行反应；常压蒸馏时装置亦不可完全密闭，蒸馏低沸点易燃溶剂时，支管处可用橡胶管接到窗外或吸收剂中，切勿忘记打开冷凝水；做任何回流实验时不要忘记加入沸石或安装其他安全装置。

使用易燃易爆气体或有毒气体应保证气体管路无泄漏，并避免任何火星产生。实验室中的煤气管路要经常检查有无泄漏，煤气灯和连接橡胶管在使用前也要检查，及时更换老化的橡胶管；使用时发现有泄漏情况应首先关闭气瓶总阀，立即熄灭室内所有火源，关闭高温设备，开窗通风。大量泄漏事故要首先自救，并通知火警。

使用活泼金属时要特别注意防潮防水，不可直接用于干燥含水较多的乙醚。活泼金属在转移时应动作迅速，表面的煤油用干燥的滤纸沾干。使用剩余的金属要马上泡在煤油中，不准备保留的金属碎屑切不可随意丢弃，应往反应瓶中缓慢滴加乙醇，使金属完全反应完毕，再作为废液处理。

## 三、化学实验意外事故的紧急处理

在实验过程中遇到紧急情况，要了解处理和急救方法，争取减少损失和伤害。

(1) 爆炸　进行加热反应，若操作不当，有可能反应失控而导致玻璃反应器炸裂，导致实验人员受到伤害，在进行减压操作时玻璃仪器由于存在裂痕也可能发生爆炸，在这种情况下，应特别注意对眼睛的保护。高分子实验中所用的易爆物有偶氮类引发剂和有机过氧化物等。在进行纯化过程中，应避免高浓度、高温操作，应尽可能在防护玻璃后进行操作。进行真空减压实验时，应仔细检查玻璃仪器是否存在缺陷，必要时在装置和操作人员之间放置保护屏。有些有机物遇氧化剂会发生猛烈爆炸或燃烧，操作时应特别小心。

(2) 皮肤接触　如遇有毒化学试剂接触皮肤，要立即用大量清水冲洗；酸碱灼伤时可再用质量分数低于5%的碳酸氢钠和乙酸清洗。若接触硝基化合物、含磷有机物等，应先用乙醇擦洗，再用清水冲洗。

(3) 中毒　在高分子实验中，会用到多种有机试剂，很多有机试剂具有毒性，如苯胺、硝基苯、苯酚等可通过皮肤或呼吸道被人体吸收，对人体造成伤害，在不经意时，手也可能沾上有毒性物质，经口腔进入人体内。就是常规有机试剂，过多吸入对人体健康也是有害无益。因此使用有毒试剂应做到认真操作，妥善保管，残留物不得乱扔，应有效处理。在接触有毒和腐蚀性试剂时，必须戴上防护手套，操作完毕后立即洗手，切勿让有毒试剂触及五官及伤口。在进行有毒气体或腐蚀性气体的实验操作时，应在通风橱中进行，并尽可能在排到大气之前做适当处理，使用过的器具应及时清洗。在实验室内不应饮食和喝水，养成工作完毕离开实验室之前洗手的习惯。若皮肤上溅有有毒性物质，应根据其性质，采用适当方法进行清洗。

(4) 化学试剂溅入眼中　立即用大量水清洗（有条件的可立即用洗眼器进行清洗），清洗后仍觉得不适要马上到医院做进一步治疗。

(5) 触电　高分子实验过程中需要用到各种电气设备、实验仪器等，使用时应该严格按照仪器的操作说明进行。进入实验室应该严格检查实验室电源情况，所有实验室电源必须要在配电箱的漏电开关后引出，杜绝实验室私拉乱接电源盒采用临时电源供电。实验时对电源部分的控制一定要小心谨慎，注意不能湿手操作，对像电炉等一类有裸露导电部分的设备要注意不要有任何液体接触导电部分。

对使用大功率电气设备一定要格外小心，严格按照电气设备的额定功率配置电源线，避免电源线发热造成漏电危险。

若发生触电事故时一定要第一时间断开电源，发生严重触电事故时必须按正确方法对受害者进行心肺复苏并同时拨打急救电话，由医生尽快处置。

(6) 外伤处理　实验室出现的外伤主要是玻璃器具损坏引起的外伤，如玻璃器皿破裂，温度计、搅拌杆或玻璃棒的折断，玻璃三通破裂等引起的伤害。因此在操作时应做到轻拿轻放，尤其是沾满聚合物的玻璃器皿的洗涤要特别小心。养成良好的器皿使用习惯，用完要放回原处。高分子实验过程中需要使用到的各种利器等也要特别小心。

总之在实验室进行实验研究要严格遵守实验室安全操作规则，养成良好的实验习惯，在从事不熟悉和危险的实验时更应该小心谨慎，防止因操作不当而造成人身安全事故。

## 四、消防常识

防火对于化学实验室是非常重要的。实验中的正确操作可以避免火灾的发生。要学会使用灭火器，及时更换到期的灭火器，并了解灭火器的灭火种类和使用方法。一般实验室常用干粉灭火器，仪器分析实验室常用 1211 灭火器。

要熟悉实验室的布局和逃生路线，了解发生火灾的紧急处理方法。实验室一旦发生着火事故，首先不要惊慌，应保持沉着镇静，先移开附近的易燃物，切断电源，视情况做相应处理。

(1) 瓶内溶剂着火或油浴内导热油起火，且火势较小，可立即用石棉网或湿布盖住瓶口，隔氧熄火。若洒在地上的少量溶剂着火，可用湿布或黄沙盖住熄火。极少量活泼金属起火可以使用干黄沙灭火，也可以使用灭火器。

(2) 实验室中可扑救的火势，一般不用水灭火，应用灭火器，在一定安全距离内，从周围向中间喷射，无法自救的火势要立即逃生到安全处拨打火警电话 119。

(3) 衣服着火切勿惊慌，不要奔跑，应用湿布盖住着火处，或直接用水冲灭，严重的情况要马上躺在地上打滚熄火。

(4) 逃生过程中不要贪恋财物，烟雾较大时应用湿布捂住口鼻，贴地面爬行；不能乘坐电梯，不能轻易从高层跳下；及时呼救并采取一切降温措施以保全性命。

## 五、“三废”处理

在化学实验中经常会产生有毒的废气、废液和废渣，若随意丢弃不仅污染环境、危害健康，还可能造成不必要的浪费。正确处理“三废”是每个人都应该具备的环保意识和知识。

(1) 有毒废气应处理。在实验中如产生有毒气体，应在通风橱中进行操作，并加装气体接收装置。如产生二氧化硫等酸性气体，可通入氢氧化钠水溶液吸收；碱性气体用酸溶液吸收。还要注意，一些有害的化合物由于沸点低，反应中来不及冷却以气体排出，应将其通入吸收装置，还可加装冷阱。

(2) 一般的废溶剂要分类倒入回收瓶中，废酸、废碱要分开放置，有机废溶剂分为含卤素有机废液和不含卤素有机废液，应由专业回收有机废液的单位进行处理。

(3) 无机重金属化合物严禁随意丢弃，应进一步处理后，作为废液交专业回收单位处理。含镉、铅的废液加入碱性试剂使其转化为氢氧化物沉淀；含六价铬化合物要先加入还原剂还原为三价铬，再加入碱性试剂使其沉淀；含氰化物废液可加入硫酸亚铁使其沉淀；含少量汞、砷的废液可加入硫化钠使其沉淀。

(4) 千万不能将反应剩余的活泼金属（不要认为表面氧化的剩余金属不危险）倒入水池，以免引起火灾。废金属也不可随便掩埋，可向有废金属的烧瓶中缓慢滴加乙醇，直到金属反应完毕。此期间产生的废液仍应作为有机废液处理。

(5) 无毒的聚合物尽量回收，直接丢弃会由于难以降解而造成白色污染；有一定流动性的聚合物切记不能直接倒入下水道，以免堵塞；自己合成的聚合物需保留的要标明成分，不需保留的应及时处理。

(6) 切记不可将乳液倒入下水道。无论是小分子乳液还是聚合物乳液，都可能会污染水质或破乳沉淀堵塞下水管道。正确的处理方法是将乳液破乳后分离出有机物再进一步处理。

## 六、实验的准备与操作

### 1. 预习报告

预习报告是在实验开始前，在对实验讲义及有关的操作技术认真预习的基础上写出的提纲性小结，应包括实验目的、基本原理、操作步骤、大致的时间安排以及预习中有疑问的地方。通过预习需要了解以下几方面的内容。

(1) 实验目的和要求，实验原理。

(2) 写出实验步骤，最好用流程图，简明扼要；示意画出实验主要装置、仪器或设备图。

(3) 列出主要试剂药品（或物料）表，内容包括名称、规格、用量、相对密度、使用条件等；列出主要仪器设备一览表，其内容包括名称、型号、精确度、使用范围等。

(4) 根据实验内容，确定实验原始数据记录项目，一般内容应包括时间、温度、湿度、压力、操作内容、实验现象等。

(5) 注明实验注意事项，确定解决办法。整个预习报告一定要字迹清晰、可操作性强。

### 2. 课堂提问

指导老师在查阅完学生的预习报告后，一定要以提问的方式了解学生对本实验的预习情况，提出一些与实验相关的问题要求学生回答并如实记录回答问题情况。经指导老师同意后方可开始实验，指导老师在课堂介绍后检查数据记录并签字以备后查。

### 3. 实验操作

指导老师演示完实验内容以后，在实验过程中，学生实验操作一定要按操作规程进行。实验数据经指导老师检查认可后学生方可结束实验，指导老师在原始数据上签字以备后查。

### 4. 纪律卫生

在实验过程中，学生一定要遵守实验纪律，禁止大声喧哗、随意走动、饮用或吃任何东西，始终保持实验室安静有序，保持实验室卫生，并在实验结束后认真打扫室内卫生并做好实验结束的收尾工作，经指导老师同意后方可离开。

### 5. 实验记录

实验记录是实验工作的第一手资料，是写出实验报告的基本依据。实验数据要记在专用的记录本上。

实验记录要简明扼要，大体上应包括实验日期、实验题目、原料的规格和用量、简单的操作步骤、详细的实验现象及数据。记录要求完全、准确、整洁。尽量用表格形式记录数据。

**6. 实验数据处理和实验报告**

完成整个实验后，要及时处理实验数据，完成实验报告。应该做到以下几点。

(1) 实验名称、日期、地点、环境条件、实验者及同组实验者姓名。

(2) 根据理论知识分析和解释实验现象，对实验数据进行必要处理，得出实验结论，完成实验思考题。

(3) 将实验结果和理论预测进行比较，分析出现的特殊现象，提出自己的见解和对实验的改进。

(4) 独立完成实验报告，实验报告应字迹工整、叙述简明扼要、结论清楚明了。完整的实验报告包括实验题目、实验目的、实验原理（自己的理解）、实验记录、数据处理、结果和讨论。

(5) 综合型、设计型实验除完成实验报告外，实验者应在老师的指导下写出研究论文。

总之，实验报告一定要做到真实、全面、清晰、准确无误。实验报告应同预习报告、实验原始记录一起在下次实验时提交给指导老师，无预习报告和原始记录者，指导老师有权拒收。

# 第二章 聚合机理

## 一、概述

高分子化学实验是一门高分子合成及其反应和聚合物性能研究的实验性科学。由低分子单体合成聚合物的反应总称为聚合反应。聚合物的反应机理是高分子合成的核心内容，学好聚合机理有助于从事高分子科研和学习的人员更好地掌握高分子材料的合成、精制、表征等方法，也能更好地为人类的生产生活服务。

1929 年，Carothers 借用有机化学中加成反应和缩合反应的概念，根据单体和聚合物之间的组成差异，将缩合反应分为加聚反应和缩聚反应。单体通过相互加成而形成聚合物的反应称为加聚反应。加聚物具有重复单元和单体分子式结构（原子种类和数目）相同、仅是电子结构（化学键方向和类型）有变化、聚合物相对分子质量是单体相对分子质量整数倍的特点。带有多个可相互反应的官能团的单体通过有机化学中各种缩合反应消去某些小分子而形成聚合物的反应称为缩聚反应。

1951 年，Flory 从聚合反应的机理和动力学角度出发，将聚合反应分为链式聚合和逐步聚合。链式聚合（也称为连锁聚合）需先形成活性中心 $R^*$，活性中心可以是自由基、阳（正）离子、阴（负）离子。聚合反应中存在诸如链引发、链增长、链转移、链终止等基元反应，各基元反应的反应速率和活化能差别很大。如果进一步划分，链式聚合又可按活性中心分为自由基聚合、阳离子聚合、阴离子聚合。而逐步聚合则可按动力学分为平衡缩聚和不平衡缩聚。如按大分子链结构又可分为线型缩聚和体型缩聚等。

Flory 的分类方法由于涉及聚合反应本质，得到了人们的关注。尽管按照聚合反应机理进行分类有时也有不够明确的地方，但时至今日，对于新的聚合反应，科学家们仍然习惯于从聚合反应历程进行分类，如活性聚合、开环聚合、异构化聚合、基团转移聚合等。当然，现在的许多新的聚合反应虽然仍可归为某类传统的聚合类型，但其特征已有了明显不同。

## 二、逐步聚合

逐步聚合的特点是由一系列单体上所带的能相互反应的官能团间的有机反应所组成，在反应过程中，相互反应的官能团形成小分子而游离于大分子链之外，而单体上相互不反应的部分则连在一起形成大分子链。利用这一特性，可以很方便地进行分子设计，即把目标产物分解为一个个的基本单元，在每个单元接上可相互反应的活性基团形成单体，再使单体相互反应即可得到目标产物。

逐步聚合的另一特点是反应的逐步性，一方面由于反应的活化能高，体系中一般要加入催化剂；另一方面由于每一步反应都为平衡反应，因此影响平衡转移的因素都会影响到逐步聚合反应。从产物的分子链结构来看，逐步聚合可分为线型逐步聚合与体型逐步聚合两大类。

### 1. 线型逐步聚合

参加聚合反应的单体都只带有两个可相互反应的官能团，在聚合过程中，大分子链呈现线型增长，最终得到的聚合物为可溶、可熔的线型结构。如按反应的历程来看，线型大致有缩合聚合、逐步加聚、氧化偶联聚合、加成缩合聚合、分解缩聚等。

线型逐步聚合实质上是反应官能团间的反应，从有机化学的角度看，为一系列的平衡反应。对于平衡常数大的线型逐步聚合，整个聚合在达到所需相对分子质量时反应还未达平衡，这样的缩聚称为不平衡逐步聚合；反之，称为平衡逐步聚合。

对于平衡缩聚，先要通过排出小分子的办法使平衡往生成聚合物的方向移动，以得到所需相对分子质量的聚合物。

对于不平衡逐步聚合，产物相对分子质量的控制主要是通过对单体配比的控制来实现。在实际生产中，往往通过让某一种官能团过量的方法，使最终产物分子链端的官能团失去进一步反应的能力，以保证在随后的加工、使用过程中聚合物相对分子质量的稳定。

目前，通过有目的地改造单体结构，使一些平衡逐步聚合转化为不平衡逐步聚合，以实现所谓的活性化逐步聚合。采用的主要方法有提高单体反应活性，如用含有酰氯、二异氰酸酯基的单体；使参与反应的一种原料不进入聚合物结构，以减少逆反应；在反应中形成更稳定的结构等。

### 2. 体型逐步聚合

参加聚合的单体中至少有一种含有两个以上可反应的官能团，在反应过程中，分子链从多个方向进行增长，形成支化和交联的体型聚合物。

为保证聚合反应正常进行，体型缩聚一般分为两步或三步进行。第一步聚合形成线型或支化的相对分子质量较低的预聚物，再进一步反应形成体型聚合物。从预聚物上所带可进一步反应官能团的数目、种类、位置等因素看，如上述因素均比较确定，则称为结构预聚物；反之，则称为无规预聚物。体型缩聚的一个关键是在聚合阶段控制反应停止于预聚物，以防止凝胶的生成，在成型过程中，进一步反应成体型缩聚物。

## 三、连锁聚合

连锁聚合的一个重要特点是存在活性中心 $R^*$，它一般是通过加入引发剂（或催化剂）产生的。依活性中心的不同，连锁聚合可以进一步划分为自由基聚合、阳（正）离子聚合、阴（负）离子聚合、配位聚合和开环聚合。

### 1. 自由基聚合

活性中心是自由基的连锁聚合称为自由基聚合。自由基聚合的特征是慢引发、快增长、有转移、速终止。

自由基聚合可采用引发剂引发、热引发、光引发、辐射引发等。实际中多采用引发剂引发，常用的有偶氮类引发剂、过氧类引发剂、氧化还原类引发剂等。引发剂的选择十分关键，往往决定一个聚合反应的成败。

链增长阶段多存在自动加速现象，这是由于随转化率提高，体系黏度加大，阻止了链自由基运动，使双基链终止反应概率下降造成的。

自由基聚合中存在大量的链转移反应，主要为单体、溶剂、引发剂、聚合物的链转移反应。链转移可造成相对分子质量下降、产生支链、引发效率下降等。利用这一特性，可加入链转移常数适当的物质作为链转移剂调节聚合物相对分子质量。

正常情况下自由基聚合为双基终止，有偶合终止和歧化终止两种。

**2. 阴离子聚合**

活性中心是阴离子的连锁聚合称为阴离子聚合。阴离子聚合的特点是快引发、快增长、难终止。在一定的条件下可实现无终止的活性计量聚合，即反应体系中所有活性中心同步开始链增长，不发生链终止、链转移等反应，活性中心长时间保持活性。这是阴离子聚合较其他常规聚合的最明显优点。阴离子聚合是目前实现高分子设计合成的最有效手段，如可得到相对分子质量分布较窄的聚合物，可通过连续投料得到嵌段共聚物，可通过聚合结束后的端基反应制备遥爪聚合物等。理论上讲，带吸电子取代基的单体均可进行阴离子聚合，但目前主要是一些共轭烯烃可通过阴离子聚合实现上述高分子设计合成。

阴离子聚合引发剂主要为 Lewis 碱（路易斯碱），如有机碱金属化合物，选择时注意单体与引发剂的匹配。

阴离子聚合多采用溶液聚合，所用溶剂一般为烷烃、芳香烃，如正己烷、环己烷、苯等。由于活性中心极易与活泼氢等反应而失去活性，对聚合装置和参与反应各组分要求严格，需高度净化，完全隔绝和除去空气、水分等杂质，加上活性中心以多种离子对平衡的形式存在，因而阴离子聚合影响因素多，聚合工艺比自由基聚合相应要复杂得多。

**3. 阳离子聚合**

活性中心是阳离子的连锁聚合称为阳离子聚合。阳离子聚合的特点是快引发、快增长、易转移、难终止。由于反应活化能低，链转移严重，为此阳离子聚合多采用低温聚合（如聚异丁烯需在－100℃进行聚合），以得到高相对分子质量聚合物，所以除少数只能进行阳离子聚合的单体，如异丁烯、烷基乙烯基醚等，一般不采用阳离子聚合。

阳离子聚合引发剂主要有 Lewis 酸（路易斯酸，多用于高相对分子质量聚合物合成）和质子酸。

阳离子聚合多采用溶液聚合，溶剂一般为极性溶剂，如卤代烷烃。其他方面与阴离子聚合类似，聚合工艺控制复杂。

**4. 配位聚合**

配位聚合的概念最初是 Natta 在解释 $\alpha$-烯烃用 Ziegler-Natta 催化剂聚合的聚合机理时提出的，是指单体分子的碳-碳双键先在过渡金属催化剂的活性中心的空位上配位，形成某种形式的络合物（常称 $\sigma$-$\pi$ 络合物），随后单体分子相继插入过渡金属-碳键中进行增长，因此又称为络合聚合。配位聚合最重要的是其催化剂，一般称为 Ziegler-Natta 催化剂（齐格勒-纳塔催化剂），主要特点是可合成立构规整聚合物。

在实际应用中，配位聚合与离子型聚合有许多相似之处，如要求体系密闭、去除空气和水、原料需要精制、反应需在氮气保护下进行等。这是由于 Ziegler-Natta 催化剂易与空气和水发生副反应而失活。

**5. 开环聚合**

环状单体在聚合过程中通过不断地开环反应形成高聚物的过程称为开环聚合。

能够进行开环聚合的单体很多，如环状烯烃以及内酯、内酰胺、环醚、环硅氧烷等环内含有一个或多个杂原子的杂环化合物。环状单体能否转变为聚合物，从热力学角度分析，取决于聚合过程中自由能的变化情况，与环状单体和线型聚合物的相对稳定性有关。一般而言，六元环相对稳定不能聚合，其他环烷烃的聚合可行性为：三元环、四元环＞八元环＞五元环、七元环。对于三元环、四元环来讲，$\Delta H_c^{\phi}$ 是决定 $\Delta G_c^{\phi}$ 的主要因素；而对于五元环、六元环和七元环来讲，$\Delta H_c^{\phi}$ 和 $\Delta S_c^{\phi}$ 对 $\Delta G_c^{\phi}$ 的贡献都重要。随着环节数的增加，熵变对自由能变化的贡献增大，十二元环以上的环状单体，熵变是开环聚合的主要推动力。对于环烷烃来讲，取代基的存在将降低聚合反应的热力学可行性。在线型聚合物中，取代基的相互作用要比在环状单体中的大，$\Delta H_c^{\phi}$ 变大（向正值方向变化），$\Delta S_c^{\phi}$ 变小，使得聚合倾向变小。从动力学角度分析，在环烷烃的结构中由于不存在容易被引发物种进攻的键，因此开环聚合难以进行。内酰胺、内酯、环醚及其他的环状单体由于杂原子的存在提供了可接受引发物种亲核或亲电进攻的部位，从而可以进行开环聚合的引发及增长反应。总的说来，三元环、四元环和七元环到十一元环的可聚性高，而五元环、六元环的可聚性低。实际上开环聚合一般仅限于九元环以下的环状单体，更大的环状单体一般是不容易得到的。

开环聚合既具有某些加成聚合的特征，也具有缩合聚合的特征。开环聚合从表面上看，也存在着链引发、链增长、链终止等基元反应；在增长阶段，单体只与增长链反应，这一点与连锁聚合相似。但开环聚合也具有逐步聚合的特征，即在聚合过程中，聚合物的平均相对分子质量随聚合的进行而增长。区分逐步聚合和连锁聚合的主要标志是聚合物的平均相对分子质量随聚合时间的变化情况。逐步聚合中，平均相对分子质量随聚合反应的进行增长缓慢；而连锁聚合的整个过程中都有高聚物生成，聚合体系中只存在高聚物、单体及少量的增长链，单体只能与增长链反应。大多数的开环聚合为逐步聚合，也有些是完全的连锁聚合。开环聚合大多为离子型聚合，如增长链存在着离子对、反应速率受溶剂的影响等。许多开环聚合还具有活性聚合的特征。

开环聚合与缩聚反应相比，还具有聚合条件温和、能够自动保持官能团等物质的量等特点，因此开环聚合所得聚合物的平均相对分子质量通常要比缩聚物高得多；另外，开环聚合可供选择的单体比缩聚反应少，加上有些环状单体合成困难，因此由开环聚合所得到的聚合物品种受到限制。

## 四、共聚合

在链式聚合中，由两种或者两种以上的单体共同参与聚合的反应称为共聚合，产物称为共聚物。在逐步聚合中，将带有不同且可相互反应的单体自身的反应称为均缩聚，将两种带有不同官能团的单体共同参与的反应称为混缩聚。在均缩聚中加入第二种单体或在混缩聚中加入第三甚至第四单体进行的缩聚反应称为共缩聚。根据共聚物的链结构，共聚物可分为无规共聚物、交替共聚物、嵌段共聚物和接枝共聚物四大类。通过共聚合，可以使有限的单体通过不同的组合得到多种多样的聚合物，满足人们的各种需要。

共聚组成是决定共聚物性能的主要因素之一。不同的单体对进行共聚反应时，由于单体间的反应能力有很大差别，导致共聚行为相差很大。习惯上多用两共聚单体的竞聚率来判断其活性大小，竞聚率（$r$）是均聚和共聚链增长反应速率常数之比，$r$ 值越大，该单体越易均聚；反之，易共聚。

单体竞聚率的大小主要取决于单体本身结构。取代基对单体和自由基相对活性的影响主要为：共轭效应、极性效应和位阻效应。共轭单体的活性比非共轭单体的活性大；非共轭自由基的活性比共轭自由基的活性大，单体活性次序与自由基活性次序相反，且取代基对自由基反应活性的影响比对单体反应活性的影响要大得多，在共轭作用相似的单体之间易发生共聚反应；当两种单体能形成相似的共轭稳定的自由基时，给电子单体与受电子单体之间易发生共聚反应，单体的极性相差越大，越有利于交替共聚；反之，有利于理想共聚；当单体的取代基体积大或数量多时，空间位阻不可忽视。

与自由基共聚相比，离子型共聚有如下特点：对单体有较高的选择性，有供电子基团的单体易于进行阳离子共聚，有吸电子基团的单体易于进行阴离子共聚，因此能进行离子型共聚的单体比自由基共聚的要少得多；在自由基共聚体系中，共轭效应对单体活性有很大的影响，共轭作用大的单体活性大，在离子型共聚中，极性效应起着主导作用，极性大的单体活性大；在自由基共聚时，聚合反应速率和相应自由基活性一致，在离子型共聚时，聚合反应速率和单体活性一致；自由基共聚体系中，单体极性差别大时易交替共聚，在离子型共聚体系中单体极性差别大时则不易共聚；自由基共聚时，竞聚率不受引发方式和引发剂种类的影响，也很少受溶剂的影响，在离子型共聚时，活性中心的活性则对这些因素的变化十分敏感。因此同一对单体用不同机理共聚时，由于竞聚率有很大差别，相应地共聚行为和共聚组成也会有很大不同。

## 五、新的聚合反应

### 1. 自由基活性聚合

与阴离子聚合相比，实现可控自由基聚合有很大的难度。实现可控自由基聚合的关键在于克服以下不足：一方面要避免各种链终止和链转移反应，尽可能延长自由基的寿命，使每一根大分子链都在同样的条件下形成；另一方面要控制自由基的活性及生成速率与消失速率，使体系中自由基活性中心数目保持在一个可控的恒定值。用于引发的自由基由于活性高，寿命一般很短（为零点几秒到几秒），必须采取一定的措施才能不使自由基过早失活。

目前的实现方法主要分为物理方法和化学方法。物理方法是人为制造一个非均相体系，将链自由基用沉淀或微凝胶包住，使其在固定场所聚合，进而阻止双基终止，这种方法对聚合的可控程度差。化学方法为均相体系，通过向体系中加入某些化合物与链自由基形成可逆钝化的休眠种来实现。

活性自由基聚合可以得到相对分子质量分布很窄的聚合物，且相对分子质量随转化率的增加而线性增加，可合成出嵌段共聚物。

### 2. 可控阳离子聚合

对于正常的阳离子聚合而言，由于活性中心活性高，具有快引发、快增长、易转移、难终止的特点。

近年的研究表明，对某些聚合体系，存在着终止速率快于链转移速率（$R_t > R_{tr}$）。通过控制终止，可以避免向单体的链转移反应。如对异丁烯的聚合，当含一些特定官能团，如氯、苯基、环戊二烯基、乙烯基等，在活性链向单体发生链转移之前就转移到增长链的碳阳离子上，形成末端含有官能团的聚合物，这些聚合物又将进一步反应，形成具有活性聚合特点的阳离子活性聚合；再如对乙烯基醚类单体的聚合，可使用 $HI/I_2$ 引发体系、磷酸酯/$ZnI_2$ 引发体系。

### 3. 基团转移聚合

基团转移聚合（group transfer polymerization，GTP）是美国 Du Pont 公司的

O. W. Webster 等于 1983 年发现。主要是以 $\alpha$-不饱和、$\beta$-不饱和酯、酮、酰胺和腈类单体在适当的亲核催化剂存在下，以带有硅、锗、锡烷基基团的化合物作引发剂，不断地从大分子链末端转移到新单体的末端，形成新的活性中心。大分子链就如此反复地进行端基转移而形成聚合物，因此称为基团转移聚合。

从聚合反应机理看，基团转移聚合链转移和链终止速率比链增长速率小得多，因此具有活性聚合的特点，即有稳定的活性中心，可合成窄分布的聚合物，可制备嵌段共聚物等。

## 六、大分子反应

聚合物的化学反应种类很多。一种分类方法是按聚合物在发生反应时聚合度及功能基的变化分类，将聚合物的反应分为聚合物的相似转变、聚合度变大的反应和聚合度变小的反应。所谓聚合物的相似转变是指反应仅限于侧基和（或）端基，而聚合度基本不变。聚合度变大的反应是指反应中聚合物的相对分子质量有显著的上升，如交联、接枝、嵌段、扩链反应等。聚合度变小的反应则指反应过程中聚合物的相对分子质量显著地降低，如降解、解聚等反应。有机小分子的许多反应，如加成、取代、环化等反应，在聚合物中同样也可进行。

与小分子间反应的一个明显不同之处是聚合物的相对分子质量大，因而存在反应不完全、产物多样化等现象。产生原因有扩散因素、溶解度因素、结晶度因素、概率效应、邻位基团效应。

近年来聚合物的化学反应发展十分迅速，许多功能高分子都是通过先合成出基础聚合物，再通过进一步的聚合物化学反应实现的。

# 第三章　聚合方法

## 一、概述

与无机、有机合成不同，聚合物合成除了要研究反应机理外，还存在一个聚合方法问题，即完成一个聚合反应所采用的方法。从聚合物的合成看，第一步是化学合成路线的研究，主要是聚合反应机理、反应条件（如引发剂、溶剂、温度、压力、反应时间等）的研究；第二步是聚合工艺条件的研究，主要是聚合方法、原料精制、产物分离及后处理等研究。聚合方法的研究虽然与聚合反应过程密切相关，但与聚合反应机理亦有很大关联。

聚合方法是为完成聚合反应而确立的，聚合机理不同，所采用的聚合方法也不同。连锁聚合采用的聚合方法主要有本体聚合、悬浮聚合、溶液聚合和乳液聚合。进一步看，由于自由基相对稳定，因而自由基聚合可以采用上述四种聚合方法；离子型聚合则由于活性中心对杂质的敏感性而多采用溶液聚合或本体聚合。逐步聚合采用的聚合方法主要有熔融缩聚、溶液缩聚、界面缩聚和固相缩聚。

反应机理相同而聚合方法不同时，体系的聚合反应动力学、自动加速效应、链转移反应等往往有不同的表现，因此单体和聚合反应机理相同，但采用不同聚合方法所得产物的分子结构、相对分子质量、相对分子质量分布等往往会有很大差别。为满足不同的制品性能，工业上一种单体采用多种聚合方法十分常见。如同样是苯乙烯自由基聚合（相对分子质量为100000～400000，相对分子质量分布为2～4），用于挤塑或注塑成型的通用型聚苯乙烯（GPS）多采用本体聚合，可发型聚苯乙烯（EPS）主要采用悬浮聚合，而高抗冲聚苯乙烯（HIPS）则采用溶液聚合-本体聚合联用。聚合体系和实施方法的比较见表3-1。

**表3-1　聚合体系和实施方法的比较**

| 单体-介质体系 | 聚合方法 | 聚合物-单体(或溶剂)体系 | |
|---|---|---|---|
| | | 均相聚合 | 沉淀聚合 |
| 均相体系 | 本体聚合<br>气态<br>液态<br>固态 | <br>乙烯高压聚合<br>苯乙烯、丙烯酸酯类<br>— | <br>—<br>氯乙烯、丙烯腈<br>丙烯酰胺 |
| | 溶液聚合 | 苯乙烯-苯<br>丙烯酸-水<br>丙烯腈-二甲基甲酰胺 | 苯乙烯-甲醇<br>丙烯酸-己烷<br>丙烯腈-水 |
| 非均相体系 | 悬浮聚合 | 苯乙烯<br>甲基丙烯酸甲酯 | 氯乙烯<br>— |
| | 乳液聚合 | 苯乙烯、丁二烯 | 氯乙烯 |

聚合方法本身没有严格的分类标准，它是以体系自身的特征为基础确立的，相互间既有

共性又有个性，从不同的角度出发可以有不同的划分。上面所介绍的聚合方法种类，主要是以体系组成为基础划分的。如以最常用的相溶性为标准，则本体聚合、溶液聚合、熔融缩聚和溶液缩聚可归为均相聚合；悬浮聚合、乳液聚合、界面缩聚和固相缩聚可归为非均相聚合。但从单体-聚合物的角度看，上述划分并不严格。如聚氯乙烯不溶于氯乙烯，则氯乙烯不论是本体聚合还是溶液聚合都是非均相聚合；苯乙烯是聚苯乙烯的良溶剂，则苯乙烯不论是悬浮聚合还是乳液聚合都为均相聚合；而乙烯、丙烯在烃类溶剂中进行配位聚合时，聚乙烯、聚丙烯将从溶液中沉析出来成为悬浮液，这种聚合称为溶液沉淀聚合或淤浆聚合。如果再进一步，则需要考虑引发剂、单体、聚合物、反应介质等诸多因素间的互溶性，这样问题会更复杂。

## 二、本体聚合

不加其他介质，单体在引发剂或催化剂或热、光、辐射等其他引发方法作用下进行的聚合称为本体聚合。对于热引发、光引发或高能辐射引发，则体系仅由单体组成。

引发剂或催化剂的选用除了从聚合反应本身需要考虑外，还要求与单体有良好的相溶性。由于多数单体是油溶性的，因此多选用油溶性引发剂。此外，根据需要再加入其他试剂，如相对分子质量调节剂、润滑剂等。

本体聚合的最大优点是体系组成简单，因而产物纯净，特别适用于生产板材、型材等透明制品。反应产物可直接加工成型或挤出造粒，由于不需要产物与介质分离及介质回收等后续处理工艺操作，因而聚合装置及工艺流程相应也比其他聚合方法要简单，生产成本低。各种聚合反应几乎都可以采用本体聚合，如自由基聚合、离子型聚合、配位聚合等。缩聚反应也可采用，如固相缩聚、熔融缩聚一般都属于本体聚合。气态、液态和固态单体均可进行本体聚合，其中液态单体的本体聚合最为重要。

本体聚合的最大不足是，反应热不易排除。转化率提高后，体系黏度增大，出现自动加速效应，体系容易出现局部过热，使副反应加剧，导致相对分子质量分布变宽、支化度加大、局部交联等，严重时会导致聚合反应失控，引起爆聚。因此控制聚合热和及时地散热是本体聚合中一个重要的、必须解决的工艺问题。由于这一缺点，本体聚合的工业应用受到一定的限制，不如悬浮聚合和乳液聚合应用广泛。本体聚合工业生产实例见表 3-2。

## 三、溶液聚合

单体和引发剂或催化剂溶于适当的溶剂中的聚合反应称为溶液聚合。溶液聚合体系主要由单体、引发剂或催化剂和溶剂组成。

引发剂或催化剂的选择与本体聚合要求相同。由于体系中有溶剂存在，因此要同时考虑在单体和溶剂中的溶解性。

溶液聚合中溶剂的选择主要考虑以下几方面：溶解性，包括对引发剂、单体、聚合物的溶解性；活性，即尽可能地不产生副反应及其他不良影响，如反应速率、微观结构等；此外，还应考虑的方面有易于回收、便于再精制、无毒、易得、价廉、便于运输和储藏等。

溶液聚合为均相聚合体系，与本体聚合相比，最大的好处是溶剂的加入有利于导出聚合热，同时有利于降低体系黏度，减弱凝胶效应，在涂料、黏合剂等领域应用时，聚合液可直接使用而无须分离。

溶液聚合的不足是，加入溶剂后容易引起诸如诱导分解、链转移之类的副反应；同时溶剂的回收、精制增加了设备及成本，并加大了工艺控制难度。另外，溶剂的加入一方面降低了单体及引发剂的浓度，致使溶液聚合的反应速率比本体聚合要低；另一方面降低了反应装置的利用率。因此，提高单体浓度是溶液聚合的一个重要研究领域。溶液聚合工业生产实例见表 3-3。

**表 3-2　本体聚合工业生产实例**

| 聚合物 | 引发剂 | 工艺过程 | 产品特点与用途 |
|---|---|---|---|
| 聚甲基丙烯酸甲酯 | BPO 或 AIBN | 第一段预聚到转化率达 10%左右的黏稠浆液，然后浇模，分段升温聚合，高温后处理，脱模成材 | 光学性能优于无机玻璃，可用作航空玻璃、光导纤维、标牌等 |
| 聚苯乙烯 | BPO 或热引发 | 第一段于 80～90℃预聚到转化率达 30%～35%，流入聚合塔，温度由 160℃递增至 225℃聚合，最后熔体挤出造粒 | 电绝缘性好，透明，易染色，易加工。多用于家电与仪表外壳、光学零件、生活日用品等 |
| 聚氯乙烯 | 过氧化乙酰基磺酸 | 第一段预聚到转化率达 7%～11%，形成颗粒骨架，第二段继续沉淀聚合，最后以粉状出料 | 具有悬浮树脂的疏松特性，无皮膜，较纯净 |
| 高压聚乙烯 | 微量氧 | 管式反应器，180～200℃、150～200MPa 连续聚合，转化率达 15%～30%熔体挤出出料 | 分子链上带有多个小支链，密度低，结晶度低，适于制作薄膜 |
| 聚丙烯 | 高效载体配位催化剂 | 催化剂与单体进行预聚，再进入环式反应器与液态丙烯聚合，转化率达 40%出料 | 比淤浆法投资少 40%～50% |

**表 3-3　溶液聚合工业生产实例**

| 单体 | 引发剂或催化剂 | 溶剂 | 聚合机理 | 产物特点与用途 |
|---|---|---|---|---|
| 丙烯腈 | AIBN 氧化还原体系 | 硫氢化钠水溶液<br>水 | 自由基聚合<br>自由基聚合 | 纺丝液<br>配制纺丝液 |
| 醋酸乙烯酯 | AIBN | 甲醇 | 自由基聚合 | 制备聚乙烯醇、维纶的原料 |
| 丙烯酸酯类 | BPO | 芳香烃 | 自由基聚合 | 涂料、黏合剂 |
| 丁二烯 | 配位催化剂 BuLi | 正己烷<br>环己烷 | 配位聚合<br>阴离子聚合 | 顺丁橡胶<br>顺式聚丁二烯 |
| 异丁烯 | $BF_3$ | 异丁烷 | 阳离子聚合 | 相对分子质量低。<br>用于黏合剂、密封材料 |

## 四、悬浮聚合

单体以小液滴状悬浮在分散介质中的聚合反应称为悬浮聚合。体系主要由单体、引发剂、悬浮剂和分散介质组成。

单体为油溶性单体，要求在水中有尽可能小的溶解性。引发剂为油溶性引发剂，选择原则与本体聚合相同。分散介质为水，为避免副反应，一般用无离子水。悬浮剂的种类不同，作用机理也不相同。水溶性有机高分子为两亲性结构，亲油的大分子链吸附于单体液滴表面，分子链上的亲水基团靠向水相，这样在单体液滴表面形成了一层保护膜，起着保护液滴的作用。此外，聚乙烯醇、明胶等还有降低表面张力的作用，使液滴更小。非水溶性无机粉末主要是吸附于液滴表面，起一种机械隔离作用。悬浮剂种类和用量的确定随聚合物的种类和颗粒要求而定。除颗粒大小和形状外，尚需考虑产物的透明性和成膜性能等。

在正常的悬浮聚合体系中，单体和引发剂为一相，分散介质水为另一相。在搅拌和悬浮剂的保护作用下，单体和引发剂以小液滴的形式分散于水中。当达到反应温度后，引发剂分解，聚合开始。从相态上可以判断出，聚合反应发生于单体液滴内。这时，对于每一个单体小液滴来说，相当于一个小的本体聚合体系，保持有本体聚合的基本优点。由于单体小液滴外部是大量的水，因而液滴内的反应热可以迅速地导出，进而克服了本体聚合反应热不易排出的缺点。

悬浮聚合的不足是，体系组成复杂，导致产物纯度下降。另外，聚合后期随转化率提高，体系内小液滴变黏，为防止粒子结块，对悬浮剂种类、用量、搅拌桨形式、转速等均有较高要求。悬浮聚合工业生产实例见表 3-4。

**表 3-4 悬浮聚合工业生产实例**

| 单体 | 引发剂 | 悬浮剂 | 分散介质 | 产物用途 |
|---|---|---|---|---|
| 氯乙烯 | 过碳酸酯-<br>过氧化二月桂酰 | 羟丙基纤维素-<br>部分水解 PVA | 去离子水 | 各种型材、<br>电绝缘材料、薄膜 |
| 苯乙烯 | BPO | PVA | 去离子水 | 珠状产品 |
| 甲基丙烯酸甲酯 | BPO | 碱式碳酸镁 | 去离子水 | 珠状产品 |
| 丙烯酰胺 | 过硫酸钾 | Span60 | 庚烷 | 水处理剂 |

## 五、乳液聚合

单体在水介质中，由乳化剂分散成乳液状态进行的聚合称为乳液聚合。体系主要由单体、引发剂、乳化剂和分散介质组成。

单体为油溶性单体，一般不溶于水或微溶于水。引发剂为水溶性引发剂，对于氧化还原引发体系，允许引发体系中某一组分为水溶性。分散介质为无离子水，以避免水中的各种杂质干扰引发剂和乳化剂的正常作用。

乳化剂是决定乳液聚合成败的关键组分。乳化剂分子由非极性的羟基和极性基团两部分组成。根据极性基团的性质可将乳化剂分为阴离子型、阳离子型、两性型和非离子型几类。

除了以上主要组分，根据需要有时还加入一些其他组分，如第二还原剂、pH 调节剂、相对分子质量调节剂、抗冻剂等。

乳液聚合的一个显著特点是引发剂与单体处于两相，引发剂分解形成的活性中心只有扩散进增溶胶束才能进行聚合，通过控制这种扩散，可增加乳胶粒中活性中心寿命，因而可得到高相对分子质量聚合物，通过调节乳胶粒数量，可调节聚合反应速率。与上述几种聚合方法相比，乳液聚合可同时提高相对分子质量和聚合反应速率，因而适宜一些需要高相对分子质量的聚合物合成，如第一大品种合成橡胶（丁苯橡胶）即是采用的乳液聚合。对一些直接使用乳液的聚合物，也可采用乳液聚合。与悬浮聚合相比，由于乳化剂的作用强于悬浮剂，因而体系稳定。

乳液聚合的不足是，聚合体系及后处理工艺复杂。

## 六、熔融缩聚

在单体、聚合物和少量催化剂熔点以上（一般高于熔点 10～25℃）进行的缩聚反应称为熔融缩聚。熔融缩聚为均相反应，符合缩聚反应的一般特点，也是应用十分广泛的聚合方法。

熔融缩聚的反应温度一般在200℃以上。对于室温反应速率小的缩聚反应，提高反应温度有利于加快反应，但即使提高温度，熔融缩聚反应一般也需数小时。对于平衡缩聚，温度高有利于排出反应过程中产生的小分子，使缩聚反应向正向发展，尤其在反应后期，常在高真空下进行或采用薄层缩聚法。由于反应温度高，在缩聚反应中经常发生各种副反应，如环化反应、裂解反应、氧化降解、脱羧反应等。因此，在缩聚反应体系中通常需加入抗氧剂且反应在惰性气体（如氮气）保护下进行。由于熔融缩聚的反应温度一般不超过300℃，因此制备高熔点的耐高温聚合物需采用其他方法。

熔融缩聚可采用间歇法，也可采用连续法。工业上合成涤纶、酯交换法合成聚碳酸酯、聚酰胺等，采用的都是熔融缩聚。

## 七、溶液缩聚

单体、催化剂在溶剂中进行的缩聚反应称为溶液缩聚。根据反应温度，可分为高温溶液缩聚和低温溶液缩聚，反应温度在100℃以下的称为低温溶液缩聚。由于反应温度低，一般要求单体有较高的反应活性。从相态上看，如产物溶于溶剂，为真正的均相反应；如不溶于溶剂，产物在聚合过程中由体系中自动析出，则是非均相过程。

溶液缩聚中溶剂的作用十分重要。一是有利于热交换，避免了局部过热现象，比熔融缩聚反应缓和、平稳。二是对于平衡反应，溶剂的存在有利于除去小分子，不需真空系统，另外，对于与溶剂不互溶的小分子，可以将其有效地排除在缩聚反应体系之外。如聚酰胺副产物为水，可选用与水亲和性小的溶剂，当小分子与溶剂可形成共沸物时，可以很方便地将其夹带出体系。如在聚酯反应中，溶剂甲苯可与副产物水形成含水量为20%、沸点为81.4℃的共沸物，这种反应有时称为恒沸缩聚。而当小分子沸点较低时，可选用高沸点溶剂，使小分子在反应过程中不断蒸发。三是对于不平衡缩聚反应，溶剂有时可起小分子接受体的作用，阻止小分子参与的副反应发生，如二元胺和二元酰氯的反应，选用碱性强的二甲基乙酰胺或吡啶为溶剂，可与副产物HCl很好地结合，阻止HCl与氨基生成非活性产物；四是起缩合剂作用，如合成聚苯并咪唑时，多聚磷酸既是溶剂又是缩合剂。

与溶液聚合相同，溶液缩聚时溶剂的选择很重要，需注意以下几方面。一是溶解性，尽可能地使体系为均相反应，例如对二苯甲烷-4,4-二异氰酸酯与乙二醇的溶液缩聚反应，如以与聚合物不溶的二甲苯或氯苯为溶剂，聚合物会过早地析出，产物为低聚物；如用与单体和聚合物都可溶的二甲亚砜为溶剂，产物为高相对分子质量聚合物。二是极性，由于缩聚反应单体的极性较大，多数情况下增加溶剂极性有利于提高反应速率，增加产物相对分子质量。三是溶剂化作用，如溶剂与产物生成稳定的溶剂化产物，会使反应活化能升高，降低反应速率；如与离子型中间体形成稳定溶剂化产物，则可降低反应活化能，提高反应速率。四是副反应，溶剂的引入往往会产生一些副反应，在选择溶剂时要格外注意。

溶液缩聚的不足在于，溶剂的回收增加了成本，使工艺控制复杂，且存在“三废”问题。溶液缩聚在工业上应用规模仅次于熔融缩聚，许多性能优良的工程塑料都是采用溶液缩聚合成的，如聚芳酰亚胺、聚砜、聚苯醚等。对于一些直接使用溶液的产物，如涂料等，也采用溶液缩聚。

## 八、界面缩聚

单体处于不同的相态中，在相界面处发生的缩聚反应称为界面缩聚。界面缩聚为非均相体系，从相态看，可分为液-液界面缩聚和气-液界面缩聚；从操作工艺看，可分为不进行搅拌的静态界面缩聚和进行搅拌的动态界面缩聚。

界面缩聚的特点有以下几点。一是为复相反应，如实验室用界面缩聚法合成聚酰胺是将己二胺溶于碱水中（以中和掉反应中生成的HCl），将癸二酰氯溶于氯仿，然后加入烧杯中，在两相界面处发生聚酰胺化反应，产物成膜，不断将膜拉出，新的聚合物可在界面处不断生成，并可抽成丝。二是反应温度低，由于只在两相的交界处发生反应，因此要求单体有高的反应活性，能及时除去小分子，反应温度也可低一些（0～50℃），一般为不可逆缩聚，所以无须抽真空以除去小分子。三是反应速率为扩散控制过程，由于单体反应活性高，因此反应速率主要取决于反应区间的单体浓度，即不同相态中单体向两相界面处的扩散速率，为解决这一问题，在许多界面缩聚体系中加入相转移催化剂，可使水相（甚至固相）的反应物顺利地转入有机相，从而促进两分子间的反应，常用的相转移催化剂主要有盐类（如季铵盐）、大环醚类（如冠醚和穴醚）、高分子催化剂三类。四是相对分子质量对配比敏感性小，由于界面缩聚是非均相反应，对产物相对分子质量起影响的是反应区域中两单体的配比，而不是整个两相中的单体浓度，因此要获得高产率和高相对分子质量的聚合物，两种单体的最佳物质的量比并不总是1∶1。

界面缩聚已广泛用于实验室及小规模合成聚酰胺、聚砜、含磷缩聚物和其他耐高温缩聚物。由于活性高的单体如二元酰氯合成的成本高，反应中需使用和回收大量的溶剂及设备体积庞大等不足，界面缩聚在工业上还未普遍采用。但由于它具备了以上几个优点，恰好弥补了熔融缩聚的不足，因而是一种很有前途的方法。

## 九、固相缩聚

在原料（单体及聚合物）熔点或软化点以下进行的缩聚反应称为固相缩聚，由于不一定是晶相，因此有的文献中称为固态缩聚。

固相缩聚大致分为三种：反应温度在单体熔点之下，这时无论单体还是反应生成的聚合物均为固体，因而是“真正”的固相缩聚；反应温度在单体熔点以上，但在缩聚产物熔点以下，反应分两步进行，先是单体以熔融缩聚或溶液缩聚的方式形成预聚物，然后在固态预聚物熔点或软化点之下进行固相缩聚；体型缩聚反应和环化缩聚反应，这两类反应在反应程度较深时，进一步的反应实际上是在固态进行的。

固相缩聚的主要特点为：反应速率低，表观活化能大，往往需要几十个小时反应才能完成；由于为非均相反应，因此是一个扩散控制过程；一般有明显的自催化作用。固相缩聚是在固相化学反应的基础上发展起来的。它可制得高相对分子质量、高纯度的聚合物，特别是在制备高熔点缩聚物、无机缩聚物及熔点以上容易分解的单体的缩聚（无法采用熔融缩聚）有着其他方法无法比拟的优点。如用熔融缩聚法合成的涤纶，相对分子质量较低，通常只用作衣料纤维，而固相缩聚法合成的涤纶，相对分子质量要高得多，可用作帘子和工程塑料。

固相缩聚尚处于研究阶段，目前已引起人们的关注。

## 十、聚合方法的选择

一种聚合物可以通过几种不同的聚合方法进行合成，聚合方法的选择主要取决于要合成聚合物的性质和形态、相对分子质量和相对分子质量分布等。现在实验及生产技术已发展到可以用几种不同的聚合方法合成出同样的产品，这时产品质量好、设备投资少、生产成本低、“三废”污染小的聚合方法将得到优先发展。在表3-5、表3-6中对前面介绍过的几种聚合方法做一小结。

**表3-5　各种链式聚合方法的比较**

| 特征 | 本体聚合 | 溶液聚合 | 悬浮聚合 | 乳液聚合 |
| --- | --- | --- | --- | --- |
| 配方主要成分 | 单体<br>引发剂 | 单体<br>引发剂<br>溶剂 | 单体<br>引发剂<br>水<br>分散剂 | 单体<br>引发剂<br>水<br>乳化剂 |
| 聚合机理 | 遵循自由基聚合一般机理，提高速率往往使相对分子质量降低 | 伴随有向溶剂的链转移反应，一般相对分子质量及反应速率较低 | 遵循自由基聚合一般机理，提高速率往往使相对分子质量降低 | 能同时提高聚合速率和相对分子质量 |
| 生产特征 | 反应热不易排出，间歇生产或连续生产，设备简单，宜制板材和型材 | 散热容易，可连续生产，不宜干燥粉状或粒状树脂 | 散热容易，间歇生产，需有分离、洗涤、干燥等工序 | 散热容易，可连续生产，制成固体树脂时需经凝聚、洗涤、干燥等工序 |
| 产物特征 | 聚合物纯净，宜于生产透明浅色制品，相对分子质量分布较宽 | 聚合液可直接使用 | 比较纯净，可能留有少量分散剂 | 留有少量乳化剂和其他助剂 |

**表3-6　各种缩聚实施方法的比较**

| 特点 | 熔融缩聚 | 溶液缩聚 | 界面缩聚 | 固相缩聚 |
| --- | --- | --- | --- | --- |
| 优点 | 生产工艺过程简单，生产成本较低。可连续生产。设备的生产能力高 | 溶剂可降低反应温度，避免单体和聚合物分解。反应平稳易控制，与小分子共沸或反应而脱除。聚合物溶液可直接使用 | 反应条件温和，反应不可逆，对单体配比要求不严格 | 反应温度低于熔融缩聚温度，反应条件温和 |
| 缺点 | 反应温度高，单体配比要求严格，要求单体和聚合物在反应温度下不分解。反应物料黏度高，小分子不易脱除。局部过热会有副反应，对设备密封性要求高 | 增加聚合物分离、精制、溶剂回收等工序，增加成本且有“三废”。生产高相对分子质量产品需将溶剂脱除后进行熔融缩聚 | 必须用高活性单体，如酰氯，需要大量溶剂，产品不易精制 | 原料需充分混合，要求有一定细度，反应速率低，小分子不易扩散脱除 |
| 适用范围 | 广泛用于大品种缩聚物，如聚酯、聚酰胺 | 适用于聚合物反应后单体或聚合物易分离的产品。如芳香族、芳杂环聚合物等 | 芳香族酰氯生产芳酰胺等特种性能聚合物 | 更高相对分子质量缩聚物、难溶芳香族聚合物合成 |

# 第四章　高分子的化学反应

高分子的化学反应在高分子材料的合成和制备方面是非常重要的，掌握高分子化学反应是成功合成高分子材料的前提条件。一方面，可通过对高分子进行化学改性，提高其生物相容性、阻燃性、黏结力、耐水性等物理化学性能，从而拓展了高分子材料的应用范围，也可以在高分子上引入特定的功能基，从而赋予聚合物特殊的功能，如离子交换树脂、高分子试剂及高分子固载催化剂、化学反应的高分子载体、在医药农业及环境保护方面具有重要意义的可降解高分子等；另一方面，利用高分子的化学反应还有助于了解和验证高分子的结构。

虽然高分子的功能基能与小分子的功能基发生类似的化学反应，但由于高分子与小分子具有不同的结构特征，因而具有不同的特性。并非所有功能基都能参与反应，因此反应产物的分子链既带有起始功能基，也带有新形成的功能基，不能将起始功能基和反应后功能基分离，因此很难像小分子反应一样可分离得到含单一功能基的反应产物，并且由于聚合物本身是聚合度不一样的混合物，而且每条高分子链上的功能基的转化程度不一样，因此所得产物是不均一的、复杂的。高分子的化学反应可能导致聚合物的物理性能发生改变，从而影响反应速率，甚至影响反应的进一步进行。

高分子化学反应的影响因素包括物理因素和结构因素。

## 一、物理因素

对于部分结晶的聚合物而言，由于在其结晶区域（即晶区）分子链排列规整，分子链间相互作用强，链与链之间结合紧密，小分子不易扩散进晶区，因此反应只能发生在非晶区。聚合物的溶解性随化学反应的进行可能不断地发生变化，一般溶解性好对反应有利，但假若沉淀的聚合物对反应试剂有吸附作用，由于使聚合物上的反应试剂浓度增大，反而使反应速率增大。

## 二、结构因素

由于高分子链节之间存在不可忽略的相互作用，因此聚合物本身的结构对其化学反应性能有影响，这种影响称为高分子效应。高分子效应又分为两种效应。

**1. 邻基效应**

（1）位阻效应　由于新生成的功能基的立体阻碍，导致其邻近功能基难以继续参与反应。

（2）静电效应　邻近基团的静电效应可降低或提高功能基的反应活性。

**2. 功能基孤立效应**（概率效应）

当高分子链上的相邻功能基成对参与反应时，由于成对基团反应存在概率效应，即反应过程中间或会产生孤立的单个功能基，由于单个功能基难以继续反应，因而不能100%转化，只能达到有限的反应程度。

高分子的化学反应可分为两大类：一类是聚合物的相似转变，聚合物仅发生侧基功能基转变，并不引起聚合度的明显改变；另一类是聚合物的聚合度发生根本改变的反应，包括聚合度变大的化学反应（如嵌段、接枝和交联反应）和聚合度变小的化学反应（如降解与解聚）。

# 第五章 聚合物的性能评价

许多研究人员在研究聚合物的时候，都需要对聚合物的某些性能进行测试，甚至是需要对聚合物进行表征来了解物质的结构，这就面临一个如何对聚合物进行测试分析的问题。

大多数聚合物材料的化学和物理性质可以分为三大类：结构性质、溶液性质和固态性质。结构性质包括组成、单分子结构和聚集态结构；溶液性质包括相对分子质量及相对分子质量的分布、溶解性、流变性等；固态性质包括热性能、稳定性、抗老化性、力学性能等。

由于聚合物的结构较为复杂，而且它的不同结构所反映出的性能也是有差别的。因此需要借助很多方法和手段来对结构和性能进行分析。下面将简要介绍一些常用的聚合物分析手段，介绍将着重于分析的应用领域，分析原理部分将在具体实验中着重讲述。

## 一、热分析方法

在聚合物的熔融温度、玻璃化温度、混合物和共聚物的组成、热历史以及结晶度等参数的测定中，热分析（特别是其中的 DSC）是主要的分析工具。除了以上内容，热分析（特别是 DSC）在聚合物中的应用还有许多方面，如取向度的估算、固化反应的动力学研究等。

## 二、红外光谱法

红外光谱可以对聚合物端基进行分析来测定聚合物分子链的平均聚合度和支化度，同时对聚合物中的官能团进行表征可以帮助分析未知聚合物。采取对同种聚合物的完全非结晶样品和聚合物的高结晶度样品的光谱进行比较的方法可以帮助聚合物结晶度的测定。聚合物分子结构的变化、链的构型、链的构象等变化也可以用红外光谱进行测试分析。

## 三、核磁共振波谱法

核磁共振波谱（NMR）可以进行聚合物的相对分子质量测定、组成分析、动力学过程分析、结晶度分析、相变分析，特别是聚合物的序列结构分析等工作。

## 四、凝胶渗透色谱法

凝胶渗透色谱（GPC）主要应用于测定聚合物的相对分子质量及其分布。

## 五、电子显微镜法

电子显微镜主要包括扫描电子显微镜（SEM）和透射电子显微镜（TEM）。通过电子显微镜可以研究聚合物大分子的形态和聚集态结构，研究纤维和织物的组织结构和缺陷特征，研究聚合物多相复合体系的结构。

## 六、表面分析能谱法

表面分析能谱法是采用光束、电子束、粒子束等对固体表面进行激发，使之相应地释放出光、电子、粒子、中子等，通过对其能量分布进行检测与分析，就可以确定原物质的结构组成。比较常见的表面分析能谱就有十几种，在高分子研究中应用较多的是 X 射线光电子能谱（XPS）。XPS 可以进行高分子材料表面元素组成的分析、高分子材料元素的定量分析、高分子的结构分析、高分子黏结界面的研究以及高分子材料特种表面的研究。

## 七、 X 射线衍射和散射法

X 射线衍射仪可以进行聚合物聚集态结构参数的测定，如结晶度和取向度，同时可以进行高聚物材料微晶大小的测定。

# 第六章　聚合物的分离和纯化

高分子的合成可以采用本体法、溶液法、悬浮法和乳液法，在高分子化学实验和研究中，本体法的使用是常见的高分子合成方法。除了本体法可以获得较为纯净的聚合物以外，其他方法所获得的产物还含有大量的反应介质、分散剂或乳化剂等，要想得到纯净的聚合物，必须将产物中的小分子杂质除去。在合成高聚物时，除了预期的产物之外，还会生成均聚物，有时聚合物原料没有完全发生共聚反应而残留在产物之中，此时需要对不同的聚合物进行分离。相比聚合物和小分子混合体系而言，聚合物、共混物之间的分离较为复杂，也难以进行。

聚合物具有相对分子质量的多分散性和结构的多分散性，因此聚合物的精制与小分子的精制有所不同。聚合物的精制是指将其中的杂质除去，对于不同的聚合物而言，杂质可以是引发剂及其分解产物、单体分解及其他副反应产物和各种添加剂（如乳化剂、分散剂和溶剂），也可以是同分异构聚合物（如有规立构聚合物和无规立构聚合物、嵌段共聚物和无规共聚物），还可以是原料聚合物（如接枝共聚物中的均聚物）。

以下就是在高分子合成反应中，常见的分离和纯化方法。

## 一、溶解沉淀法

这是精制聚合物最原始的方法，也是应用最为广泛的方法。将聚合物溶液加入溶剂 A 中，然后将聚合物溶液加入对聚合物不溶但可以与溶剂 A 互溶的溶剂 B（聚合物的沉淀剂）中，使聚合物缓慢地沉淀出来，这就是溶解沉淀法。

聚合物溶液的浓度、沉淀剂加入速度以及沉淀温度等对精制的效果和所分离出聚合物的外观影响很大。聚合物浓度过大，沉淀物呈橡胶状，容易包裹较多的杂质，精制效果差；浓度过低，精制效果好，但是聚合物呈微细粉状，收集困难。沉淀剂的用量一般是溶剂体积的5～10 倍，聚合物中残留的溶剂可以采用真空干燥的方法除去。

## 二、洗涤法

用聚合物不良溶剂反复洗涤高聚物，通过溶解而除去聚合物所含的杂质，这是最为简单的精制方法。对于颗粒很小的聚合物来说，因为其比表面积大，洗涤效果较好，但是对于颗粒大的聚合物而言，则难以除去颗粒内部的杂质，因此精制效果不甚理想。该法一般只作为辅助的精制方法，即当萃取或沉淀后，用溶剂进一步洗涤干净。常用的溶剂有水和乙醇等廉价的溶剂。

## 三、萃取法

这是精制聚合物的重要方法，它是用溶剂萃取出聚合物中可溶性部分，达到分离和提纯的目的，一般在索氏提取器中进行。

索氏提取器又称为脂肪抽取器或脂肪抽出器。

索氏提取器是由提取瓶、提取管、冷凝器三部分组成的（图 6-1），提取管两侧分别有虹吸管和连接管。各部分连接处要严密不能漏气。提取时，将待测样品包在脱脂滤纸包内，放入提取管内。提取瓶内加入石油醚，加热提取瓶，石油醚气化，由连接管上升进入冷凝器，冷凝成液体滴入提取管内，浸提样品中的脂类物质。待提取管内石油醚液面达到一定高度，溶有粗脂肪的石油醚经虹吸管流入提取瓶。流入提取瓶内的石油醚继续被加热气化、上升、冷凝，滴入提取管内，如此循环往复，直到抽提完全为止。从固体物质中萃取化合物的一种方法是，用溶剂将固体长期浸润而将所需要的物质浸出来，即长期浸出法。此法花费时间长，溶剂用量大，效率不高。在实验室多采用脂肪提取器（索氏提取器）来提取。脂肪提取器就是利用溶剂回流及虹吸原理，使固体物质连续不断地被纯溶剂萃取，既节约溶剂，萃取效率又高。萃取前先将固体物质研碎，以增加固液接触的面积。然后将固体物质放在滤纸套内，置于提取器中，提取器的下端与盛有溶剂的圆底烧瓶相连，上面接回流冷凝管。加热圆底烧瓶，使溶剂沸腾，蒸气通过提取器的支管上升，被冷凝后滴入提取器中，溶剂和固体接触进行萃取，当溶剂面超过虹吸管的最高处时，含有萃取物的溶剂虹吸回烧瓶，因而萃取出一部分物质，如此重复，使固体物质不断为纯的溶剂所萃取，将萃取出的物质富集在烧瓶中。

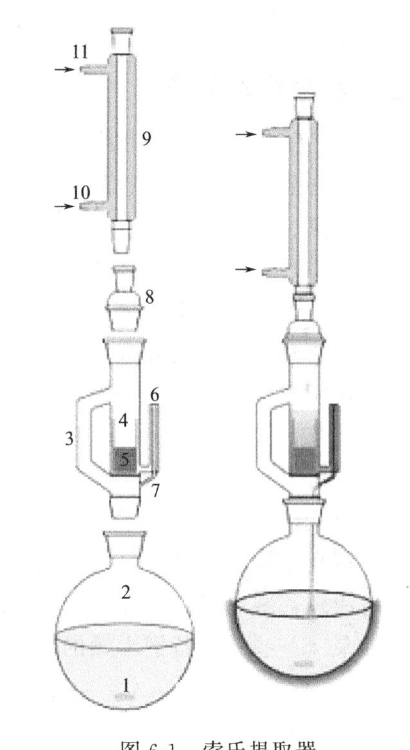


图 6-1　索氏提取器

1—搅拌子；2—烧瓶（烧瓶中的液体不能装得太多，一般是索氏提取器溶剂的 3～4 倍）；3—蒸气路径；4—套管；5—固体；6—虹吸管；7—虹吸出口；8—转接头；9—冷凝管；10—冷却水入口；11—冷却水出口

液-固萃取是利用溶剂对固体混合物中所需成分的溶解度大，对杂质的溶解度小，来达到提取分离的目的。一种方法是把固体物质放于溶剂中长期浸泡而达到萃取的目的，但是这种方法时间长，消耗溶剂，萃取效率也不高。另一种方法是采用索氏提取器的方法，它是利用溶剂的回流和虹吸原理，对固体混合物中所需成分进行连续提取。当提取筒中回流下的溶剂的液面超过索氏提取器的虹吸管时，提取筒中的溶剂流回圆底烧瓶内，即发生虹吸。

随温度升高，再次回流开始，每次虹吸前，固体物质都能被纯的热溶剂所萃取，溶剂反复利用，缩短了提取时间。

## 四、聚合物胶乳的纯化

乳液聚合的产物——聚合物胶乳除了含聚合物以外，更多的是溶剂水和乳化剂，要想得到纯净的聚合物，首先必须将聚合物与水分离开，常采用的方法是破乳。破乳是向胶乳中加入电解质、有机溶剂或其他物质，破坏胶乳的稳定性，从而使聚合物凝聚。破乳以后，需要用大量的水洗涤，除去聚合物中残留的乳化剂。悬浮聚合所得到的聚合物颗粒较大，通过直接过滤即可获得较为纯净的产品，进一步纯化可采取溶解沉淀法。在某些情况下，只需将聚合物胶乳中的乳化剂和无机盐等小分子化合物除去，这时可用半渗透膜制成的渗析袋。

## 五、聚合物的干燥

聚合物的干燥是将聚合物中残留的溶剂（如水和有机溶剂）除去的过程，是分离提纯聚合物之后的必要操作。最普通的干燥方法是将样品置于红外灯下烘烤，但是会因温度过高导致样品被烤焦、氧化，含有有机溶剂的聚合物也不宜采用此法，溶剂挥发在室内会造成一定的危害。另一种方法是将样品置于烘箱内烘干，但是所需时间较长。比较适合于聚合物干燥的方法是真空干燥。真空干燥可以利用真空烘箱进行，将聚合物样品置于真空烘箱密闭的干燥室内，加热到适当温度并减压，能够快速、有效地除去残留溶剂。为了防止聚合物粉末样品在恢复常压时被气流冲走和固体杂质飘落到聚合物样品中，可以在盛放聚合物的容器上加盖滤纸或铝箔，并用针扎一些小孔，以利于溶剂挥发。准备干燥之前要注意聚合物样品所含的溶剂量不可太多，否则会腐蚀烘箱，也会污染真空泵。溶剂量多时可用旋转蒸发法浓缩，也可以在通风橱内自然干燥一段时间，待大量溶剂除去后再置于真空烘箱内干燥。尽管如此，还要在真空烘箱与真空泵之间连接干燥塔，以保护真空泵，真空烘箱在使用完毕后也应进行及时清理，减少腐蚀。在真空干燥时，容易挥发的溶剂可以使用水泵减压，难挥发的溶剂使用油泵。一些需要特别干燥的样品在恢复常压时，可以通入高纯惰性气体以避免水汽的进入。

当待干燥的聚合物样品量非常少时，也可以利用简易真空干燥器。干燥器底部装入干燥剂，利用抽真空的方法除去聚合物样品中的低沸点溶剂。

冷冻干燥是在低温高真空下进行的减压干燥，适用于有生物活性的聚合物样品，以及需要固定、保留某种状态下聚合物结构形态的样品干燥。在进行冷冻干燥前，一般都将样品事先放入冰箱于－30～－20℃下冷冻，再置于已处于低温的冷冻干燥机中，快速减压干燥，干燥后应及时清理冷冻干燥机，避免溶剂的腐蚀。

## 六、聚合物的分级

聚合物的分子量具有一定分布宽度，将不同分子量的级分分离出来的过程称为聚合物的分级。聚合物的分级是了解聚合物分子量分布情况的重要方法，虽然凝胶渗透色谱可以快速、简洁地获得聚合物分子量分布，但是它只适用于可以合成出分子量单分散标准样品的聚合物，如聚苯乙烯、聚甲基丙烯酸甲酯、聚环氧乙烷等，因而要获取单分散聚合物和建立分子量测定标准时，聚合物的分级是必不可少的。

聚合物的分级主要利用聚合物溶解度与其分子量相关的原理，当温度恒定时，对于某一溶剂，聚合物存在一个临界分子量。低于该值，聚合物能以分子状态分散在溶剂中（称为聚合物溶解），高于该值，聚合物则以聚集体形式悬浮于溶剂中。将多分散聚合物溶解于它的良溶剂中，维持固定的温度，缓慢向溶液中加入沉淀剂。沉淀剂加入初期，分子量高的级分首先从溶液中凝聚出而形成沉淀，采用超速离心法将凝聚出的聚合物分离出，再向聚合物中加入沉淀剂，这样就可以依次得到分子量不同的、单分散聚合物样品——级分。利用相同的原理，可以维持聚合物的溶剂组成不变，依次降低溶液的温度，也可以对聚合物进行分级。于是，可以设计出溶解-沉淀分级法、溶解-降温分级法和溶解分级法。溶解分级可以在柱色谱中进行，用不同组成的聚合物溶剂和沉淀剂配制的混合溶剂逐步溶解聚合物样品，一般最初混合溶剂含较多的沉淀剂，则低分子量级分首先被分离出来。

### 1. 沉淀分级

沉淀分级是较简单的分级方法。当温度恒定时，对于某一溶剂，聚合物存在一个临界相对分子质量。低于该值的聚合物可以溶解在溶剂中，高于该值的聚合物则以聚集体形式悬浮于溶剂中。沉淀分级是在一定的温度下向聚合物溶液（浓度为0.1%～1%）中缓慢加入一定量的非溶剂（沉淀剂），直到溶液浑浊不再消失，静置一段时间后即等温地沉淀出较高相对分子质量的聚合物。采用超速离心法将沉淀出的聚合物分离出去，其余的聚合物溶液中再次补加沉淀剂，重复操作即可得到不同级分的聚合物。也可以在聚合物稀溶液中加入足够量的沉淀剂，使约一半的聚合物沉淀出来，而后分离溶液相和沉淀相，把沉淀出的凝胶再溶解，并把这两份溶液再按照上述步骤沉淀分离。沉淀分离的缺点是需用很稀的溶液，而且使沉淀相析出是相当耗时的。利用相同原理，可以维持聚合物的溶剂组成不变，在强烈的搅拌下缓慢地依次降低溶液的温度，也可以对聚合物进行分级。

### 2. 柱状淋洗分级

柱状淋洗分级是在惰性载体上沉淀聚合物样品，用一系列溶解能力依次增强的液体逐步萃取。聚合物首先沉积在惰性载体上，惰性载体可以选择如玻璃珠、二氧化硅等，填充在柱子中，用组成不断改变的溶剂和非溶剂配制的混合溶剂来淋洗柱子，一般萃取剂从100%非溶剂变到100%溶剂，液体混合物在氮气的压力下通过柱子，把聚合物分子脱走，按级分收集聚合物溶液。精密的柱子成功地使用温度梯度和溶剂梯度两者的结合，也称为沉淀色谱法。

### 3. 制备凝胶色谱

制备凝胶色谱不同于分析凝胶色谱，它的目的是为了得到不同级分的聚合物，此方法是基于多孔性凝胶粒子中不同大小的空间可以容纳不同大小的溶质（聚合物）分子，以分离聚合物分子。将交联的有机物或无机硅胶作为填料，这种填料都具有一定的孔结构，孔的大小取决于填料的制备方法。将聚合物溶液注入色谱柱，用同一溶剂淋洗，溶剂分子与小于凝胶微孔的高分子就扩散到凝胶微孔里去。较大的高分子不能渗入而首先被溶剂淋洗到柱外。凝胶色谱分级的效率不仅依赖于所用填料的类型，还取决于色谱柱的尺寸。

除凝胶色谱外，其他两种方法都是基于聚合物溶解度与其相对分子质量相关的原理，因此聚合物的分级只是对于化学结构单一的聚合物而言，对于不同支化程度的聚合物和共聚物样品，其溶解度并不只取决于相对分子质量的大小，还和化学结构和组成有关，这些聚合物要先确定其化学结构和组成，再按相对分子质量大小或化学组成进行分级。

# 第七章　化学试剂的精制方法

## 一、蒸馏

蒸馏是一种热力学的分离工艺，它是利用混合液体或液-固体系中各组分沸点不同，使低沸点组分蒸发，再冷凝以分离整个组分的单元操作过程，是蒸发和冷凝两种单元操作的联合。也是提纯化合物和分离混合物的一种十分重要的方法。与其他的分离手段，如萃取、吸附等相比，它的优点在于不需使用系统组分以外的其他溶剂，从而保证不会引入新的杂质。高分子化学实验中经常会用到蒸馏的场合是单体的精制、溶剂的提纯以及聚合物溶液的浓缩等，根据被蒸馏物的沸点和实验的需要，可使用不同的蒸馏方法。

### 1. 普通蒸馏

普通蒸馏在高分子化学实验中一般常用于溶剂的提纯，待蒸馏物的沸点不仅与外界压力有关，还与其纯度有关，因此不能简单地认为文献值所查到的沸点就一定是馏出物的沸点。蒸馏装置由蒸馏烧瓶、蒸馏头、温度计、冷凝管、接收管和收集瓶组成（图 7-1），切记整套装置不可完全封闭，必须使尾接管支管与大气相通。在蒸馏操作时，特别要注意液体沸腾过程是围绕气化中心进行的。如果液体中几乎不存在空气，烧瓶瓶壁又十分洁净光滑，很难形成气化中心，就会发生“过热”现象，进而出现“暴沸”，不仅危险，也失去了蒸馏的意义。

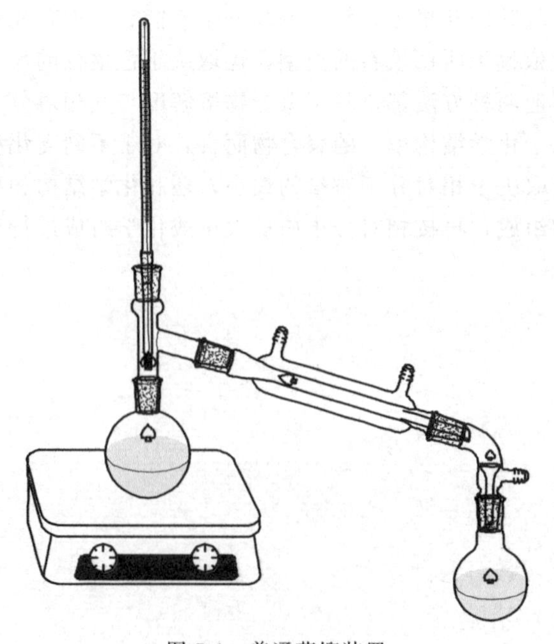

图 7-1　普通蒸馏装置

为了防止液体暴沸，需要加入少量沸石或者碎瓷片，磁力搅拌也可以起到相同的效果。在任何情况下，切勿将助沸物加入已受热并可能沸腾的液体中，这样也很容易导致暴沸，应待被蒸馏液体冷却下来再加。如果沸腾一度中途停止，在重新加热前应放入新的沸石，原来的沸石很可能由于加热而使细孔中的空气跑掉，而冷却时又吸附了液体而失效。蒸馏时还要注意蒸馏速度不能过快，尤其在液体即将沸腾的时候，要减小加热量使其平稳地馏出，此后再调节加热量，控制馏出速度在 1～2 滴/s 为宜。蒸馏速度过快，沸腾比较剧烈，有可能会将被蒸馏液体中的一些重组分杂质带出，而影响接收馏分的纯度。此外，在使用蒸馏操作分离混合物时，要注意被分离组分之间的沸点差应在 40℃以上，应用此方法才能达到分离效果。

**2. 分馏**

分馏是分离几种不同沸点的挥发性物质的混合物的一种方法，它是对某一混合物进行加热，针对混合物中各成分的不同沸点进行冷却分离生成相对纯净的单一物质的过程。过程中没有新物质生成，只是将原来的物质分离，属于物理变化。分馏实际上是多次蒸馏，它更适合于分离提纯沸点相差不大的液体有机混合物。如煤焦油的分馏、石油的分馏。当物质的沸点十分接近时，约相差 20℃，则无法使用简单蒸馏法，可改用分馏法。分馏柱的小柱可提供一个大表面积用于蒸气凝结。

分馏与蒸馏相同，即分离几种不同沸点的挥发性成分的混合物的一种方法。混合物先在最低沸点下蒸馏，直到蒸气温度上升前将蒸馏液作为一种成分加以收集。蒸气温度的上升表示混合物中的次一个较高沸点成分开始蒸馏。然后将这一组分收集起来。

分馏是分离提纯液体有机混合物的沸点相差较小的组分的一种重要方法。石油就是用分馏来分离的。分馏在常压下进行，获得低沸点馏分，然后在减压状况下进行，获得高沸点馏分。每个馏分中还含有多种化合物，可以再进一步分馏，属于物理变化。

**3. 减压蒸馏**

某些沸点较高的有机化合物在未达到沸点时往往发生分解或氧化的现象，所以，不能用常压蒸馏。液体沸腾的温度是随外界压力的降低而降低的，如用真空泵连接盛有液体的容器，使液体表面上的压力降低，即可降低液体的沸点。这种在较低压力下进行蒸馏的操作称为减压蒸馏。当蒸馏系统内的压力降低后，其沸点便降低，当压力降低到 1.3～2.0kPa（10～15mmHg）时，许多有机化合物的沸点可以比其常压下的沸点降低 80～100℃。因此，减压蒸馏对于分离提纯沸点较高或高温时不稳定的液态有机化合物具有特别重要的意义。在高分子化学实验中，常用的烯类单体沸点比较高，如苯乙烯的沸点为 145℃，甲基丙烯酸甲酯为 100.5℃，丙烯酸丁酯为 145℃，这些单体在较高温度下容易发生热聚合，因此不宜进行常压蒸馏。高沸点溶剂的常压蒸馏也很困难，要耗费较多能源，减压后溶剂的沸点下降，可以在较低的温度下得到馏分。在缩聚反应过程中，为了提高反应程度、加快聚合反应进行，需要将反应产生的小分子产物从反应体系中脱除，减压脱除小分子避免了聚合物在高温下长时间受热而氧化发黄甚至分解。被蒸馏物的沸点不同，对减压蒸馏的真空度要求也各不相同。实际操作中可按需要配置不同的真空设备，例如较低真空度（1~100kPa）可使用水泵，较高真空度（小于 1kPa）必须使用油泵。

减压蒸馏装置主要由蒸馏、抽气（减压）、安全保护和测压四部分组成。蒸馏部分由蒸馏瓶、克氏蒸馏头、毛细管、温度计及冷凝管、接收器等组成。克氏蒸馏头可减少由于液体暴沸而溅入冷凝管的可能性。而毛细管的作用，则是作为气化中心，使蒸馏平稳，避免液体过热而产生暴沸冲出现象。毛细管口距瓶底1～2mm，为了控制毛细管的进气量，可在毛细玻璃管上口套一段软橡胶管，橡胶管中插入一段细铁丝，并用螺旋夹夹住。蒸出液接收部分，通常用多尾接液管连接两个或三个梨形或圆形烧瓶，在接收不同馏分时，只需转动接液管，在减压蒸馏系统中切勿使用有裂缝或薄壁的玻璃仪器。尤其不能用不耐压的平底瓶（如锥形瓶等），以防止内向爆炸。抽气部分用减压泵，最常见的减压泵有水泵和油泵两种。安全保护部分一般有安全瓶，若使用油泵，还必须有冷阱（冰-水、冰-盐或者干冰）及分别装有粒状氢氧化钠、块状石蜡及活性炭或硅胶、无水氯化钙等的吸收干燥塔，以避免低沸点溶剂，特别是酸和水汽进入油泵而降低泵的真空效能。所以在油泵减压蒸馏前，必须在常压或水泵减压下蒸除所有低沸点液体和水以及酸、碱性气体。测压部分采用测压计，常用的测压计为水银压力计。减压蒸馏装置在大多数情况下使用克氏蒸馏头，出口处加装一个毛细管插入液面鼓泡提供沸腾的气化中心，防止液体暴沸。对于阴离子聚合等使用的单体蒸馏时，要求绝对无水，因此毛细管上口要通入干燥的高纯氮气或氩气，或不使用鼓泡装置，改用磁力搅拌并提高磁力搅拌速度来解决。

在做减压蒸馏实验时，应按上述要求装好减压蒸馏系统，每次蒸馏量不超过蒸馏瓶容积的1/2。先启动真空油泵，调节三通活塞使系统逐渐与空气隔绝。继续调节活塞，使蒸馏系统与真空泵缓缓相通，调节毛细管进气量使其可以平稳地产生小气泡。水银压力计的操作也要格外注意，最好使用带有活塞的封闭式水银压力计，测压时打开活塞，测压完毕关上活塞。当系统达到合适的真空度时，再开始对待蒸馏液体进行加热，开始的加热量可以稍大，当蒸馏瓶瓶壁上出现回流迹象时，立即减小加热量，防止暴沸。保持温度使馏分馏出速度在1～2滴/s为宜。蒸馏完毕，先移去热源，待液体冷却无馏分馏出时，缓慢调节三通活塞解除真空，同时调节毛细管进气量，防止被蒸馏液体压入毛细管使其堵塞。当压力与大气平衡时，方可断开真空泵电源，拆除蒸馏装置。否则系统中压力较低，泵油会倒吸入干燥塔。蒸馏完毕完全解除真空后，再缓慢打开压力计上的活塞使水银柱恢复原状。要获得无水的蒸馏物，仍需注意用干燥惰性气体由毛细管通入体系，直到恢复常压，并在干燥惰性气流下撤离接收瓶，迅速密封。

**4. 水蒸气蒸馏**

水蒸气蒸馏是指将含有挥发性成分的有机化合物与水共蒸馏，使挥发性成分随水蒸气一并馏出，经冷凝分取挥发性成分的浸提方法。该法适用于具有挥发性、能随水蒸气蒸馏而不被破坏、在水中稳定且难溶或不溶于水的有机活性成分的提取。

直接向不混溶于水的液体混合物中通入水蒸气的蒸馏方法，常用来降低操作温度，以便将高沸点或热敏性物质从料液中蒸发出来，从而得到纯化，如脂肪酸、苯胺、松节油的提取和精制。

将水蒸气连续通入含有可挥发物质A的混合溶液，在达到相平衡时，气相含有水蒸气和组分A，气相的总压等于水蒸气分压和组分A分压之和。当气相总压等于外压时，液体便在远低于组分A的正常沸点的温度下沸腾，组分A随水蒸气蒸出。在水蒸气蒸馏操作中，水蒸气起到载热体和降低沸点的作用。原则上，任何与料液不互溶的气体或蒸气皆可使用，但水蒸气价廉易得，冷却后容易分离，故最为常用。如果蒸馏操作中使用饱和水蒸气，且外部加入的热量不足，水蒸气将部分冷凝，形成两个液相。这时气相中水蒸气的分压最大，等于其饱和水蒸气分压，液体将在最低温度下沸腾，但由于水的饱和水蒸气分压远高于组分A的分压，所以馏出气相中组分A的含量很少，水蒸气的耗用量最大。为节省能耗，在蒸馏釜内须避免出现水水蒸气的冷凝。为此可采用外部加热或使用过热水蒸气将料液升温到允许的最高温度，以增大组分 A 的分压。同时选择较低的操作压力，降低水蒸气的分压，节省水蒸气的用量。可用水蒸气蒸馏提纯的有机化合物必须具备以下条件：不溶于水；在 100℃左右与水长时间共存不会发生化学变化；在 100℃左右必须具有一定的水蒸气分压（不小于 10mmHg，1mmHg＝133.322Pa）。

## 二、重结晶

在无机物的制备或有机物的合成中，为了获得所需的产品，反应结束之后，通常采用蒸发（浓缩）、结晶的方法，将化合物从混合溶液中分离出来。蒸发浓缩一般在蒸发皿中进行，对热稳定的溶液可用直火加热，否则要用水浴等间接加热，当溶液浓缩到一定浓度后，冷却就会有溶质的晶体析出，如果结晶所得的物质纯度不符合要求，需要重新加入一定溶剂进行溶解、蒸发和再结晶，这个过程称为重结晶。在高分子化学实验中，固体反应物和催化剂、引发剂等都需要用重结晶的方法提纯。固体混合物在溶剂中的溶解度与温度有密切关系。一般是温度升高，溶解度增大。若把固体溶解在热的溶剂中达到饱和，冷却时即由于溶解度降低，溶液变成过饱和而析出晶体。利用溶剂对被提纯物质及杂质的溶解度不同，可以使被提纯物质从过饱和溶液中析出。而让杂质全部或大部分仍留在溶液中（若在溶剂中的溶解度极小，则配成饱和溶液后被过滤除去），从而达到提纯目的。使用重结晶提纯有机化合物时要掌握以下几个关键步骤。

### 1. 溶剂的选择

选择适当的溶剂对于重结晶操作的成功具有重大的意义，一个良好的溶剂必须符合下面几个条件。

（1）不与被提纯物质起化学反应。

（2）在较高温度时能溶解多量的被提纯物质，而在室温或更低温度时只能溶解很少量。

（3）对杂质的溶解度非常大或非常小，前一种情况杂质留于母液内，后一种情况趁热过滤时杂质被滤除。

（4）溶剂的沸点不宜太低，也不宜过高。溶剂沸点过低时制成溶液和冷却结晶两步操作温差太小，固体物溶解度改变不大，影响收率，而且低沸点溶剂操作也不方便。溶剂沸点过高，附着于晶体表面的溶剂不易除去。

（5）能给出较好的结晶。

在几种溶剂都适用时，则应根据结晶的回收率、操作的难易、溶剂的毒性大小及是否易燃、价格高低等择优选用。将晶体的析出过滤得到的滤液冷却后，晶体就会析出。用冷水或冰水迅速冷却并剧烈搅动溶液时，可得到颗粒很小的晶体，将热溶液在室温条件下静置使之缓缓冷却，则可得到均匀而较大的晶体。如果溶液冷却后晶体仍不析出，可用玻璃棒摩擦液面下的容器壁，也可加入晶种，或进一步降低溶液温度（用冰水或其他冷冻溶液冷却）。如果溶液冷却后不析出晶体而得到油状物时，可重新加热，至形成澄清的热溶液后，任其自行冷却，并不断用玻璃棒搅拌溶液、摩擦器壁或投入晶种，以加速晶体的析出。若仍有油状物开始析出，应立即剧烈搅拌使油滴分散。

### 2. 溶样过程

溶样也称为热溶或配制热溶液。溶样的装置因所用溶剂不同而不同。溶解过程要特别注意温度的控制和溶解情况的判断。重结晶是根据化合物在不同温度下溶解度不同而得到结晶的，因此温度的控制直接关系到溶解度，尤其是用于聚合的引发剂必须在低于50℃的条件下进行溶解，此时若温度控制稍高，就会导致引发剂受热分解而失效。溶解情况和饱和溶液的判断也是非常关键的，如果在一定温度的溶剂中加入被提纯物，未完全溶解，应搅拌片刻再观察，因为有的化合物溶解速度较慢。这时要特别注意判断是否有不溶性杂质存在，以免误加入过多溶剂，也要防止因溶剂量不够，而把待重结晶物质视作不溶性杂质。热过滤时，溶剂也会挥发一部分，而且溶剂的温度略有降低，因溶解度减小而使结晶析出，给操作带来很大麻烦。因此要根据这两方面的得失权衡溶剂用量，在溶解操作时溶剂量可比实际饱和溶剂量多5%～10%。

**3. 脱色**

向溶液中加入吸附剂并适当煮沸，使其吸附掉样品中的有色杂质的过程称为脱色。最常使用的脱色剂就是活性炭，其用量视杂质多少而定，一般为粗样品质量的1%～5%。如果第一次脱色不彻底，可再进行第二次脱色，但不宜过多使用，以免样品过多损耗。

脱色剂应在样品溶液稍冷后加入。不允许将脱色剂加到正在沸腾的溶液中去，否则将会引起暴沸，甚至造成起火燃烧。

脱色剂加入后可煮沸数分钟，同时将烧瓶连同一起轻轻摇动，如果是在烧杯中用水作溶剂时可用玻璃棒进行搅拌，以使脱色剂迅速分散开。煮沸时间过长往往脱色效果反而不好，因为在脱色剂表面存在着溶质、溶剂和杂质的吸附竞争，溶剂虽然在竞争中处于不利地位，但其数量巨大，过久的煮沸会使较多的溶剂分子被吸附，从而使脱色剂对杂质的吸附能力下降。

**4. 热过滤**

为了避免在过滤操作过程中溶液冷却，结晶析出，造成操作困难和样品损失，过滤操作必须尽可能快地完成，同时也要设法保持被过滤液体的温度，使它尽可能冷得慢些。可将漏斗事先在烘箱中烘热，或者用电吹风机吹热，但要注意，像引发剂提纯这样有上限温度要求时，不能把漏斗加热到太高的温度，也可以使用热过滤专用的漏斗。

将盛有滤液的锥形瓶置于冷水浴中迅速冷却并剧烈搅动时，可以得到颗粒很小的晶体。滤液先在室温，再于更低的温度下（如放入冷藏箱中）静置，使其缓缓冷却，可以得到大而均匀的晶体。结晶一段时间，观察没有更多的结晶析出就可以抽滤得到提纯物。但抽滤后的母液也不可随意丢弃，若母液中不含大量溶质，可经蒸馏回收。如母液中溶质较多，可以留存到下次重结晶时使用，以免浪费晶体。得到的提纯晶体可以使用很多方法干燥，但要特别注意晶体的耐受温度。例如引发剂晶体的干燥必须在其分解温度以下。若溶剂是乙醇，可先在室温下晾干，再于真空烘箱中常温干燥。

**5. 萃取和洗涤**

在高分子化学实验中，引发剂和一些单体的精制和提纯是重要的步骤。萃取和洗涤的操作是大致相同的，萃取是使溶质从一种溶剂中转移到与原溶剂不相混溶的另一种溶剂中，或使固体混合物中某种或某几种成分转移到溶剂中去的过程。洗涤是用来洗去某一试剂或混合物中的少量杂质的操作过程。

一般实验中所使用的试剂都是具有较高纯度的，但有一些试剂无法购买到高纯度的产品，或聚合反应使用的单体本身也是需要通过有机反应自己合成的，这就会应用到萃取的方法。萃取是利用物质在两种互不相溶的溶剂中溶解度的不同而达到分离、纯化的目的。萃取溶剂的选择既要考虑对被萃取物质溶解度大，又要顾及萃取后易于与该物质分离，因此选择时尽量使用低沸点的溶剂。

利用萃取剂与被萃取物发生化学反应，也可达到分离的目的。在高分子化学实验中，一些带有多官能度的单体（如含有两个双键的交联剂）的纯化，多是除去出厂时添加的阻聚剂，使用蒸馏的方法通常由于长时间的加热而聚合，得到的馏分很少。这时采用洗涤的方法除去其中的阻聚剂是非常有效的。利用碱液可与阻聚剂反应生成盐的性质，将 5 倍以上的碱液与待纯化的单体相混合，充分洗涤，静置分离，再用蒸馏水洗至中性，分离除水并加入干燥剂干燥，即可达到提纯的目的。

在萃取和洗涤的时候，特别是溶液呈碱性时，常常会产生乳化现象；有时由于溶剂互溶或两液相密度相差较小，使两液相很难明显分开；有时会在萃取过程中产生一些絮状轻质沉淀，存在于界面附近。这些情况都会造成分离困难，为了解决此问题，可采用的方法有以下几种。

（1）长时间静置。

（2）加入少量电解质，以增加水相的密度，或改变液体的表面张力。

（3）有时可加入第三种溶剂。

（4）将两液相一起进行过滤。

固体物质的萃取是利用长期浸泡的方法，相应的装置是索氏提取器，这种方法多用于聚合物的提纯。

**6. 试剂的除水干燥**

试剂的干燥作为聚合反应之前的精制手段，也是高分子化学实验中的重要操作，尤其是在离子型聚合中，所有反应体系中的试剂都必须严格干燥。

干燥液体有机化合物的具体方法有物理法和化学法两种。物理法又可分为分馏法和吸附法。分馏法是分离几种不同沸点的挥发性物质的混合物的一种方法，它是对某一混合物进行加热，针对混合物中各成分的不同沸点进行冷却分离生成相对纯净的单一物质的过程。过程中没有新物质生成，只是将原来的物质分离，属于物理变化。分馏实际上是多次蒸馏，它更适合于分离提纯沸点相差不大的液体有机混合物。如煤焦油的分馏、石油的分馏。当物质的沸点十分接近时，约相差 20℃，则无法使用简单蒸馏法，可改用分馏法。吸附法是使用吸附剂，如离子交换树脂或分子筛吸附水分。吸附剂在使用前必须首先脱水，离子交换树脂在 150℃、分子筛在 350℃脱水，可以反复使用。化学法干燥是利用干燥剂和水进行化学反应除去水分。根据干燥剂和水的作用机制又可分为两类：一类是可与水可逆地结合生成结晶水合物，如氯化钙、硫酸镁等；另一类是与水发生不可逆的化学反应，如金属钠、氧化钙、五氧化二磷等。

第一类干燥剂可以结合不同数目的结晶水，但是不同数目的结晶水和结晶表面形成的微饱和溶液的水蒸气压，决定了它的吸水效能。例如无水硫酸镁，最多只能结合 7 个结晶水。这类干燥剂在与水作用生成结晶水时，需要一定的时间，因此干燥时要充分放置。此外，由于这类干燥剂与水的结合是可逆的，温度升高时会脱去结晶水，所以不可以将带有干燥剂的有机试剂直接用于加热实验，应提前过滤。对于第一类干燥剂的选择，要根据其干燥效能和吸水容量而定。例如，硫酸钠干燥效能弱，但吸水容量大，可以先用来干燥含水量较多的有机试剂；硫酸钙干燥效能强，但吸水容量小，可用于干燥含极少水分的试剂。两种干燥剂还可以配合使用，以达到最佳的干燥效果。尽管如此，由于干燥剂的品种多，干燥剂的选择和用量还是不易确定，一般100mL有机试剂的干燥剂用量为1～10g。从干燥剂的外观也可以判断其干燥效果。例如，氯化钙一般选用直径几毫米的颗粒进行干燥；无水硫酸盐则选用粉末为好，结块的硫酸盐说明已吸收较多水分，需烘烤脱水。

第二类干燥剂干燥效能都很强，常用在需要彻底干燥严格无水的精制实验中。一些含水较多的试剂可以先用第一类干燥剂干燥后，再加入第二类干燥剂充分干燥。第二类干燥剂和水生成稳定的产物，与水的反应快速、剧烈。在操作时应注意，先将干燥剂加入待干燥的试剂，让其反应一段时间，反应平稳后可一起加热回流一段时间，再蒸馏得到充分干燥的试剂。剩余未反应的干燥剂要小心处理，使其充分转化为不易燃的化合物，消除安全隐患。

在进行干燥精制时，还应特别注意，干燥剂不能和待干燥试剂发生化学反应或催化作用，酸性干燥剂和碱性干燥剂的选用就要特别注意，其可能与待干燥试剂发生化学反应或催化反应。氯化钙可与醇、酚、胺生成络合物，使用时也要注意。常用干燥剂的性能和应用范围总结在表7-1中。

**表7-1 常用干燥剂的性能和应用范围**

| 干燥剂 | 吸水作用 | 干燥效能 | 干燥速度 | 应用范围 |
|---|---|---|---|---|
| 氯化钙 | $CaCl_2 \cdot nH_2O$<br>($n$=1,2,4,6) | 中等 | 开始较快，后期延长放置时间 | 卤代烃、醚、硝基化合物 |
| 硫酸镁 | $MgSO_4 \cdot nH_2O$<br>($n$=1,2,4,5,6,7) | 较弱 | 较快 | 广泛 |
| 硫酸钠 | $Na_2SO_4 \cdot 10H_2O$ | 弱 | 缓慢 | 广泛，常用于初步干燥 |
| 硫酸钙 | $2CaSO_4 \cdot 10H_2O$ | 强 | 快 | 广泛，常与硫酸镁或硫酸钠配合使用作为后期干燥剂 |
| 碳酸钾 | $K_2CO_3 \cdot 1/2H_2O$ | 较弱 | 慢 | 醇、酮、酯、胺和一些杂环碱性化合物 |
| 氢氧化钠 | 溶于水 | 中等 | 快 | 常用于干燥碱性气体 |
| 金属钠 | 反应生成<br>NaOH和$H_2$ | 强 | 快 | 限于干燥醚类、烃类等中的痕量水分 |
| 氧化钙 | 反应生成$Ca(OH)_2$ | 强 | 较快 | 适用于干燥低级醇、胺等 |
| 五氧化二磷 | 反应生成磷酸 | 强 | 快 | 适用于干燥醚、烃、卤代烃、腈中的痕量水分 |
| 分子筛 | 物理吸附 | 强 | 快 | 广泛 |
| 变色硅胶 | 物理吸附 | 强 | 快 | 适用于干燥非强碱性气体，变色后经干燥可反复使用 |

# 第二篇

# 高分子化学实验项目

# 第一部分　逐步聚合反应实验

## 实验一　聚己二酸乙二醇酯的制备

### 一、实验目的

1. 通过改变聚己二酸乙二醇酯制备的反应条件，了解其对反应程度的影响。

2. 分析副产物的析出情况，进一步了解聚酯类型的缩聚反应的特点。

### 二、实验原理

线型缩聚反应的特点是单体的双官能团间相互反应，同时析出小分子副产物，在反应初期，由于参加反应的官能团数目较多，反应速率较快，转化率较高，单体间相互形成二聚体、三聚体，最终生成高聚物。下面是线型缩聚反应的通式：

$$aAa + bBb \rightleftharpoons aABb + ab$$

$$aABa + aAa \rightleftharpoons aABAa + aa \quad 或$$

$$bABb + bBb \rightleftharpoons bBABb + bb$$

$$a(AB)mb + a(AB)nb \rightleftharpoons a(AB)_2 m + nb + ab$$

整个线型缩聚是可逆平衡反应，缩聚物的分子量必然受到平衡常数的影响。利用官能团等活性的假设，可近似地用同一个平衡常数来表示其反应平衡特征。聚酯反应的平衡常数一般较小，$K$ 值在 4～10 之间。当反应条件改变时，例如副产物 ab 从反应体系中蒸除出去，平衡即被破坏。除了单体结构和端基活性的影响外，影响聚酯反应的主要因素有配料比、反应温度、催化剂、反应程度、反应时间、去除水的程度等。

配料比对反应程度和聚酯的分子量大小的影响很大，体系中任何一种单体过量，都会降低聚合程度。采用催化剂可大大加快反应速率。提高反应温度一般也能加快反应速率，提高反应程度，同时促使反应生成的低分子产物尽快离开反应体系，但反应温度的选择是与单体的沸点、热稳定性有关。反应中低分子副产物将使逆反应进行，阻碍高分子产物的形成，因此去除副产物越彻底，反应进行的程度越大。为了去除水分，本实验可采取提高反应温度、降低系统压力、提高搅拌速度和通入惰性气体等方法。此外，在反应没有达到平衡、链两端未被封锁的情况下，反应时间的增加也可提高反应程度和分子量。

在配料比严格控制在 1∶1 时，产物的平均聚合度 $X_n$ 与反应程度（$P$）具有如下关系：$X_n = \frac{1}{1-P}$，假如要求 $X_n = 100$，则需使 $P = 99\%$，因此，要获得较高分子量的产品，必须提高反应程度，反应程度可通过析出的副产物的量计算，$P=\frac{n}{n_0}$，其中，$n$ 为收集到的副产物的量，$n_0$ 为反应理论产生的副产物的量。

本实验由于实验设备、反应条件和时间的限制，不能获得较高分子量产物，只能通过反应条件的改变，了解缩聚反应的特点以及影响反应的各种因素。

聚酯反应体系中，有羧基官能团存在，因此通过测定反应过程中的酸值的变化，可了解反应进行的程度（或平衡是否达到）。

## 三、仪器和试剂

1. 仪器：250mL 三口烧瓶，搅拌器，分水器，温度计，球形冷凝管，100mL 和 250mL 量筒各一个，培养皿。

2. 试剂：己二酸，乙二醇，对甲苯磺酸，十氢萘。

## 四、实验步骤

1. 组装好实验装置，如图 1、图 2 所示。

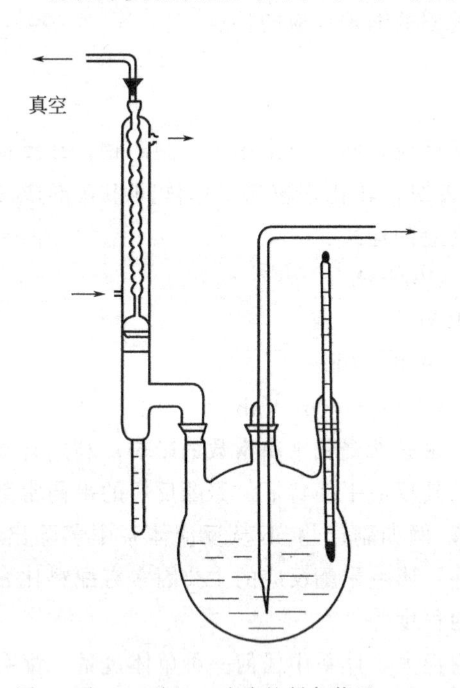

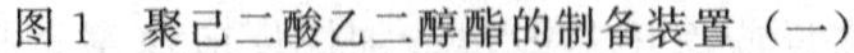
图 1　聚己二酸乙二醇酯的制备装置（一）

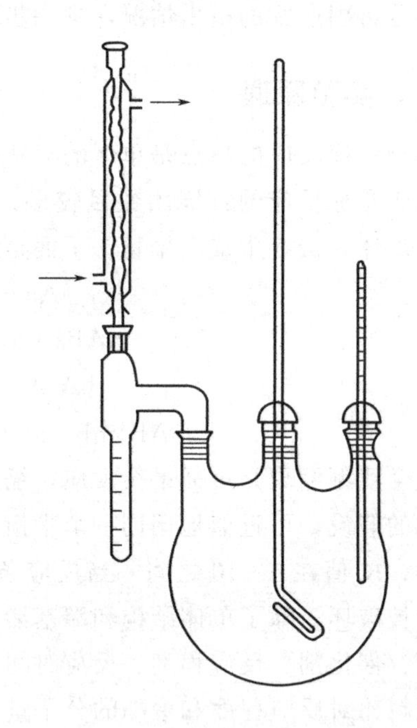
图 2　聚己二酸乙二醇酯的制备装置（二）

2. 在三口烧瓶中先后加入己二酸 36.5g 和乙二醇 14mL，少量对甲苯磺酸及 15mL 十氢萘，分水器内加入 15mL 十氢萘。用电热锅加热，在搅拌下 15min 内温度升至 160℃并保持 (160±2)℃ 1.5h，每隔 15min 记录一次析出水量。然后将体系温度升温至 (200±2)℃，再保持此温度 1.5h，同时每隔 15min 记录一次析出水量。

3. 将反应装置改成减压系统，放出分水器中的水，在温度 (200±2)℃、压力 13.3kPa (100mmHg) 下反应 0.5h，同时记录在此条件下的析出水量。反应停止，趁热倒出聚合物，冷却后得到白色蜡状固体，称重。

## 五、问题与讨论

1. 本实验起始条件的选择原则是什么？说明采取实验步骤和装置的原因。

2. 根据实验结果画出累积分水量与反应时间的关系图，并讨论反应特点，讨论分水量与反应程度、聚合度的关系。

3. 如何保证投料配比按等物质的量进行？

# 实验二　聚苯胺的制备

## 一、实验目的

1. 了解一种功能性聚合物——导电聚合物的特征。

2. 掌握聚苯胺的合成方法。

## 二、实验原理

共轭聚合物指的是主链为长程的大π共轭体系的聚合物，由于电子沿主链方向的迁移较为容易，因此是本征导电体。最早的导电聚合物是于20世纪70年代发现的聚乙炔，以后人们又陆续发现了聚苯乙炔、聚苯、聚苯胺和聚噻吩等电子导电聚合物，纠正了人们认为有机聚合物不具有导电性的误解，为功能高分子材料的应用开辟了崭新的领域，并派生出光导电、电致发光和光电存储等新的研究领域。

共轭聚合物作为导电聚合物使用，一般存在化学稳定性低、制备比较困难和加工性能差等缺点，而聚苯胺却具有制备简单、制备条件容易控制和稳定性高等特点，同时还有良好的导电性，因而受到广泛关注。聚苯胺除了能导电外，还具有质子交换、氧化还原、电致变色和三阶非线性光学等性质，在塑料电池、电磁屏蔽、导电材料、发光二极管和光学器件等方面有巨大的应用前景。

聚苯胺的合成有化学氧化聚合和电化学聚合。化学氧化聚合是苯胺在酸性介质下以过硫酸盐或重铬酸钾等作为氧化剂而发生氧化偶联聚合，聚合时所使用的酸通常为挥发性质子酸，浓度一般控制在0.5～4.0mol/L，反应介质可为水、甲基吡咯烷酮等极性溶剂，可采用溶液聚合和乳液聚合进行。介质酸提供反应所需的质子，同时以掺杂剂的形式进入聚苯胺主链，使聚合物具有导电性，所以盐酸为首选。电化学聚合是苯胺在电流作用下在电极上发生聚合，它可以获得聚苯胺薄膜。在酸性电解质溶液中得到的黄色产物，具有很高的导电性、电化学特性和电致变色性；在碱性电解质溶液中则得到深黄色产物。

聚苯胺在大多数溶剂中是不溶的，仅部分溶解于二甲基甲酰胺和甲基吡咯烷酮中，可溶于浓硫酸，采用苯胺衍生物聚合、嵌段共聚和接枝共聚等方法可以提高聚苯胺的溶解性，但是会给其导电性带来负面影响。聚苯胺的制备反应如下所示：

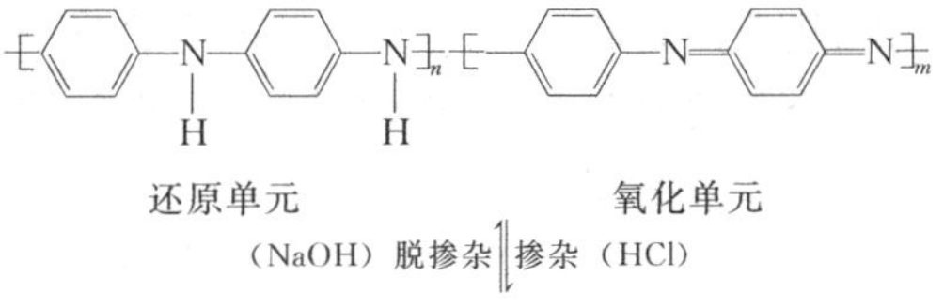

$$\left[ C_6H_4-NH-C_6H_4-NH \right]_n \left[ C_6H_4-N=C_6H_4=N \right]_m$$

还原单元　　　　氧化单元

(NaOH) 脱掺杂 ⇌ 掺杂 (HCl)

$$\left[\!-C_6H_4-\overset{Cl^-}{\overset{+}{N}}H_2-C_6H_4-NH-\right]_{n-x}\left[-C_6H_4-NH-C_6H_4-NH-\right]_x\left[-C_6H_4-N=C_6H_4=N-\right]_m$$

聚苯胺的导电性取决于聚合物的氧化程度和掺杂度，上述反应式为聚苯胺在掺杂前后的结构变化。当 pH<4 时，聚苯胺为绝缘体，电导率与 pH 值无关；当 4>pH>2 时，电导率随 pH 值增加而迅速变大，直接原因是掺杂程度提高；当 pH<2 时，电导率与 pH 值无关，聚合物呈金属特性。

本实验采用溶液法和乳液法合成聚苯胺，经盐酸掺杂后得到导电材料，并采用简单的方法观察其导电性。

## 三、仪器和试剂

1. 仪器：圆底烧瓶，平衡滴液漏斗，电磁搅拌器，油压机。

2. 试剂：36%浓盐酸，苯胺，过硫酸铵，十二烷基苯磺酸，二甲苯，丙酮。

## 四、实验步骤

### 1. 溶液聚合法

用 36%的浓盐酸和蒸馏水配制成 2.0mol/L 的盐酸溶液，取 50mL 稀盐酸并加入 4.7g 苯胺（0.05mol）搅拌溶解，配制成盐酸苯胺溶液，取 11.4g 过硫酸铵（0.05mol）溶解于 25mL 蒸馏水中配制成过硫酸铵溶液。在电磁搅拌下滴液漏斗将过硫酸铵溶液滴加到盐酸苯胺溶液中，25min 加入完毕，继续反应 1h。结束反应，反应混合物减压过滤，并用蒸馏水洗涤数次，最后用 2.0mol/L 盐酸溶液浸泡 2h 进行掺杂。过滤，干燥至恒重，计算收率。

把干燥的聚苯胺研磨成粉末，在 1MPa 压力下压制成直径 15mm、厚度 4mm 的圆片，观察其导电情况。

### 2. 乳液聚合法

取 25g 十二烷基苯磺酸，加入 200mL 水和 50mL 二甲苯，放入冰水浴中，机械搅拌使混合物乳化。加入 5mL 苯胺，温度保持在 0℃左右，30min 后滴加 1mol/L 的过硫酸铵水溶液 100mL，此时乳液逐渐由乳白色转变成黄绿色，继续搅拌 6h 后转变成墨绿色。静置，将反应乳液倒入丙酮中破乳，抽滤，用蒸馏水洗涤至滤液无色，真空干燥，计算收率。

## 五、注意事项

### 1. 氧化剂用量的影响

在盐酸苯胺浓度一定的情况下，过硫酸铵浓度很大时，反应的活性中心过多，不利于形成高分子的聚苯胺，同时，过剩的氧化剂还会使高分子链进一步氧化，以致断裂成低分子化合物，导致产物的电导率下降。

### 2. 反应温度的影响

聚苯胺的合成是剧烈的放热反应过程，反应温度对产物的分子量及其分布都有很大的影响。另外，在较低的温度下聚合需要较长的时间才能达到较高的转化率和分子量，适当延长反应时间可以提高聚苯胺的转化率和分子量，但时间过长也会使已经形成的分子链在氧化环境中氧化降解，从而降低其电导率。在低温下容易形成高分子量聚苯胺。

此外，聚苯胺体系的温度也可以影响其电导率，在温度高于90℃时，电导率增大，当温度高于100℃时，电导率下降，在温度高于220℃时，其电导率下降约4个数量级。其可能的原理如下：由于本征态聚苯胺是一种吸湿性很强的物质，吸湿后分子链紧缩造成其溶解度下降，90℃时水分的减少使分子链的紧缩程度下降，因此聚苯胺的棒状链结构就可以发生少许的重排和链伸展，载流子的移动限制减少，导电通路更为通畅，从而使电导率增大。当温度上升时，水分基本去除，去掺杂作用占主导地位，聚苯胺发生了热分解，重新生成了HCl，而造成其导电性的降低。

# 实验三　脲醛树脂的制备

## 一、实验目的

1. 了解脲醛树脂的合成原理和过程。
2. 了解影响合成反应的因素及其解决方法。
3. 进一步掌握不同原料配比对缩聚反应的影响。
4. 加深理解加成缩聚的反应机理，了解脲醛树脂的合成方法及一般层压板的加工工艺。

## 二、实验原理

脲醛树脂（urea-formaldehyde resins，UF），又称为脲甲醛树脂，是由尿素与甲醛经加成聚合反应制得的热固性树脂。加工成型时发生交联，制品为不溶不熔的热固性树脂。固化后的脲醛树脂颜色比酚醛树脂浅，呈半透明状，耐弱酸、弱碱，绝缘性好，耐磨性极佳，价格便宜，但遇强酸、强碱易分解，耐候性较差。

由于羟甲脲分子中存在活泼的羟甲基，在酸性条件下羟甲脲中羟甲基与酰氨基发生脱水缩合聚合。产物中仍有羟甲基和酰氨基，因此可以继续反应，生成脲醛树脂。

产物的结构比较复杂，直接受尿素与甲醛的物质的量比、反应体系的pH值、反应温度、时间等条件的影响。例如，当在酸性条件下反应时，产物是不溶于水和有机溶剂的聚亚甲基脲；在碱性条件下发生反应时，则生成水溶性的一羟甲基脲或二羟甲基脲等。羟甲基的数目由尿素与甲醛的物质的量比所决定。

合成过程如下：首先由尿素与甲醛缩合生成多种羟甲基脲，然后在羟甲基脲分子之间脱水而生成脲醛树脂。

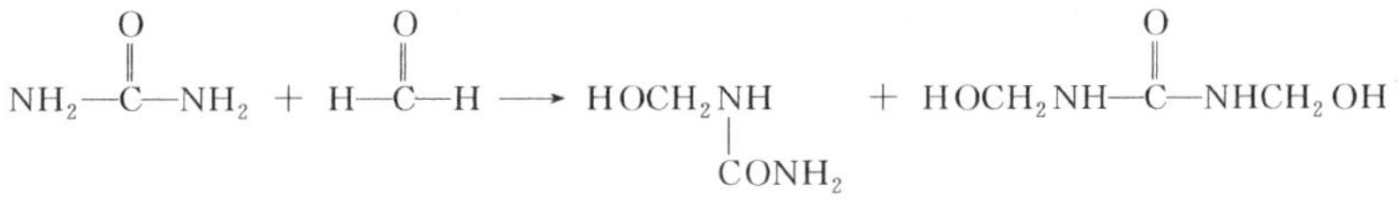

$$NH_2—\overset{\overset{\displaystyle O}{\|}}{C}—NH_2 + H—\overset{\overset{\displaystyle O}{\|}}{C}—H \longrightarrow \underset{\underset{\displaystyle CONH_2}{|}}{HOCH_2NH} + HOCH_2NH—\overset{\overset{\displaystyle O}{\|}}{C}—NHCH_2OH$$

脲醛树脂分子链上会含有如下分子结构：

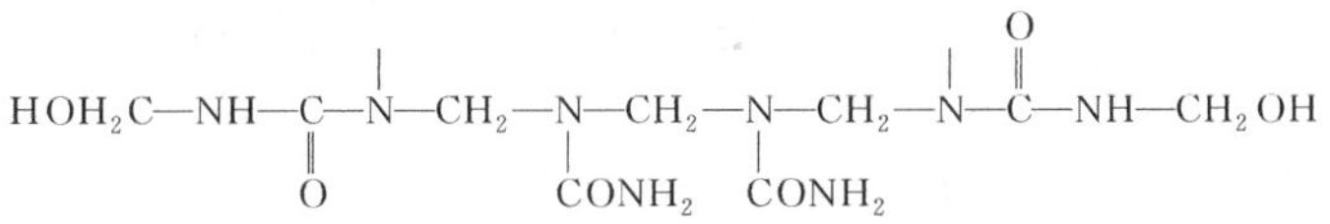

$$HOH_2C—NH—\underset{\underset{\displaystyle O}{\|}}{C}—\overset{|}{N}—CH_2—\underset{\underset{\displaystyle CONH_2}{|}}{N}—CH_2—\underset{\underset{\displaystyle CONH_2}{|}}{N}—CH_2—\overset{|}{N}—\overset{\overset{\displaystyle O}{\|}}{C}—NH—CH_2OH$$

## 三、仪器和试剂

1. 仪器：搅拌电机，调压器，三口瓶，冷凝器，温度计，水浴，电吹风机。

2. 试剂：尿素，甲醛（36%水溶液），10% NaOH，10%草酸水溶液，$NH_4Cl$（固化剂）。

## 四、实验步骤

1. 在 250mL 三口瓶上装置搅拌器、温度计、回流冷凝器。

2. 称取 36%的甲醛水溶液 30g，用 10%的 NaOH 调节甲醛 pH=8.5～9。称取尿素 3 份，分别是 5.6g、2.8g、2.8g（甲醛、尿素物质的量比为 1.93∶1）。

3. 三口瓶中先加入 5.6g 尿素和 30g 36%的甲醛水溶液。搅拌至溶解（由于吸热而降温，可缓慢升温至室温，以便溶解）。升温至 60℃再加入 2.8g 尿素，继续升温到 80℃加入最后 2.8g 尿素，在 80℃，反应 30min。

4. 用少量 10%的草酸溶液小心调节反应体系的 pH 值，使 pH=4.8（注意观察自升温现象）。继续维持温度在 80℃进行缩合反应，并随时取脲醛胶滴入冷水中，观察在冷水中的溶解情况。当在冷水中出现乳化现象，随时测在 40℃水中的乳化情况。

5. 温水中出现乳化后，立即降温终止反应，并用浓氨水调节脲醛胶 pH=7，再用少量 10%的 NaOH 调节 pH=8.5～9。在正常情况下，得到澄清透明的脲醛胶。

6. 截取长 $L=(100\pm1)$mm、宽 $b=(25\pm1)$mm 的薄板木条两个，胶合面积确定为 25mm×25mm，用游标卡尺测量其胶合长（$L_1$）与宽（$b_1$），精确到 0.1mm。

7. 将制备的脲醛胶均匀地涂抹在木条所要胶合的部位，用夹子夹上放到烘箱中烘 20min。

8. 将胶合好的木条放到拉伸机上测定其开裂的拉伸强度 $X$，即胶合强度。试件的胶合强度按下式计算，精确到 0.01MPa。

$$X=\frac{P_{\max}}{L_1 b_1}$$

## 五、注意事项

1. 用草酸溶液调节反应体系 pH 值时要十分小心，切忌酸度过大。因为缩合反应速率在 pH=3～5 几乎正比于 $H^+$ 浓度。

2. 缩聚反应中防止温度骤然变化，否则易造成胶液浑浊。

## 六、思考题

1. 在合成树脂的原料中哪种原料对 pH 值影响最大？为什么？

2. 试说明 $NH_4Cl$ 能使脲醛胶固化的原因有哪些？你认为还可加入哪些固化剂？

3. 如果脲醛胶在三口瓶内发生了固化，试分析可能由于哪些原因？

# 实验四 酸法酚醛树脂的制备

酚醛树脂也称为电木，又称为电木粉。原为无色或黄褐色透明物质，市场上销售的产品往往因加入着色剂而呈红、黄、黑、绿、棕、蓝等颜色，有颗粒状或粉末状。耐弱酸和弱碱，遇强酸发生分解，遇强碱发生腐蚀。不溶于水，溶于丙酮、乙醇等有机溶剂中。可由苯酚与甲醛缩聚而得。它包括线型酚醛树脂、热固性酚醛树脂和油溶性酚醛树脂。主要用于生产压塑粉、层压塑料，制造清漆或绝缘、耐腐蚀涂料，制造日用品、装饰品，制造隔声、隔热材料等。还可用于高压电插座、家具塑料把手等。

酚醛树脂为黄色、透明、无定形块状物质，因含有游离分子而呈微红色，相对密度为1.25～1.30，易溶于醇，不溶于水，对水、弱酸、弱碱溶液稳定。它是由苯酚和甲醛在催化剂条件下缩聚，经中和、水洗而制成的树脂。因选用催化剂的不同，可分为热固性和热塑性两类。酚醛树脂具有良好的耐酸性、力学性能、耐热性，广泛应用于防腐蚀工程、胶黏剂、阻燃材料、砂轮片制造等行业。

## 一、实验目的

1. 掌握缩聚反应的原理和方法，从而加深对缩聚反应的理解。
2. 了解反应物的配比和反应条件对酚醛树脂结构的影响。
3. 掌握合成线型酚醛树脂的方法。
4. 掌握线型酚醛树脂的固化原理及方法。

## 二、实验原理

酚醛树脂是由苯酚和甲醛聚合得到的。强碱催化的聚合产物为甲阶酚醛树脂，甲醛与苯酚物质的量比为 1∶0.9，甲醛用 36%～50% 的水溶液，催化剂为 1%～5% 的 NaOH 或 $Ca(OH)_2$ 溶液。在 80～95℃加热反应 3h，就可以得到预聚物。为了防止反应过度和发生凝胶化，要真空快速脱水。预聚物为固体或液体，相对分子质量一般为 500～5000，呈微酸性，其水溶性与分子量和组成有关。交联反应常在 180℃下进行，并且交联和预聚物合成的化学反应是相同的。

线型酚醛树脂是甲醛和苯酚以（0.75～0.85）∶1 的物质的量比聚合得到的，常以草酸或硫酸作为催化剂，加热回流 2～4h，聚合反应就可完成。催化剂的用量为每 100 份苯酚加 1～2 份草酸或不足 1 份的硫酸。由于加入的甲醛的量少，只能生成低分子量线型聚合物。反应混合物在高温脱水、冷却后粉碎得到产品。反应式如下：

$$C_6H_5OH + HCHO \longrightarrow HOC_6H_4\text{-}\!\!\left[CH_2\text{-}C_6H_3(OH)\right]_n\!\!\text{-}CH_2\text{-}C_6H_4OH$$

混入 5%～15%的六亚甲基四胺作为固化剂，加入 2%左右的氧化镁或氧化钙作为促进剂，加热即迅速发生交联形成网状体型结构，最终转变为不溶不熔的热固性塑料。

酚醛树脂是第一个商品化的人工合成聚合物，具有高强度、尺寸稳定性好、抗冲击性、抗蠕变性、抗溶剂性和耐湿气性良好等优点。大多数酚醛树脂都需要加填料增强，通用级酚醛树脂常用黏土、矿物质粉、木粉和短纤维来增强，工程级酚醛树脂则要用玻璃纤维、石墨及聚四氟乙烯来增强，使用温度可达 150～170℃。酚醛聚合物可作为黏合剂，应用于胶合板、纤维板和砂轮，还可以作为涂料，例如酚醛清漆。含有酚醛树脂的复合材料可以用于航空飞行器，它还可以做成开关、插座及机壳等。

本实验在草酸存在下进行苯酚和甲醛的聚合，甲醛量相对不足，得到线型酚醛树脂。线型酚醛树脂可作为合成环氧树脂原料，与环氧氯丙烷反应获得酚醛多环氧树脂，还可以作为环氧树脂的交联剂，还可以与六亚甲基四胺、氧化镁、木粉等混合制备压塑粉。

## 三、仪器和试剂

1. 仪器：三口烧瓶，回流冷凝管，机械搅拌器，减压蒸馏装置。

2. 试剂：苯酚，甲醛水溶液，草酸，六亚甲基四胺。

## 四、实验步骤

1. 线型酚醛树脂的制备。向装有机械搅拌器、回流冷凝管和温度计的三口烧瓶中加入19.5g苯酚（0.207mol）、13.8g 37%的甲醛水溶液（0.169mol）、2.5mL蒸馏水（如果使用的甲醛溶液的浓度偏低，可按比例减少水的加入量）和0.3g二水合草酸。水浴加热并开动搅拌器，反应混合物回流1.5h。加入50mL蒸馏水，搅拌均匀后，冷却至室温，分离出水层。

实验装置改为减压蒸馏装置，剩余部分逐步升温至150℃，同时减压至真空度为66.7～133.3kPa，保持在1h左右，除去残留的水分，此时样品一经冷却即成固体。在产物保持可流动状态下，将其从烧瓶中倾出，得到无色脆性固体。

2. 线型酚醛树脂的固化。取10g酚醛树脂，加入六亚甲基四胺0.5g，在研钵中研磨混合均匀。将粉末放入小烧杯中，小心加热使其熔融，观察聚合物的流动性变化。

## 五、思考题

1. 环氧树脂能否作为线型酚醛树脂的交联剂？为什么？

2. 线型酚醛树脂和甲阶酚醛树脂在结构上有什么差异？

3. 反应结束后，加入50mL蒸馏水的目的是什么？

# 实验五　碱法酚醛树脂的制备

## 一、实验目的

1. 了解热塑性酚醛树脂与热固性酚醛树脂的区别。

2. 掌握热固性酚醛树脂的碱法合成原理和方法。

## 二、实验原理

酚类和醛类的缩聚产物通称为酚醛树脂。它的合成过程完全遵循体型缩聚反应的规律。它的树脂合成机理非常复杂，目前仍不能准确测定酚醛树脂的结构，即使是缩聚过程中的若干反应历程，目前也并不十分清楚。

苯酚和甲醛缩聚所得到的酚醛树脂可从热塑性的线型树脂转变为不溶不熔的体型树脂。

固化的过程可分为以下三个阶段。A阶段：线型树脂，可溶于乙醇、丙酮及碱液中，加热后转变为B、C阶段。B阶段：不溶于碱液中，可部分或全部溶于丙酮、乙醇中，加热后转变为C阶段。C阶段：不溶不熔的体型树脂，不含有或很少含有能被丙酮抽提出来的低分子物质。相对于制造短纤维预混料而言，首先缩聚得到溶于乙醇的酚醛树脂溶液为A阶段，然后将短纤维与A阶段的酚醛树脂的乙醇溶液混合，经烘干得到短纤维预混料。相对于制造层压板而言，首先得到溶于乙醇的酚醛树脂溶液为 A 阶段；然后将 A 阶段的树脂加到浸胶机中，增强布浸入 A 阶段树脂溶液中，烘干后得到 B 阶段的含胶布；最后将含胶布在压机中加热加压而固化成 C 阶段的热固性层压板。

本实验主要是合成 A 阶段的酚醛树脂，A 阶段的酚醛树脂一般在碱性条件下缩聚而成，苯酚和甲醛的物质的量比为 1∶(1.25～2.5)，可以用 NaOH、氨水、$Ba(OH)_2$ 等为催化剂。甲醛与苯酚之间的加成反应如下：

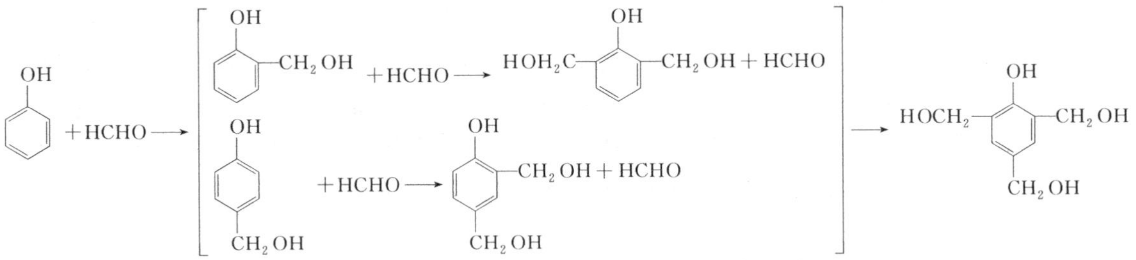

羟甲基酚之间的缩聚反应如下：

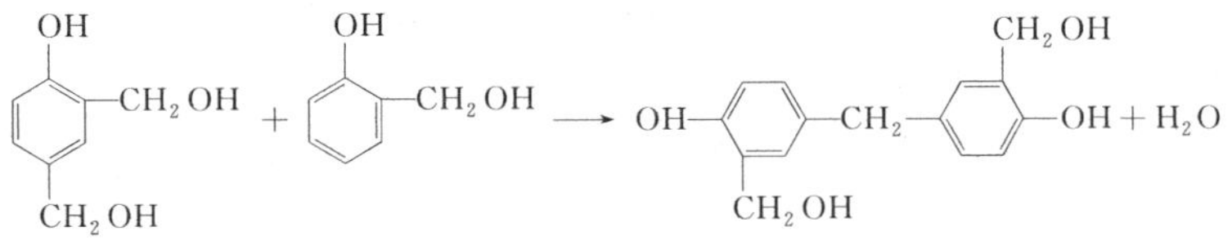

## 三、仪器和试剂

1.仪器：250mL 三口烧瓶，回流冷凝管，温度计，机械搅拌器，电热锅，真空泵等各一只。

2.试剂：苯酚（CP），37%甲醛水溶液（CP），25%氨水，无水乙醇（CP）。

## 四、实验步骤

1.在三口烧瓶中投入 72g 苯酚、80.9g（37%）甲醛水溶液及 3.9g（25%）氨水。

2.开动搅拌器，加热升温到 70℃，此时由于反应放热，温度自动上升。

3.当温度升高到 78℃时，注意使反应温度缓缓上升到 85～95℃（要求不超过 95℃）。

4.保温 1h 后，每隔 10min 取样测定凝胶化时间，当其值达到 90s/160℃左右时，终止反应，准备下一步脱水。

5.将反应装置接真空系统，在压力 66.5kPa（500mmHg）和较低温度（70℃）下进行脱水。脱水过程容易出现凝胶现象，必须谨慎控制。

6.脱水至透明后，测定凝胶化时间达 7s/160℃左右时，立即加入 150g 乙醇稀释溶解，然后出料。

## 五、实验讨论

热固性酚醛树脂一般情况下应符合下列主要技术指标：

| | |
|---|---|
| 树脂黏度 | 5～10s（25℃） |
| 聚合时间（即凝胶化时间） | 90～120s/160℃或 14～24min/130℃ |
| 树脂固体含量（乙醇中） | 57%～62% |
| 游离酚含量 | 16%～18% |

## 六、思考题

苯酚和甲醛的投料配比对热固性酚醛树脂的性能有何影响？

# 实验六 热塑性聚氨酯弹性体的制备

TPU即热塑性聚氨酯（thermoplastic polyurethanes），是一种新型的有机高分子合成材料，属于化合物，英文商品名为Flexible Polyurethane。其各项性能优异，可以代替橡胶、软质聚氯乙烯，具有优异的物理性能，例如耐磨性、回弹力都好于普通聚氨酯、PVC，耐老化性好于橡胶，可以说是替代PVC和PU的最理想的材料。被国际上称为新型聚合物材料。热塑性聚氨酯弹性体的杨氏模量介于橡胶与塑料之间，具有耐磨、耐油、耐撕裂、耐化学腐蚀、高弹性和吸震能力强等优异性能。它可通过像塑料一样的加工方法，制成各种弹性制品。可以制作PU人造革，配溶剂可制作涂料。由于热塑性聚氨酯弹性体的诸多优异性能，使它在许多领域获得了广泛的应用。

热塑性聚氨酯弹性体有聚酯型和聚醚型两类。为白色无规则球状或柱状颗粒，相对密度为1.10～1.25，聚醚型相对密度比聚酯型小。聚醚型玻璃化温度为100.6～106.1℃，聚酯型玻璃化温度为108.9～122.8℃。聚醚型和聚酯型脆性温度低于－62℃，聚醚型耐低温性优于聚酯型。

聚氨酯热塑性弹性体突出的特点是耐磨性优异、耐臭氧性极好、硬度大、强度高、弹性好、耐低温，有良好的耐油、耐化学药品和耐环境性能，在潮湿环境中聚醚型水解稳定性远超过聚酯型。

## 一、实验目的

1.通过聚氨酯弹性体的制备，了解逐步加聚反应的特点。

2.掌握本体法和溶液法制备热塑性聚氨酯弹性体的方法。

3.初步掌握（AB）$_n$型多嵌段聚合物的结构特点，用调节A、B嵌段比例的方法来制备不同性能的弹性体。

4.掌握羟值的测定方法。

## 二、实验原理

凡主链上交替出现—NHCOO—基团的高分子化合物，通称为聚氨酯。它的合成是以异氰酸酯和含活泼氢化合物的反应为基础的，例如二异氰酸酯和二元醇反应，通过异氰酸酯和羟基之间进行反复加成，即生成聚氨酯。反应式如下：

$$n\mathrm{OCN{-}R{-}NCO} + n\mathrm{HO{-}R{-}OH} \longrightarrow \mathrm{HOR}\left[\mathrm{OCONH{-}R{-}NHOCOR}\right]_n\mathrm{O{-}CONHRNCO}$$

如果含活泼氢的化合物采用低分子量（相对分子质量为1000～2000）的两端以羟基结尾的聚醚、聚酯等，它们能赋予聚合物链一定的柔性，当它们与过量的二异氰酸酯［如甲苯二异氰酸酯（TDI）、二苯基甲烷二异氰酸酯（MDI）等］反应，生成含游离异氰酸根的预聚体，然后加入与游离异氰酸根的等化学计量的扩链剂（如二元醇、二元胺等）进行扩链反应，则生成基本上呈线型结构的聚氨酯弹性体。在室温下，由于分子间存在大量的氢键，起着相当于硫化橡胶中交联点的作用，呈现出弹性体性能，升高温度，氢键减弱，具有与热塑性塑料类似的加工性能，因而有热塑性弹性体之称。

可以预测，随着反应物化学结构、分子量和相对比例的改变，可以制得各种不同的聚氨酯弹性体。尽管如此，总可以把它们的分子结构看成是由柔性链段和刚性链段构成的 $(AB)_n$ 型嵌段共聚物，“A”代表柔性的长链，如聚酯、聚醚等；“B”代表刚性的短链，由异氰酸酯和扩链剂组成。柔性链段使大分子易于旋转，聚合物的软化点和二级转变点下降，硬度和机械强度降低。而刚性链段则会束缚大分子链的旋转，聚合物的软化点和二级转变点上升，硬度和机械强度提高，而热塑性聚氨酯弹性体的性能就是由这两种性能不同的链段形成多嵌段共聚物的结果，因此，通过调节软、硬链段的比例可以制成不同性能的弹性体。

热塑性聚氨酯弹性体的制备一般有两种方法：一步法和预聚体法。一步法就是把两端以羟基结尾的聚酯或聚醚先和扩链剂充分混合，然后在一定反应条件下加入计算量的二异氰酸酯即可。预聚体法是先把聚酯或聚醚与二异氰酸酯反应生成以异氰酸根结尾的预聚物，然后根据异氰酸酯的量与等化学计量的扩链剂反应。聚氨酯弹性体的制备工艺又可分为本体法和溶液法两种。本实验分别采用本体一步法和溶液预聚体法来制备聚酯型聚氨酯弹性体和聚醚型聚氨酯弹性体。

## 三、仪器和试剂

1. 仪器：四口烧瓶，搅拌器，油浴，氮气钢瓶，平板电炉。

2. 试剂：己二酸，1,4-丁二醇，聚酯（两端为羟基，相对分子质量在1000左右），聚醚（两端为羟基，相对分子质量在1000左右），4,4-二苯基甲烷二异氰酸酯（MDI），甲基异丁基酮，二甲亚砜，二丁基月桂酸锡。

## 四、实验步骤

### 1. 溶液法

（1）预聚体的制备。250mL磨口四口烧瓶装上搅拌器、回流冷凝管、滴液漏斗和氮气入口管。用天平称取10.0g(0.04mol) MDI放入四口烧瓶中，加入15mL二甲亚砜和甲基异丁基酮的混合溶剂（两者体积比为1∶1），开动搅拌器，通入氮气，升温至60℃，使MDI全部溶解。然后称取20g(0.02mol) 聚酯（根据聚酯的实际分子量计算），溶于15mL混合溶液中，待溶解后从滴液漏斗慢慢加入反应瓶中。滴加完毕后，继续在60℃反应2h，得无色透明预聚体溶液。

（2）扩链反应。将1.8g(0.02mol) 1,4-丁二醇溶解在5mL混合溶剂中，从滴液漏斗慢慢加入上述预聚物溶液中。当黏度增加时，适当加快搅拌速度，待滴加完后在60℃反应1.5h。若黏度过大，可适当补加混合溶剂，搅拌均匀，然后将聚合物溶液倒入盛有蒸馏水的瓷盘中，产品呈白色固体析出。

（3）后处理。产物在水中浸泡过夜，用水洗涤2～3次，再用乙醇浸泡1天后用水洗涤，在红外灯下基本晾干后再放入50℃的真空烘箱中充分干燥，即得聚酯型聚氨酯弹性体，计算产率。

### 2. 本体法

在装有温度计和搅拌器的200mL反应容器中（反应容器可用干燥而清洁的烧杯）加入

50g(0.05mol) 聚醚、9.0g(0.10mol) 1,4-丁二醇和反应物总量1%的抗氧剂1010，置于平板电炉上，开动搅拌器，加热至120℃，用滴管滴加2滴二丁基月桂酸锡，然后在搅拌下将预热到100℃的37.5g(0.15mol) MDI迅速加入反应器中，随聚合物黏度增加，不断加剧搅拌，待反应温度不再上升（2～3min）除去搅拌器，将反应产物倒入涂有脱模剂的铝盘中（铝盘预热至80℃），放入80℃的烘箱中24h以完成反应（弹性体Ⅰ）。

调节软、硬链段比例，用改变反应物摩尔配比的方法，按照聚醚∶MDI∶1,4-丁二醇（物质的量比）为1∶2∶1（弹性体Ⅱ）、1∶4∶3（弹性体Ⅲ），用上述同样方法制备弹性体。

弹性体Ⅰ、Ⅱ、Ⅲ分别在不同温度用小型两辊机炼胶出片，然后在平板硫化压膜机压成1.5mm厚的薄片，在干燥器内放置一周后切成哑铃形试条。

## 五、实验数据处理

1. 计算溶液法制得的聚氨酯弹性体产率。

2. 在本体法中，将切成哑铃形的试条，用电子拉力机分别测定其应力-应变关系，用橡胶硬度计测其硬度，所得数据填入表1。

**表1 实验测量数据记录**

| 编 号 | 物质的量比 | 硬链段含量/% | 硬度 | 断裂硬度/MPa | 断裂伸长率/% |
|---|---|---|---|---|---|
| 弹性体Ⅰ | 1∶3∶2 | | | | |
| 弹性体Ⅱ | 1∶2∶1 | | | | |
| 弹性体Ⅲ | 1∶4∶3 | | | | |

3. 聚酯或聚醚羟值的测定（乙酐酰化法）。在250mL三口烧瓶中称取二羟基聚醚约200g，于120℃真空脱水1.5h，然后按下列方法测定羟值。

准确称取1.5～2g聚醚两份，分别置于250mL的酰化瓶内，用移液管分别移入10mL新配制的酰化试剂（8mL乙酐加33mL吡啶），放几粒沸石，接上磨口空气冷凝管，在平板电炉上加热回流20min，冷却至室温，依次用10mL吡啶、25mL蒸馏水冲洗冷凝管内壁和磨口，然后加入0.5mol/L的NaOH溶液50mL、酚酞指示剂3滴，用0.8mol/L的NaOH溶液滴定至终点，用同样操作做空白试验。羟值计算公式如下：

$$\text{羟值}=\frac{(V_1-V_2)N\times 40}{m}$$

式中，$V_1$为空白溶液消耗的NaOH溶液的体积，mL；$V_2$为试样溶液消耗的NaOH溶液的体积，mL；$N$为NaOH的物质的量浓度，mol/L；$m$为样品质量，g；40为NaOH的相对分子质量。

$$\text{聚酯或聚醚的分子量}=\frac{40\times 2}{\text{羟值}}\times 1000$$

## 六、思考题

1. 为什么热塑性聚氨酯弹性体具有优异的性能？

2. 聚酯型聚氨酯弹性体与聚醚型聚氨酯弹性体的产品，其外观和特性有何区别？

# 实验七　泡沫塑料的制备

聚氨酯是由异氰酸酯和羟基化合物通过逐步加聚反应得到的聚合物。它具有各方面的优良性能，因此得到广泛的应用。目前的聚氨酯产品有聚氨酯橡胶、聚氨酯泡沫塑料、聚氨酯人造革、聚氨酯涂料及黏结剂。其中以聚氨酯泡沫塑料的产量最大，由于它具有消声、隔热、防震的特点，主要用于各种车辆的坐垫、消声防震材料以及各种包装用途。

## 一、实验目的

1. 了解泡沫塑料的一般概念，制备聚氨酯泡沫塑料。

2. 熟悉多种不同密度软质和硬质聚氨酯泡沫塑料的制备方法，了解聚氨酯泡沫塑料发泡的原理。

3. 对比软、硬泡沫塑料使用原料的不同，合理设计配方，掌握分析影响泡沫塑料性能的工艺因素。

## 二、实验原理

泡沫塑料，即发泡聚合物，作为绝缘材料和包装材料等有着十分重要的用途。泡沫塑料有柔性、半刚性和刚性之分。作为刚性泡沫塑料，其聚合物的玻璃化温度应比材料的使用温度高很多。与此相对照，作为柔性泡沫塑料，其聚合物的玻璃化温度则应比材料的使用温度低很多。根据泡沫塑料内气泡的形态，泡沫塑料有开孔与闭孔之分。闭孔泡沫塑料内的气泡是一个个独自分离的，而开孔泡沫塑料内的气泡则是互相连通的。如果材料内兼有开孔与闭孔两种气泡，该材料则可被称为混合孔型。当然，也可以按照泡沫塑料的原料，把它们称为聚苯乙烯泡沫塑料、聚氨酯泡沫塑料等。

泡沫塑料的制备可以归纳为三种方法：第一种方法是所谓机械发泡法，即使聚合物乳液或液体橡胶通过剧烈的机械搅拌而成为发泡体，而后通过化学交联的方法使泡沫结构在聚合物中固定下来；第二种方法可以被称为物理发泡法，是先使气体或低沸点的液体溶入聚合物中（有时需加压力），而后加热使材料发泡；第三种方法是化学发泡法，化学法发泡是将发泡剂混入聚合物或单体中，发泡剂受热分解而产生气泡，或者经过发泡剂与聚合物或单体的化学反应而产生气泡。偶氮二异丁腈受热分解放出 $N_2$，碳酸氢铵受热产生 $NH_3$、$CO_2$ 和 $H_2O$，是常用的化学发泡剂。在聚氨酯泡沫塑料的制备中，可以用水充当发泡剂，水与异氰酸酯反应放出 $CO_2$ 气体：

$$R—N=C=O+H_2O \longrightarrow R—NH_2+CO_2\uparrow$$

表 1 列出了最重要的几种可以用作泡沫塑料的聚合物以及它们的发泡方法。

本实验制备聚氨基甲酸酯泡沫塑料，与此有关的三个异氰酸酯的反应如下。

（1）二异氰酸酯与二元醇（或多元醇）反应生成聚氨基甲酸酯：

$$nO=C=N—R—N=C=O+nHO—R'—OH \longrightarrow \left[ \overset{O}{\overset{\|}{C}}NH—R—NH—\overset{O}{\overset{\|}{C}}—O—R'—O \right]_n$$

表1　用作泡沫塑料的聚合物以及它们的发泡方法

| 聚合物 | 发泡方法及材料性质 | | |
|---|---|---|---|
| | 机械发泡法 | 物理发泡法 | 化学发泡法 |
| 酚醛树脂 | 刚性 | 刚性 | 刚性 |
| 三聚氰胺树脂 | 刚性 | 刚性 | 刚性 |
| 聚氨酯 | — | 刚性,柔性 | 刚性,柔性 |
| 聚苯乙烯 | — | 刚性 | — |
| 聚氯乙烯 | — | 刚性,柔性 | 刚性,柔性 |
| 聚乙烯醇缩甲醛 | 柔性 | — | 柔性 |
| 聚有机硅氧烷 | — | — | 刚性,柔性 |
| 聚乙烯 | — | — | 刚性,柔性 |
| 天然橡胶 | — | 刚性,柔性 | 刚性,柔性 |
| 天然乳胶 | 柔性 | — | 柔性 |

若用三羟基聚醚或蓖麻油则得到交联聚合物。蓖麻油的结构如下：

$$\begin{array}{l} CH_2-O\overset{\overset{\displaystyle O}{\|}}{C}R \\ | \\ CH-O\overset{\overset{\displaystyle O}{\|}}{C}R \\ | \\ CH_2-O\overset{\overset{\displaystyle O}{\|}}{C}R \end{array}$$

式中：

$$R=\!\!+\!CH_2\!\!+_7 CH=CH-CH_2-\underset{\underset{\displaystyle OH}{|}}{CH}\!+\!CH_2\!+_3 CH_3$$

（2）异氰酸酯和水反应放出$CO_2$，使聚合物得以发泡。

（3）反应（2）中产生的氨基可与体系中尚存的异氰酸酯基反应生成脲；

$$\sim\sim NH_2+O=C=N\sim\sim \longrightarrow \sim\sim NH-\overset{\overset{\displaystyle O}{\|}}{C}-NH\sim\sim$$

生成的脲还可以进一步与异氰酸酯基反应生成二脲等。

## 三、仪器和试剂

1.仪器：氮气瓶，烘箱，电热套，烧杯，自制纸质模具。

2.试剂

（1）二氮杂双环［2.2.2］辛烷（DABCO）或选用其他低挥发性三级胺代替，一氟三氯甲烷，甲苯二异氰酸酯，双十二碳酸二丁基锡，三羟基聚醚（相对分子质量约3000）或用其他多羟基聚醚代替，有机硅表面活性剂（为硅氧烷与环氧乙烷或环氧丙烷的嵌段共聚物）。

（2）将实验1中的一氟三氯甲烷以水代替，其他试剂同实验1。

（3）蓖麻油，聚乙二醇（相对分子质量400～600），甲苯二异氰酸酯，三乙基氨基乙醇，甘油。

## 四、实验步骤

1.实验1：在一只25mL烧杯中将0.5g DABCO溶解在8mL一氟三氯甲烷中，在另一只250mL烧杯中依次加入27g三羟基聚醚、21g甲苯二异氰酸酯和1滴双十二碳酸二丁基锡。完成以上操作后，再往加有 DABCO 的烧杯中加入约 0.3g（约 13 小滴）有机硅表面活性剂，然后将此溶液加入有甲苯二异氰酸酯等反应物的 250mL 烧杯中，并用玻璃棒迅速搅拌。当反应物变稠后，将它倒入预先制好的模型容器（可用纸糊一个）中，可得到白色闭孔泡沫塑料一块。

2. 实验 2：在一只 25mL 烧杯中将 0.1g DABCO 溶解在 5 滴水和 10g 三羟基聚醚中。在另一只 250mL 烧杯中依次加入 25g 三羟基聚醚、10g 甲苯二异氰酸酯和 5 滴双十二碳酸二丁基锡，搅匀，此时能感觉到有反应热放出。完成以上操作后，再往加有 DABCO 的小烧杯中加入 0.1～0.2g（约 1 小滴）有机硅表面活性剂，搅匀后将此溶液倒入上述加有甲苯二异氰酸酯反应物的 250mL 烧杯中，并用玻璃棒迅速搅拌。反应物变稠后，将它倒入一个预先做好的 50mm×50mm×50mm 的纸盒中，在室温放置 0.5h 后，再放入约 70℃ 的烘箱中烘 0.5h，可得到软的白色聚氨酯泡沫塑料一块。

3. 实验 3：往刚从烘箱中取出的干燥的 100mL 三口瓶中加入 14g 蓖麻油、5g 聚乙二醇（相对分子质量 400～600）。安好冷凝管（上连干燥管）、搅拌器、导气管，并缓慢通入氮气（此步实验中所用仪器均应干燥好）。在一只干燥的锥形瓶中称入 18g 甲苯二异氰酸酯，加入三口瓶中。反应进行时，温度升高，当温度开始下降时，将三口瓶用电热套加热至 120℃ 并维持 1h，冷却后得到预聚物。

在室温下将预聚物倒入 400mL 烧杯中，尽快地加入 0.6g 二乙氨基乙醇、3g 甘油和 3g 聚乙二醇、0.2g 水，并用钢刮钩剧烈搅拌约 30s，随后可观察到材料的发泡过程。

## 五、注意事项

1. 可根据条件任选一种配方，但由蓖麻油所得的材料性能稍差。
2. 异氰酸酯有毒，使用时应多加小心。

## 六、思考题

1. 简述泡沫塑料的种类和它们的制备方法。
2. 如何增加泡沫塑料的柔顺性？如何增加泡沫塑料的密度？

# 实验八　聚氨酯泡沫塑料的制备

## 一、实验目的

1. 了解醇酸缩聚反应的特点，合成聚氨酯泡沫塑料。
2. 学会聚酯的酸值、羟值的测定方法。

## 二、实验原理

凡是主链上交替出现 $-\mathrm{NH}\overset{\mathrm{O}}{\overset{\|}{\mathrm{C}}}-\mathrm{O}-$ 基团的高分子化合物，通称为聚氨酯。它的合成是以异氰酸酯和活泼氢化合物的反应为基础的。聚氨酯泡沫塑料通常是异氰酸酯和多羟基化合物（聚酯或聚醚树脂）在少量水存在下，加入催化剂（一般为叔胺类）发泡生成的一种多孔型

材料。其反应式为：

$$nOCN—R'—NCO+nHO—R—OH \longrightarrow HOR\{OCON—R'—NHOCOR—O\}_nCONHR'NCO$$

$$\sim\sim N=C=O+H_2O \longrightarrow \sim\sim NHCOOH \longrightarrow \sim\sim NH_2+CO_2\uparrow$$

这个反应是按逐步聚合反应历程进行的。但它又具有加成反应不析出小分子的特点，因此又称为聚加成反应。

## 三、仪器和试剂

1. 仪器：恒温控制加热搅拌器装置1套，250mL三口烧瓶1只，冷凝管1支，200℃温度计1支，氮气瓶1个，真空度20mmHg以上真空系统1套，调压变压器，150mL、250mL烧杯各1个，纸匣，玻璃棒。

2. 试剂：己二酸（AR），乙二醇（或一缩二乙二醇）（CP），丙三醇（甘油）（CP），三亚乙基二胺（精制品），甲苯二异氰酸酯（工业级），蒸馏水。

## 四、实验步骤

本实验要求首先合成出适于发泡用的聚酯，从而制备了软质聚氨酯泡沫塑料。整个实验包括常压缩聚、减压蒸馏、聚酯的酸值（或羟值）的测定和泡沫塑料的制备。

1. 常压缩聚合成聚酯。在装有搅拌器、进氮气管、温度计、回流冷凝管的250mL三口烧瓶中，加入己二酸0.3g、乙二醇0.15g、丙三醇0.15g后加热搅拌，通冷却水。打开氮气开关，使氮气流缓慢通入反应器内（从洗气瓶气泡可以看出）。调节变压器，使反应温度逐渐上升，记录开始蒸出水的时间和温度（170～180℃），在此温度下保持1.5～2h，使大部分水蒸出。

2. 减压蒸馏。将常压缩聚的反应体系，用真空泵缓慢抽真空至小于20mmHg的真空度，记下低分子物流出的时间和温度（180～190℃），维持2h（测酸值小于50mg/g）停止反应。待温度降至100℃时，缓慢充以氮气解除真空后，将物料倒入已知质量的干燥的250mL烧杯中，计算产率。

3. 泡沫塑料的制备。在已知质量的多羟基聚酯中，加入为其质量2.5%的蒸馏水、0.4%～0.5%的三亚乙基二胺（精确称量），搅拌后再加入35%的甲苯二异氰酸酯，立刻快速搅匀，5min左右可见微泡出现，将起泡的物料迅速倒入事先备好的纸匣中（纸匣内侧底部有衬里，便于脱模），1min后泡沫不见上涨，可送入90℃烘箱中熟化20～30min，然后取出泡沫塑料。

## 五、实验记录

将实验所测数据记录入表1。计算聚酯产率、泡沫塑料的颜色、孔径等外观特征。

**表1　实验数据记录**

| 时间/min | 温度/℃ | 压力/MPa | 酸值(或羟值)/(mg/g) | 现象 |
|---|---|---|---|---|
| | | | | |

## 六、思考题

1. 写出制备聚氨酯泡沫塑料的主要反应式。

2.醇酸缩聚的特点是什么？实验过程中是如何体现的？

3.泡沫塑料的密度与什么因素有关？若生产中使用大量过量的水，对泡沫塑料有何影响？

# 实验九　尼龙-66和尼龙-6的制备

聚酰胺树脂是具有许多重复的酰胺基团 $-\overset{O}{\overset{\|}{C}}-NH-$ 的线型热塑性树脂的总称，主要由二元酸与二元胺或氨基酸经缩聚而得，通常称它为尼龙，在用作纤维时，我国称为锦纶。为方便起见，人们根据合成用的原料单体中的碳原子数来表示其组成，如尼龙-66就是由己二胺和己二酸制得的。

聚酰胺链段中带有极性酰胺基团，能够形成氢键，结晶度高，力学性能优异，坚韧、耐磨、耐溶剂、耐油，能在－40～100℃下使用。缺点是吸水性较大，影响尺寸稳定性。

尼龙树脂中以尼龙-6和尼龙-66为主，其应用更为广泛，改性的新型尼龙有超韧尼龙、电镀尼龙、阻燃尼龙、磁性尼龙、玻璃纤维增强尼龙等。

## 一、实验目的

1.掌握尼龙-66和尼龙-6的制备方法。

2.了解双功能基单体缩聚和开环聚合的特点。

## 二、实验原理

双功能基单体a—A—a、b—B—b缩聚生成的高聚物的分子量主要受三方面因素的影响。

（1）a—A—a、b—B—b的物质的量比。其定量关系式可表示为：

$$\overline{DP}=\frac{100}{q}$$

式中，$\overline{DP}$ 为缩聚物的平均聚合度；$q$ 为a—A—a（或b—B—b）过量的摩尔分数。

（2）a—A—a与b—B—b反应的程度。若两单体等物质的量，此时反应程度 $p$ 与缩聚物分子量的关系为：

$$\overline{X_n}=\frac{1}{1-p}$$

式中，$\overline{X_n}$ 为以结构单元为基准的数均聚合度；$p$ 为反应程度，即功能基反应的百分数。

（3）缩聚反应本身的平衡常数。若a—A—a、b—B—b等物质的量，生成的高聚物分子量与a—A—a、b—B—b反应的平衡常数 $K$ 的关系为：

$$\overline{X_n}=\sqrt{\frac{K}{[ab]}}$$

[ab]为缩聚体系中残留的小分子（如 $H_2O$）的浓度，$K$ 越大，体系中小分子[ab]越小，越有利于生成高分子量缩聚物。己二酸与己二胺在260℃时的平衡常数为305，是比较大的，所以即使产生的小分子不排除，甚至外加一部分水存在时，也可生成具有相当分子量

的缩聚物，如体系中 $H_2O$ 浓度假定为 3mol/L，代入上式，缩聚物的 $\overline{X_n}$ 约为 10。这是制备高分子量尼龙-66 有利的一面。但另一方面，从己二酸、己二胺制备尼龙-66，由于己二胺在缩聚温度 260℃时易升华损失，以致很难控制配料比，所以实际上是先将己二酸与己二胺制得 66 盐，它是一种白色晶体，熔点为 196℃，易于纯化。用纯化的 66 盐直接进行缩聚，配料时的物质的量比是解决了，但由于 66 盐中的己二胺在 260℃高温下仍能升华（与单体己二胺比，当然要小得多），故缩聚过程中的配料比还会改变，从而影响分子量，甚至得不到高分子量产物。为了解决这一问题，利用己二酸与己二胺反应平衡常数 $K$ 值大的优点，可以先不除水，在无氧气的封闭体系（己二胺不会损失）中预缩聚，生成聚合度较低的缩聚物，再于敞口体系高温下（260℃）除水（这时己二胺已成低聚物，不再升华），使平衡向形成高聚物的方向转移，得到高分子量尼龙-66，这就是工业上生产尼龙-66 的方法。

本实验鉴于实验条件，不采用封闭体系，而采用降低缩聚温度（200～210℃）以减少己二胺损失的办法进行预缩聚，一定时间（一般为 1～2h）后，再将缩聚温度提高到 260℃或 270℃。这种办法，不能完全排除己二胺升华的损失，所以得到的分子量不可能很大，不易达到拉丝成纤的程度。

己二酸、己二胺生成 66 盐及其再缩聚成尼龙-66 的反应可表示如下：

$$HOOC-(CH_2)_4-COOH + H_2N-(CH_2)_6-NH_2 \longrightarrow [H_3\overset{+}{N}-(CH_2)_6-\overset{+}{N}H_3][^-OOC-(CH_2)_4-COO^-]$$

66 盐

$$n[H_3\overset{+}{N}-(CH_2)_6-\overset{+}{N}H_3][^-OOC-(CH_2)_4-COO^-] \longrightarrow \text{-}[HN-(CH_2)_6-NHCO-(CH_2)_4-CO]_n\text{-} + (2n-1)H_2O$$

尼龙-66

尼龙-6 的单体是己内酰胺，就聚合物的分子量而言，不存在物质的量比和单体升华损失的问题，所以一开始就可以在高温下缩聚。

己内酰胺的开环聚合可以在水或氨基己酸存在下进行，加 5%～10%的 $H_2O$，在 250～270℃下开环缩聚是工业上制备尼龙-6 的方法。对机理的认识还没有完全一致，但倾向性的看法是，水使部分己内酰胺开环水解成氨基己酸。一些己内酰胺分子从氨基己酸的羧基取得 $H^+$，形成质子化己内酰胺，从而有利于氨端基的亲核攻击而开环。反应可表示如下：

$$\underset{(CH_2)_5-NH}{\overset{O}{\overset{\|}{C}}} + -COOH \longrightarrow \underset{(CH_2)_5-\overset{+}{N}H_2}{\overset{O}{\overset{\|}{C}}} + -COO^-$$

$$-NH_2 + \underset{(CH_2)_5-\overset{+}{N}H_2}{\overset{O}{\overset{\|}{C}}} \longrightarrow -NHCO(CH_2)_5\overset{+}{N}H_3$$

随后是$-\overset{+}{N}H_3$ 上的 $H^+$ 转移给己内酰胺分子，再形成质子化己内酰胺：

$$-NHCO(CH_2)_5\overset{+}{N}H_3 + \underset{(CH_2)_5-NH}{\overset{O}{\overset{\|}{C}}} \rightleftharpoons -NHCO(CH_2)_5NH_2 + \underset{(CH_2)-\overset{+}{N}H_2}{\overset{O}{\overset{\|}{C}}}$$

重复以上过程，分子量不断增加，最后形成高分子量聚己内酰胺，即尼龙-6。

## 三、仪器和试剂

1. 仪器：带侧管的试管，600W 电炉，石棉，360℃温度计，烧杯，锥形瓶。

2. 试剂：己二酸，己二胺，己内酰胺，无水乙醇，氨基己酸，高纯氮，硝酸钾，亚硝酸钠。

## 四、实验步骤

**1. 尼龙-66 的制备**

（1）己二酸己二胺盐（66 盐）的制备。250mL 锥形瓶中加入 7.3g(0.05mol) 己二酸及 50mL 无水乙醇，在水浴上温热溶解。另取一只锥形瓶，加入 5.9g 己二胺（0.051mol）及 60mL 无水乙醇，于水浴上温热溶解。稍冷后，将己二胺溶液在搅拌下慢慢倒入己二酸溶液中，反应放热，并观察到有白色沉淀产生。冷水冷却后过滤，漏斗中的 66 盐结晶用少量无水乙醇洗 2～3 次，每次用乙醇 4～6mL（清洗时减压应放空开关水泵）。将 66 盐转入培养皿中于 40～60℃真空烘箱干燥，得到白色 66 盐结晶 12～13g，熔点为 196～197℃。若结晶带色，可用乙醇和水（体积比 3∶1）的混合溶剂重结晶或加活性炭脱色。

（2）66 盐的缩聚。取一支带侧管的 20mm×150mm 试管作为缩聚管，加 3g 66 盐，用玻璃棒尽量压至试管底部，缩聚管侧口作为氮气出口，连一根橡胶管通入水中。通入氮气 5min，排除管内空气，将缩聚管架入 200～210℃熔盐浴。熔盐浴制备方法如下：取一只 250mL 干净烧杯，检查无裂纹。加入 130g 硝酸钾和 130g 亚硝酸钠，搅匀后于 600W 电炉（隔一个石棉网）加热至所需温度。

试管架入熔盐浴后，66 盐开始熔融，并看到有气泡上升。将氮气流尽量调小，约每秒一个气泡，在 200～210℃预缩聚 2h，这期间不要打开塞子。

2h 后，将熔盐温度逐渐升至 260～270℃，再缩聚 2h 后，打开塞子，用一根玻璃棒蘸取少量缩聚物，实验是否能拉丝。若能拉丝，表明分子量已经很大，可以成纤。若不能拉丝，取出试管，待冷却后破碎它，得到白色至土黄色韧性固体，熔点为 265℃，可溶于甲酸、间甲苯酚。若性脆，一打即碎，表明缩聚进行得不好，分子量很小。

**2. 尼龙-6 的制备**

取 3g ε-己内酰胺、150mg 氨基己酸，研磨均匀后放入缩聚管（同尼龙-66），用玻璃棒尽量压紧，通入高纯氮气 5min 后放入熔盐浴。熔盐由硝酸钾与亚硝酸钠（质量比 1∶1）配制，在高温下有很强的氧化性，与有机化合物反应剧烈，所以不可弄破缩聚管。缩聚温度维持约 270℃。

缩聚管放入熔盐浴后，管内己内酰胺即熔化，且有气泡上升。调小氮气流至每秒 1～2 个气泡，在 270℃左右缩聚 2h，期间不要打开塞子。随缩聚进行，管内物明显变稠，无色透明，后逐渐带浑浊。2h 后，打开塞子，用玻璃棒蘸取熔融缩聚物少许，迅速拉出，可拉数米乃至十余米长丝，表明分子量已经足够大。拉出丝在室温下进行第二次拉伸，可伸长至其原长度数倍而不断，且明显观察到拉伸时所呈现的“颈部”现象。

## 五、注意事项

1. 熔盐浴温度很高，但由于不冒气，表现似乎不热，使用时务必小心，温度计一定要固定在铁架上，不可直接斜放在熔盐中。实验结束后，停止加热，戴上手套，趁热将熔盐倒入回收铁盘或旧的搪瓷盘。待冷后，洗净烧杯。熔盐遇冷，结成白色硬块，性脆，碎后保存在干燥容器中，下次实验时再用。

2. 66盐缩聚时仍有少量己二胺升华，在接氮气出口管的水中加几滴酚酞，水将变红，表明确有少量胺带出，氮气维持一个无氧气的气氛，宜通慢不宜通快（开始赶体系中空气除外），通快了带出的己二胺量增加，分子量更上不去。

3. 氮气的纯度在本实验中至关重要，不能用普通的纯氮气，必须用高纯氮气（氧含量小于5μL/L），以己内酰胺开环聚合为例，若用普通氮气，体系变褐色，并得不到高黏度产物，而用高纯氮气，体系始终无色，且能拉出长丝。

4. 如果没有高纯氮气，按下面方法可将普通氮气中的氧含量降至20μL/L以下：将普通氮气通过30%焦性没食子酸的氢氧化钠溶液（10%的水溶液）吸收氧气，再通过浓硫酸、氯化钙等干燥后，经过加热至200～300℃的活性铜柱进一步吸氧，所得氮气可以满足本实验的要求。

## 六、实验结果与讨论

1. 讨论实际所做实验结果是否与实验理论所述相符合。

2. 实验成功的关键因素有哪些？

## 七、思考题

1. 将66盐在密封体系220℃下进行预缩聚，实验室中所遇到的主要困难是什么？工业上如何解决？

2. 通氮气的目的是什么？本实验中氮气纯度为何影响特别大？

# 实验十　双酚A型低分子量环氧树脂的制备

## 一、实验目的

1. 深入了解逐步聚合的基本原理。

2. 熟悉双酚A型环氧树脂的实验室制法。

3. 掌握环氧值的测定方法。

## 二、实验原理

热固性树脂是一类重要的合成树脂，环氧树脂（epoxy resins）就是其中的一大品种。含有环氧基团的低聚物，与固化剂反应形成三维网状的固化物，是这类树脂的总称，其中以双酚A型环氧树脂产量最大，用途最广。它是由环氧氯丙烷与双酚A在氢氧化钠作用下聚合而成的。根据不同的原料配比，在不同反应条件下，可以制备不同软化点、不同分子量的环氧树脂。

环氧树脂是指含有环氧基的聚合物，它有多种类型。工业上考虑到原料来源和产品价格等因素，最广泛应用的环氧树脂是由环氧氯丙烷和双酚A缩合而成的双酚A型环氧树脂。

环氧树脂根据它的分子结构大体可以分为五大类型：缩水甘油醚类、缩水甘油酯类、缩水甘油胺类、线型脂肪族类、脂环族类。

环氧树脂具有许多优点。黏附力强，在环氧树脂的结构中有极性的羟基、醚基和极为活泼的环氧基存在，使环氧分子与相邻界面产生了较强的分子间作用力，而环氧基团则与介质表面，特别是金属表面上的游离键起反应，形成化学键，因而环氧树脂具有很高的黏合力，用途很广，商业上称为“万能胶”。收缩率低，尺寸稳定性好，环氧树脂和所用的固化剂的反应是通过直接合成来进行的，没有水或其他挥发性副产物放出，因而其固化收缩率很低，小于2%，比酚醛、聚酯树脂还要小。固化方便，固化后的环氧树脂体系具有优良的力学性能。化学稳定性好，固化后的环氧树脂体系具有优良的耐碱性、耐酸性和耐溶剂性。电绝缘性好，固化后的环氧树脂体系在宽广的频率和温度范围内具有良好的电绝缘性。所以环氧树脂用途较为广泛，环氧树脂可以作为黏合剂、涂料、层压材料、浇铸、浸渍及模具材料等使用。

以双酚A和环氧氯丙烷为原料合成环氧树脂的反应机理属于逐步聚合，一般认为在氢氧化钠存在下不断进行开环和闭环的反应。其反应式如下：

$$(n+2)\ \underset{\text{O}}{H_2C\!-\!\!-\!\overset{H}{C}}\!-\!CH_2Cl+(n+2)NaOH+(n+1)HO\!-\!C_6H_4\!-\!\underset{CH_3}{\overset{CH_3}{C}}\!-\!C_6H_4\!-\!OH \longrightarrow$$

$$\underset{\text{O}}{H_2C\!-\!\!-\!\overset{H}{C}}\!-\!\overset{H_2}{C}\!\left[O\!-\!C_6H_4\!-\!\underset{CH_3}{\overset{CH_3}{C}}\!-\!C_6H_4\!-\!O\!-\!\overset{H_2}{C}\!-\!\underset{OH}{\overset{H}{C}}\!-\!\overset{H_2}{C}\right]_n\!O\!-\!C_6H_4\!-\!\underset{CH_3}{\overset{CH_3}{C}}\!-\!C_6H_4\!-\!O\!-\!\overset{H_2}{C}\!-\!\underset{\text{O}}{\underset{H}{C}\!-\!\!-\!CH_2}$$

$$+(n+2)\ NaCl+(n+2)\ H_2O$$

式中，$n$一般在0～25之间。根据分子量大小，环氧树脂可以分成各种型号。一般低分子量环氧树脂的$n$值小于2，也称为软环氧树脂；中等分子量环氧树脂的$n$值在2～5之间；而$n$值大于5的树脂称为高分子量环氧树脂。在我国，相对分子质量为370的产品被称为环氧618，而环氧6101的相对分子质量在450～599之间。生产上树脂分子量的大小往往是靠环氧氯丙烷与双酚A的用量比来控制的，制备环氧618时，这一配比为10，而制备环氧6101时，该配比为3。

线型环氧树脂外观为黄色至青铜色的黏稠状液体或脆性固体，易溶于有机溶剂，未加固化剂的环氧树脂具有热塑性，可长期储存而不变质。其主要参数是环氧值，固化剂的用量与环氧值成正比，固化剂的用量对成品的机械加工性能影响很大，必须严格控制适当。环氧值是环氧树脂质量的重要指标之一，也是计算固化剂及用量的依据，其定义是100g树脂中含环氧基的摩尔数。分子量越高，环氧值就相应越低，一般低分子量环氧树脂的环氧值在0.48～0.57mol/100g树脂之间。

## 三、仪器和试剂

1.仪器：250mL/24mm×3标准磨口三颈烧瓶一个，300mm球形冷凝器一支，300mm直形冷凝器一支，60mL滴液漏斗一个，250mL分液漏斗一个，100℃、200℃温度计各一支，接液管一个，250mL具塞锥形瓶四个，100mL量筒一个，100mL容量瓶一个，800mL烧瓶两个，50mL烧杯一个，10mL刻度吸管一个，15mL移液管一个，50mL碱式滴定管一支，100mL广口试剂瓶一个，电动搅拌器一套，油浴锅（含液体石蜡）一套。

2. 试剂

| 名称 | 试剂 | 规格 | 用量 |
|---|---|---|---|
| 单体 | 双酚 A<br>环氧氯丙烷 | AR<br>AR | 34.2g<br>42g |
| 催化剂 | 氢氧化钠 | AR | 12g |
| 溶剂 | 苯 | AR | 150mL |
| — | 盐酸<br>丙酮<br>氢氧化钠标准溶液<br>酚酞指示剂<br>乙醇溶液 | AR<br>AR<br>AR<br>AR<br>CP | 2mL<br>100mL<br>1mol/L<br>—<br>0.1% |

## 四、实验步骤

1. 将三颈烧瓶称量并记录。将双酚 A 4.2g(0.15mol) 和环氧氯丙烷 42g(0.45mol) 依次加入三颈烧瓶中，按图 1(a) 组装好仪器，用油浴加热，在搅拌下升温至 70～75℃，使双酚 A 全部溶解。

2. 将 12g 氢氧化钠加入 30mL 去离子水，配成碱液。用滴液漏斗向三颈烧瓶中滴加碱液，由于环氧氯丙烷开环是放热反应，所以开始必须加得很慢，防止因浓度过大凝成固体而难以分散。此时反应放热，体系温度自动升高，可暂时撤去油浴，使温度控制在 75℃左右。分液漏斗使用前应检查盖子与活塞是否匹配，活塞要涂上凡士林，使用时振动摇晃几下后放气。

3. 滴加完碱液，将聚合装置改造成如图 1(b) 所示。在 75℃下回流 1.5h（温度不要超过 80℃），体系呈乳黄色。

4. 加入去离子水 45mL 和苯 90mL，搅拌均匀后倒入分液漏斗中，静置片刻。待液体分层后，分去下层水层。重复加入去离子水 30mL、苯 60mL 剧烈摇荡，静置片刻，分去水层。用 60～70℃温水洗涤两次，将有机相转入如图 1(c) 所示的装置中。

5. 在常压下蒸馏除去未反应的环氧氯丙烷。控制蒸馏的最终温度为 120℃，得淡黄色黏稠透明的环氧树脂。

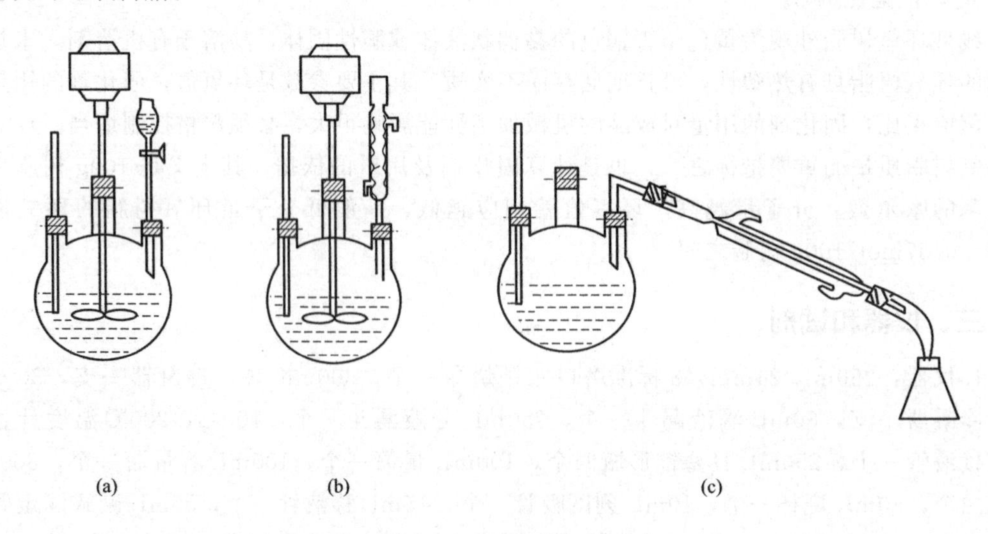


图 1 低分子量环氧树脂的聚合装置

6. 将三颈烧瓶连同树脂称量，计算产率。所得树脂倒入试剂瓶中备用。

7. 配制盐酸-丙酮溶液。将 2mL 浓盐酸溶于 80mL 丙酮中，均匀混合即成（现配现用）。

8. 配制 $NaOH\text{-}C_2H_5OH$ 溶液。将 4g NaOH 溶于 100mL 乙醇中，用邻苯二甲酸氢钾标准溶液标定，酚酞作为指示剂。

9. 环氧值的测定。取 125mL 碘瓶两个，在分析天平上各取 1g 左右（精确到 1mg）环氧树脂，用移液管加入 25mL 盐酸-丙酮溶液，加盖，摇匀使树脂完全溶解，放置阴凉处 1h，加入酚酞指示剂 3 滴，用 $NaOH\text{-}C_2H_5OH$ 溶液滴定。同时按上述条件做两次空白滴定。

环氧值（mol/100g 树脂）$E$ 按下式计算：

$$E=\frac{(V_1-V_2)c}{1000m}\times 1000=\frac{(V_1-V_2)c}{10m}$$

式中，$V_1$ 为空白滴定所消耗的 NaOH 溶液的体积，mL；$V_2$ 为样品测试消耗的 NaOH 溶液体积，mL；$c$ 为 NaOH 溶液的物质的量浓度，mol/L；$m$ 为树脂质量，g。

相对分子质量小于 1500 的环氧树脂，其环氧值的测定用盐酸-丙酮法（分子量高的用盐酸-吡啶法）。反应式为：

$$\sim\!\sim CH\!-\!CH_2\ (\text{环氧，O 桥连}) + HCl \longrightarrow \sim\!\sim CH_2\!-\!\underset{\displaystyle OH}{\underset{|}{CH}}\!-\!Cl$$

过量的 HCl 用标准的 $NaOH\text{-}C_2H_5OH$ 溶液回滴。

## 五、注意事项

1. 预聚物反应完毕要趁热倒入分液漏斗，此操作在通风橱中进行，分液需要充分静置，并注意及时排气。

2. 分液之后要改换减压蒸馏装置，应注意装置的气密性，用循环水泵减压即可。

3. 热塑性的环氧树脂也是具有较大黏度的，要及时从三口瓶中取出，三口瓶用丙酮清洗。

4. 测定环氧值时，滴定开始要缓慢些，环氧氯丙烷开环反应是放热的，反应液温度会升高。分子量较高环氧树脂的环氧值用盐酸-吡啶法滴定。

## 六、结果与讨论

线型环氧树脂外观为黄色至青铜色的黏稠液体或脆性固体，易溶于有机溶剂中。未加固化剂的环氧树脂有热塑性，可长期储存而不变质。其主要参数是环氧值，固化剂的用量与环氧值成正比，固化剂的用量对成品的力学性能影响很大，必须控制适当。

## 七、思考题

1. 在合成环氧树脂的反应中，若 NaOH 的用量不足，将对产物有什么影响？

2. 环氧树脂的分子结构有何特点？为什么环氧树脂具有优良的黏结性能？

3. 为什么环氧树脂使用时必须加入固化剂？固化剂的种类有哪些？

# 第二部分 自由基聚合实验

## 实验一 甲基丙烯酸甲酯本体聚合

### 一、实验目的

1.了解自由基本体聚合的特点和实施方法。

2.熟悉有机玻璃的制备方法，了解其工艺过程。

3.着重掌握聚合温度对产品质量的影响。

### 二、实验原理

聚甲基丙烯酸甲酯（polymethyl methacrylate，PMMA），是刚性硬质无色透明材料，密度为1.18～1.19g/cm$^3$，折射率较小，约1.490，透光率达92%，雾度不大于2%，是优质有机透明材料。具有优良的光学性能，力学性能好，耐候性好。在航空光学玻璃、电气工业、石油化工仪器仪表、日用品等方面有广泛的用途。为了保证良好的光学性能和产品的纯度，聚甲基丙烯酸甲酯多采用本体聚合法合成。早期的有机玻璃均由甲基丙烯酸甲酯通过本体聚合制备，通常称聚甲基丙烯酸甲酯为有机玻璃。

本体聚合又称为块状聚合，它是在没有任何介质的情况下，单体本身在微量引发剂的引发下聚合，或者直接在热、光、射线的照射下引发聚合。本体聚合的优点是：生产过程比较简单，聚合物不需要后处理，可直接聚合成各种规格的板、棒、管制品，所需的辅助材料少，产品比较纯净。但是，由于聚合反应是一个连锁反应，反应速率较快，在反应某一阶段出现自动加速现象，反应放热比较集中。又因为体系黏度较大，传热效率很低，所以大量热不易排出，因而易造成局部过热，使产品变黄，出现气泡，而影响产品质量和性能，甚至会引起单体沸腾爆聚，使聚合失败。因此，本体聚合中严格控制不同阶段的反应温度，及时排出聚合热，乃是聚合成功的关键问题。

当本体聚合至一定阶段后，体系黏度大大增加，这时大分子活性链移动困难，但单体分子的扩散并不受多大的影响，因此，链引发、链增长仍然照样进行，而链终止反应则因为黏度大而受到很大的抑制。这样，在聚合体系中活性链总浓度就不断增加，结果必然使聚合反应速率加快。又因为链终止速率减慢，活性链寿命延长，所以产物的分子量也随之增加。这种反应速率加快、产物分子量增加的现象称为自动加速现象（或称为凝胶效应）。反应后期，单体浓度降低，体系黏度进一步增加，单体和大分子活性链的移动都很困难，因而反应速率减慢，产物的分子量也降低。由于这种原因，聚合产物的分子量不均一性（分子量分布宽）

就更为突出，这是本体聚合本身的特点所造成的。

对于不同的单体来讲，由于其聚合热不同，大分子活性链在聚合体系中的状态（伸展或卷曲）不同，凝胶效应出现的早晚不同，其程度也不同。并不是所有单体都能选用本体聚合的实施方法，对于聚合热过大的单体，由于热量排出更为困难，就不宜采用本体聚合，一般选用聚合热适中的单体，以便于生产操作的控制。甲基丙烯酸甲酯和苯乙烯的聚合热分别为56.5kJ/mol和69.9kJ/mol，它们的聚合热是比较适中的，工业上已有大规模的生产。大分子活性链在聚合体系中的状态，是影响自动加速现象出现早晚的重要因素。例如，在聚合温度为50℃时，甲基丙烯酸甲酯聚合出现自动加速现象时的转化率为10%～15%，而苯乙烯在转化率为30%以上时，才出现自动加速现象。这是因为甲基丙烯酸甲酯对它的聚合物或大分子活性链的溶解性能不太好，大分子在其中呈卷曲状态，而苯乙烯对它的聚合物或大分子活性链的溶解性能要好些，大分子在其中呈比较伸展状态。以卷曲状态存在的大分子活性链，其链端易包在活性链的线团内，这样活性链链端被屏蔽起来，使链终止反应受到阻碍，因而其自动加速现象出现得就早些。由于本体聚合有上述特点，在反应配方及工艺选择上必然是引发剂浓度和反应温度较低，反应速率比其他聚合方法低，反应条件有时随不同阶段而异，操作控制严格，这样才能得到合格的制品。

本实验是以甲基丙烯酸甲酯（MMA）进行本体聚合，生产有机玻璃板或有机玻璃棒。甲基丙烯酸甲酯在引发剂存在下进行如下聚合反应：

$$n\mathrm{CH_2{=}C(CH_3){-}COOCH_3} \xrightarrow{\text{引发剂}} \mathrm{+\!\!\left[CH_2{-}C(CH_3)(COOCH_3)\right]\!\!+_{\mathit{n}}}$$

用MMA进行本体聚合时，为了解决散热、避免自动加速作用而引起的爆聚现象，以及单体转化为聚合物时由于密度不同而引起的体积收缩等问题，工业上或实验室多采用预聚-浇铸聚合的方法。将本体聚合迅速进行到某种程度（转化率在10%左右），做成单体中溶有聚合物的黏稠溶液（预聚）后，再将其注入相应的模具中，在低温下缓慢聚合使转化率达到93%～95%，最后在100℃下高温聚合至反应完全，最后脱模制得有机玻璃。

## 三、仪器和试剂

1.仪器：试管，平板玻璃（5cm×10cm），弹簧夹，250mL锥形瓶，玻璃纸，牛皮纸。

2.试剂：甲基丙烯酸甲酯（已精制），过氧化苯甲酰（用重结晶法已精制），偶氮二异丁腈。

## 四、实验步骤

**方法一：**

**1.甲基丙烯酸甲酯本体聚合**

（1）取5支10mL试管，预先用洗涤液、自来水和去离子水（或蒸馏水）依次洗干净，烘干备用。

（2）在每支试管中分别加入引发剂，其用量分别为单体质量的0、0.1%、0.5%、

1%、3%。然后分别加入2g新蒸馏的甲基丙烯酸甲酯，待引发剂完全溶解后，用包锡纸的软木塞盖上，静置在70℃的烘箱中，观察聚合情况，记录所得结果，并进行分析和讨论。

**2. 甲基丙烯酸甲酯铸板本体聚合**

(1) 将同样大小的两片平板玻璃，洗净烘干，在四角放上垫块，然后将四边对齐，四周用玻璃纸和牛皮纸封严（可糊两层，一定要封得严密，否则物料会漏出），但要在一边留一个小口，以便灌料，然后将模具放于70～80℃的烘箱中烘干。

(2) 在洁净的250mL锥形瓶中称取单体质量的0.1%的过氧化苯甲酰，然后加入30mL的甲基丙烯酸甲酯单体，用包锡纸的软木塞盖上瓶口（软木塞上打两个孔，其一孔插上温度计，另一孔插上一支毛细管），摇匀后，在90～95℃的锅式电炉中进行预聚，在预聚过程中仔细观察体系黏度的变化，当体系黏度稍大于甘油黏度时，立即取出放入冷水中冷却，停止聚合反应。预聚时间约需20min。

(3) 将以上制好的预聚物，通过小玻璃漏斗，小心地由开口处灌入模中（不要灌得太满，以免外溢）。

(4) 将灌好预聚物的模具，放于烘箱中，按表1中规定的工艺条件聚合。

**表1 聚合工艺条件**

| 板材厚度/mm | 保温温度/℃ | | 保温时间/h | 高温聚合条件 | | 冷却速度 |
|---|---|---|---|---|---|---|
| | 无色透明片 | 有色片 | | 时间/h | 温度/℃ | |
| 1～1.5 | 52 | 54 | 10 | 1.5 | 100 | 以2～2.5h内冷却至40℃的速度冷却 |
| 2～3 | 48 | 50 | 12 | 1.5 | 100 | |
| 4～6 | 46 | 48 | 20 | 1.5 | 100 | |
| 8～10 | 40 | 40 | 36 | 1.5 | 100 | |
| 12～16 | 36 | 38 | 40 | 2～3 | 100 | |

(5) 将模具由烘箱中取出在空气中冷却，然后将模具放在冷水中浸泡，用小刀刮去封纸，取下玻璃片，即得到光滑无色透明的有机玻璃。

**方法二：**

**1. 预聚体的制备**

(1) 取精制的0.10g偶氮二异丁腈、30g甲基丙烯酸甲酯，混合均匀，投入100mL装有冷凝管、温度计的磨口三口烧瓶中，开启搅拌和冷凝水。

(2) 水浴加热，升温至75～80℃，反应20min后取样。注意观察聚合体系的黏度，当体系具有一定的黏度（预聚物转化率为7%～10%）时，则停止加热，并将聚合液冷却至50℃左右。

**2. 有机玻璃薄板的成型**

(1) 将作模板的两块玻璃板洗净、干燥，将橡皮条涂上聚乙醇糊，置于两块玻璃板之间使其黏合起来，注意在一角留出灌浆口，然后用夹子在四边将模板夹紧。

(2) 将聚合液仔细加入玻璃夹板模具中，在60～65℃水浴中恒温反应2h。

（3）将玻璃夹板模具放入烘箱中，升温至95～100℃保持1h，撤除夹板，即得到一块透明光洁的有机玻璃薄板。

### 五、思考题及实验结果讨论

1. 本体聚合与其他各种聚合方法相比较，有什么特点？
2. 制备有机玻璃时，为什么需要首先制成具有一定黏度的预聚物？
3. 在本体聚合反应过程中，为什么必须严格控制不同阶段的反应温度？
4. 凝胶效应进行完毕后，提高反应温度的目的何在？

## 实验二　膨胀计法测定甲基丙烯酸甲酯本体聚合反应速率

化学反应速率可以通过测定体系中任何随反应物浓度呈比例变化的性质来测量。常用的方法有化学分析、光谱、量热、折射率、旋光、沉淀分析等。膨胀计法是测定聚合速率的一种方法，它是依据单体密度小、聚合物密度大、体积变化与转化率成正比关系进行测定的。如果将这种体积的变化放在一根直径很细的毛细管中观察，灵敏度将大幅度提高，这种方法就是膨胀计法。本实验就是利用膨胀计测定甲基丙烯酸甲酯本体聚合反应速率常数的。

### 一、实验目的

1. 掌握膨胀计的使用方法。
2. 掌握膨胀计法测定聚合反应速率的原理和方法。
3. 验证聚合速率与单体浓度间的动力学关系，求得MMA本体聚合反应平均聚合速率。

### 二、实验原理

单体与聚合物密度不同，单体的密度小，聚合物的密度大，一般相差15%～30%，所以单体聚合转变成聚合物，反应体系发生收缩，而且此种体积收缩与转化率成正比。如果使用毛细管观察这种体积变化，灵敏度大大提高，该法即为膨胀计法。

若用$P$表示单体转化率，$\Delta V$表示聚合过程中体系的体积收缩量，$\Delta V_{\infty}$表示单体完全聚合时体系的体积收缩量，那么$P=\Delta V/\Delta V_{\infty}$。

$t$时刻已反应的单体量为：

$$P[\mathrm{M}]_0=\frac{\Delta V}{\Delta V_{\infty}}[\mathrm{M}]_0$$

$t$时刻剩余单体量为：

$$[\mathrm{M}]_0=(1-P)[\mathrm{M}]_0=\left(1-\frac{\Delta V}{\Delta V_{\infty}}\right)[\mathrm{M}]_0$$

$$\ln\frac{[\mathrm{M}]_0}{[\mathrm{M}]}=\ln\frac{\Delta V_{\infty}}{\Delta V_{\infty}-\Delta V}$$

对于某一单体的聚合反应，$\Delta V_{\infty}$是固定值，因此使用膨胀计法测出不同时刻体系的体

积收缩量 $\Delta V$，就可获得 $\ln[M]_0/[M]$ 的值，并由此验证动力学关系式，同时使用下式计算平均聚合速率：

$$\overline{R_p}=\frac{[M]_0-[M]}{\Delta t}=\frac{\Delta V}{\Delta V_\infty \Delta t}[M]_0$$

从理论上可以推导出自由基聚合反应的动力学关系式，如下所示：

$$R_p=-\frac{d[M]}{dt}=k[I]^{\frac{1}{2}}[M]$$

其中，聚合反应速率 $R_p$ 与引发剂浓度［I］的平方根成正比，与单体浓度［M］成正比。在低转化率下，引发剂的浓度可视为恒定，则：

$$R_p=-\frac{d[M]}{dt}=k'[M]$$

积分后，可得：

$$\ln\frac{[M]_0}{[M]}=k't$$

式中，$[M]_0$ 和［M］分别为起始单体浓度和时刻 $t$ 的单体浓度。在实验中测定不同时刻单体浓度［M］，求出不同时刻 $\ln[M]_0/[M]$ 的数值，并对时间 $t$ 作图，应该得到一条直线，由此可以验证聚合反应速率的动力学关系式。

甲基丙烯酸甲酯聚合时，体积随聚合百分率增大而减小，体积收缩率与聚合百分率呈直线关系。

通过膨胀计可测得不同时间 $t$ 内收缩率，可计算出聚合百分率（%）：

$$聚合百分率=\frac{x}{c}\times 100\ \%$$

式中，$c$ 为全部聚合后的收缩率，%；$x$ 为 $t$ 时间内的收缩率，%。

## 三、仪器和试剂

1. 仪器：膨胀计，锥形瓶，恒温水浴装置一套。
2. 试剂：甲基丙烯酸甲酯，过氧化苯甲酰。

## 四、实验步骤

1. 称取 0.10g 过氧化苯甲酰置于 25mL 锥形瓶中，再加入 15mL 甲基丙烯酸甲酯，摇匀溶解。

2. 用橡皮筋把膨胀计上下两部分固定，称取质量 $m_1$。

3. 在膨胀计下部容器中加满之前溶解好的溶液，然后装上上部带刻度的毛细管，单体液柱即沿毛细管上升。观察膨胀计里是否有气泡，如果有，必须取下毛细管重新装配。

4. 将膨胀计上下两部分用橡皮筋固定好，用滤纸把溢出的单体吸干，称重 $m_2$。

5. 将膨胀计垂直固定在夹具上，让下部容器浸于恒温（50℃）水浴之中。开始由于单体受热膨胀，毛细管液面上升，当液面稳定时，记下液面刻度。

6. 当液面开始下降时，聚合反应开始，记下起始时刻 $t_0$。以后每 5min 记录一次。1h 后结束读数。

7. 从水浴中取出膨胀计，将溶液倒入回收瓶中，用少量丙酮清洗。

## 五、实验数据处理

### 1. 收缩率的计算

设刻度线以下安瓿瓶体积为 $V_0$，$D$ 为毛细管直径，每 1cm 高小刻度体积为 $V$，体积 $V$（$cm^3$）为：

$$V=hA=l\pi\frac{D^2}{4}=\frac{\pi}{4}D^2$$

全部收缩率为 $c$，60℃时膨胀计最大值读数（苯乙烯达到热平衡）为 $40-m$，$t$ 时膨胀计读数为 $40-n$，因为膨胀计上毛细管的刻度读数自上而下为 0～40mm。苯乙烯聚合前后质量不变，$m_{单}=m_{聚}$，即 $V_{单}d_{单}=V_{聚}d_{聚}$，膨胀计最大体积＝安瓿瓶体积＋毛细管体积＝$V_0+mV$。而全部聚合后的最大收缩率为：

$$\begin{aligned}c&=\frac{膨胀计的最大体积-纯聚合物的体积}{膨胀计的最大体积}\times100\%\\&=\frac{V_{单}-V_{聚}}{V_{单}}\times100\%\\&=\frac{d_{聚}-d_{单}}{d_{聚}}\times100\%\end{aligned}$$

故 $t$ 时收缩率为：

$$\begin{aligned}x&=\frac{[V_0-(40-m)V]-[V_0+(40-n)V]}{V_0+(40-m)V}\times100\%\\&=\frac{(n-m)V}{V_0+(40-m)V}\times100\%\end{aligned}$$

聚合百分率为：

$$聚合百分率=\frac{x}{c}\times100\%$$

聚合速率常数为：

$$k=\frac{1}{t}\ln\frac{c}{c-x}$$

### 2. 计算数据

（1）有关数据记录：$d_{单}=$ 　　　，$d_{聚}=$ 　　　，$D=$ 　　　，$V_0=$ 　　　。

（2）计算：最大收率；1cm 刻度体积 $V$；计算某时刻的 $x\%$，聚合分率 $(x/c)\%$。

（3）列表，作图，计算聚合速率常数。

将实验所得数据填入表 1。

**表 1　实验数据记录**

| 液面现象 | 观察时间 /min | 膨胀计读数 /cm | 与最大值之差 $\lvert m-n\rvert$ | $\Delta t(t_n-t_m)$ /s | $C_t$ /% | 聚合百分率 /% | $k$ /$s^{-1}$ |
|---|---|---|---|---|---|---|---|
| 热平衡时 | $t_0$ | $m$ | | | | | |
| 液面开始下降 | $t_1$ | $n_1$ | | | | | |
| 液面下降 | $t_2$ | $n_2$ | | | | | |
| | …… | …… | | | | | |

以聚合百分率为纵坐标，以 $\Delta t$ 为横坐标，即可作出聚合速率曲线，并求出曲线斜率 $k$，即为聚合速率常数值。

## 六、注意事项

1. 膨胀计的磨口接头处用久后会沾有聚合物，因此会引起溶液泄漏。此时可用滤纸浸渍少量苯将其擦去。

2. 膨胀计的毛细管，用医用针头吸取苯或四氯化碳冲洗 3 次，并用吸耳球吹去余液，放入烘箱中烘干。

3. 将毛细管装入安瓿瓶上时要两人小心进行操作，用橡皮筋捆紧连接处。

4. 实验中如发现安瓿瓶中有气泡，应重新安装毛细管与安瓿瓶。

5. 计算 $k(s^{-1})$ 值时，$k$ 值为 $10^{-6}\sim10^{-4}$ 数量级，列表中可用 $k\times(10^{-6}\sim10^{-4})$ 表示，表中数据为 10 以内的数，小数点后可保留两位数。

## 七、思考题

1. 甲基丙烯酸甲酯在聚合过程中为何会产生体积收缩现象？

2. 本实验测定聚合速率的原理是什么？

3. 如果测定时水浴温度偏高，对实验结果和图形有何影响？

4. 膨胀计法能否测定缩聚反应速率？为什么？

# 实验三 甲基丙烯酸甲酯、苯乙烯悬浮共聚合

## 一、实验目的

1. 了解悬浮共聚合的反应机理及配方中各组分的作用。

2. 了解无机悬浮剂的制备及其作用。

3. 了解悬浮共聚合实验操作及聚合工艺上的特点。

## 二、实验原理

甲基丙烯酸甲酯和苯乙烯通过悬浮共聚得到甲基丙烯酸甲酯-苯乙烯无规共聚物，该共聚物俗称为 372 有机玻璃模塑粉。甲基丙烯酸甲酯和苯乙烯均不溶于水，单体靠机械搅拌形成的分散体系是不稳定的分散体系，为了使单体液滴在水中保持稳定，避免黏结，需在反应体系中加入悬浮剂。通过实验证明，采用磷酸钙乳浊液作为悬浮剂效果较好，磷酸三钠与过量的氯化钙在碱性条件下发生化学反应生成磷酸钙。磷酸钙难溶于水，聚集成极微小的颗粒，可在水中悬浮相当长的时间而不沉降，这种悬浮液呈牛奶状，在搅拌情况下能使某些体系的单体小液滴分散在体系中而不聚集，这是由于单体（油相）和介质（水相）对磷酸钙的润湿程度不同，所以磷酸钙起到悬浮剂的作用，悬浮剂浓度增加可提高稳定性。实践证明，磷酸钙加入量以单体总质量的 0.7%左右为宜。

有机玻璃模塑粉是以甲基丙烯酸甲酯为主单体与少量苯乙烯共聚合的无规共聚物，其相对分子质量要达到 13 万～15 万才能加工成具有一定物理机械性能的产品。其结构可表

示为：

$$\sim\sim CH_2-\underset{COOCH_3}{\overset{CH_3}{C}}\!\!-\!\!\left[CH_2-C\right]_n CH_2-\underset{C_6H_5}{CH}\sim\sim$$

即在以甲基丙烯酸甲酯结构单元为主链的分子链中掺杂有一个或少数几个苯乙烯结构单元，在共聚反应中，因参加反应的单体是两种（或两种以上），由于单体的相对活性不同，它们参与反应的机会也就不同，共聚物组成 $d[M_1]/d[M_2]$ 与原料组成 $[M_1]/[M_2]$ 之间的关系为：

$$\frac{d[M_1]}{d[M_2]}=\frac{[M_1]}{[M_2]}\times\frac{r_1[M_1]+[M_2]}{[M_1]+r_2[M_2]}$$

式中 $d[M_1]/d[M_2]$——共聚物组成中两种结构单元的物质的量比；

$[M_1]/[M_2]$——原料组成中两种单体的物质的量比；

$r_1$，$r_2$——均聚和共聚链增长速率常数之比，表征两单体的相对活性，称为竞聚率。

## 三、仪器和试剂

1. 仪器：同实验五。

2. 试剂：苯乙烯，甲基丙烯酸甲酯，过氧化苯甲酰，硬脂酸，去离子水，氯化钙，磷酸三钠，氢氧化钠。

## 四、实验步骤

### 1. 悬浮剂的制备

（1）$CaCl_2$ 溶液的配制。按配方称取 6g 氯化钙，放入 500mL 三颈瓶中，加入去离子水 165mL，搅拌，使之溶解，呈无色透明水溶液，备用。

（2）$Na_3PO_4$ 和 NaOH 溶液的配制。按配方称取 6g 磷酸三钠、0.8g 氢氧化钠，放入 400mL 烧杯中，加入去离子水 165mL，搅拌，使之溶解，得无色透明水溶液，备用。

（3）将三颈瓶中氯化钙溶液在水浴上加热溶解至水浴沸腾，另外，将盛有磷酸三钠、氢氧化钠水溶液的烧杯放于热水浴中，在搅拌下用滴管将此溶液连续滴加至三颈瓶中，在 20～30min 内加完，然后在沸腾的水浴中保温 0.5h，停止反应，反应后的悬浮剂呈乳白色浑浊液，用滴管取 20 滴（或 1mL）悬浮剂放入干净的试管中，加入 10mL 去离子水，摇匀，放置 0.5h，如无沉淀，即为合格，备用，制得的悬浮剂要在 8h 内使用，如有沉淀，即不能再用，需另行制备。

### 2. 甲基丙烯酸甲酯与苯乙烯共聚合反应

（1）在 250mL 的四口瓶上，装上密封搅拌器、真空系统，加入 50mL 去离子水、22mL 悬浮剂，而后抽真空至 86659.3Pa（650mmHg）。

（2）分别称取 4g 甲基丙烯酸甲酯和 6g 苯乙烯，混合均匀，加入 0.7g 硬脂酸和 0.35g 引发剂使其溶解，然后加入四口瓶中（加料时尽量避免空气进入）。

（3）升温，控制加热速度，使体系的温度快速升至 75℃，然后以 1℃/min 的升温速度升至80℃，并保温1h，再以5℃/min的升温速度升至90℃，待真空度升至最高点而下降时，表示反应即将结束，为了使单体完全转化为聚合物，应继续升温至110～115℃，并在110～115℃下保温1h，聚合反应完毕。

**3. 聚合物后处理**

反应后所得物料为有机玻璃模塑粉悬浮液，其需经酸洗、水洗、过滤、干燥等处理过程。

(1) 酸洗。反应所得物料为碱性，且含有悬浮剂磷酸钙需除去，方法是加入2mL化学纯盐酸。

(2) 水洗、过滤。水洗的目的是除去产物中的$Cl^-$，方法是先用自来水洗4～5次，再用去离子水洗两次（每次用量在50mL左右），用$AgNO_3$溶液检验有无$Cl^-$存在（如无白色沉淀即可），采用抽滤过滤使粉料与水分开。

(3) 干燥。将白色粉状聚合物放入搪瓷盘中，置于100℃的烘箱中烘干。

## 五、注意事项

1. 温度计不要插入三口烧瓶内，因插入瓶内，会阻挡珠粒的均匀运动，造成黏结。将温度计放入水浴中，控制水浴温度。这样不能直接反映体系的实际温度，对于反应热较大的体系，则不宜采用此法。

2. 由于搅拌速度是一个重要影响因素，因此仪器的安装需特别注意，搅拌棒的高度及其灵活程度都要保证合适后方可进行实验，实验过程中搅拌速度变化和搅拌停顿，都会造成颗粒黏结。

3. 反应结束加入稀硫酸后，待反应完全再进行洗涤，产物必须充分洗涤方可过滤。

## 六、思考题

1. 以有机玻璃模塑粉为例，讨论自由基共聚合的反应历程。

2. 以聚乙烯醇和磷酸钙为例，讨论高分子悬浮剂与无机悬浮剂的悬浮作用机理。

3. 聚合反应过程中，为什么要严格控制反应温度？否则会产生什么后果？

# 实验四 丙烯酸的反相悬浮聚合

## 一、实验目的

1. 了解丙烯酸自由基聚合的基本原理。

2. 了解反相悬浮聚合的机理、体系组成及作用。

3. 了解反相悬浮聚合的工艺特点，掌握反相悬浮聚合的基本实验操作方法。

## 二、实验原理

本实验采用$K_2S_2O_8$-$NaHSO_3$氧化还原引发体系进行丙烯酸的自由基聚合。主要反应式为：

$$S_2O_8^{2-} + SO_3^{2-} \longrightarrow SO_4^{2-} + SO_4^{-}\cdot + SO_3^{-}\cdot$$

$$R\cdot + CH_2{=}CHCOOH \longrightarrow RCH_2\underset{\substack{|\\COOH}}{CH}\cdot \quad + CH_2{=}CHCOOH \longrightarrow \sim\sim CH_2\underset{\substack{|\\COOH}}{CH}\cdot$$

$$2\sim\sim CH_2\underset{\substack{|\\COOH}}{CH}\cdot \longrightarrow \sim\sim CH_2\underset{\substack{|\\COOH}}{CH_2} + \sim\sim CH{=}\underset{\substack{|\\COOH}}{CH}$$

本实验采用反相悬浮聚合。对于像丙烯酸这样的水溶性单体，如要采用悬浮聚合法合成，则不宜再用水作为分散介质，而要选用与水溶性单体不互溶的油溶性溶剂作为分散介质。相应地，引发剂也应选用水溶性的，以保证在水溶性单体小液滴内引发剂与单体进行均相聚合反应。与常规的悬浮聚合体系相对应，人们习惯上将上述聚合方法称为反相悬浮聚合。除上述体系组成的不同外，在悬浮剂的选择上也有一定的差别。对于正常的悬浮聚合体系，一般选择非离子型的水溶性高分子化合物，如聚乙烯醇、明胶等，或非水溶性无机粉末为悬浮剂。对于油包水型的反相悬浮聚合体系，上述悬浮剂对水溶性液滴的保护则要弱得多，为此，反相悬浮聚合多采用复合型悬浮剂，即加入一些保护作用更强的 HLB 值为 3～6 的油包水型乳化剂组成复合型悬浮剂或只用上述乳化剂作为悬浮剂。总体来看，反相悬浮聚合的基本特点与正常的悬浮聚合相似，可参照正常悬浮聚合进行配方设计、反应条件确定和聚合工艺控制。

## 三、仪器和试剂

1. 仪器：三口烧瓶（250mL），球形冷凝管，恒温水浴，搅拌电机及搅拌器，温度计（0～100℃），锥形瓶（50mL），移液管（15mL）。

2. 试剂

| 名称 | 试剂 | 规格 | 用量 |
|---|---|---|---|
| 单体 | 丙烯酸 | 聚合级 | 12.6g |
| 水溶性引发剂 | $K_2S_2O_8$-$NaHSO_3$ | AR | 0.01～0.02g |
| 悬浮剂 | 山梨醇酐单硬脂酸酯(Span60) | CP | 1.75g |
| 分散介质 | 环己烷 | CP | 85mL |

## 四、实验步骤

1. 实验装置如图 1 所示，要求安装规范、搅拌器转动自如。

2. 用分析天平准确称取 1.75g 的 Span60，放入三口烧瓶中。加入 50mL 环己烷，通冷凝水，开动搅拌，升温至 40℃，直至 Span60 完全溶解。

3. 用分析天平准确称取 $K_2S_2O_8$ 5.4g、$NaHSO_3$ 1.2g 放于 50mL 锥形瓶中，用移液管移取丙烯酸 12mL，加入锥形瓶中，轻轻摇动，待引发剂完全溶解于丙烯酸中后将溶液倒入三口烧瓶中，再用 35mL 环己烷冲洗三口烧瓶后，将环己烷倒入三口烧瓶。

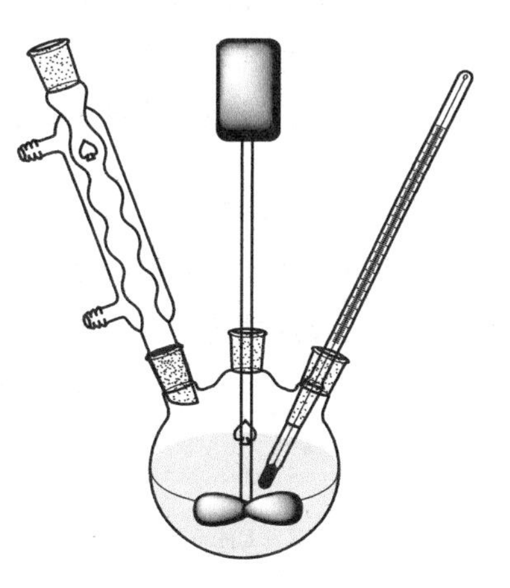

图 1 丙烯酸的聚合装置

4. 通冷凝水，维持搅拌转速恒定，升温至 45℃，开始聚合反应。与正常的悬浮聚合相同，在整个聚合反应过程中，既要控制好反应温度，又要控制好搅拌速度。反应进行1h后，体系中分散的颗粒由于转化度的增加而变得发黏，这时搅拌速度微小变化（忽快忽慢或停止）都会导致颗粒黏结在一起，或自结成块，或黏结在搅拌器上，致使反应失败。反应2.5h后，升温至55℃继续反应0.5h，结束反应。

5.维持搅拌原有转速，停止加热，将恒温水浴中热水换为冷水，将反应体系冷却至室温后停止搅拌。

6.产品用布氏漏斗滤干，再用环己烷洗涤数次，洗去颗粒表面的分散剂，在通风情况下干燥，称重，并计算产率。

7.回收布氏漏斗中的环己烷。

## 五、结果与讨论

1.对比反相悬浮聚合与正常悬浮聚合的体系组成、作用原理。

2.根据实验现象与记录，讨论反相悬浮聚合的机理与工艺控制特点。

3.参比此体系，再设计一个采用反相悬浮聚合法合成聚丙烯酸的体系。

4.参照本实验设计两个合成聚丙烯酸钠的实验。

## 六、注意事项

1.反相悬浮聚合由于油为分散相，因而分散剂对单体液滴的保护作用远弱于正常悬浮聚合体系，为此需要更仔细的操作，尤其是对搅拌稳定性的控制有更高的要求。

2.开始时，搅拌速度不宜太快，避免颗粒分散得太细。

3.保温反应1h时，由于此时颗粒表面黏度较大，极易发生黏结。所以此时必须十分仔细地调节搅拌速度，千万不能使搅拌停止，否则颗粒将黏结成块。

# 实验五　丙烯酰胺的反相乳液聚合

## 一、实验目的

1.了解丙烯酰胺自由基聚合的基本原理。

2.了解反相乳液聚合的机理、体系组成及作用。

3.了解反相乳液聚合的工艺特点，掌握反相乳液聚合的基本实验操作方法。

## 二、实验原理

丙烯酰胺为一种水溶性单体，本实验采用过氧化苯甲酰（BPO）作为引发剂进行自由基聚合。主要反应式为：

$$C_6H_5COO—OOCH_5C_6 \longrightarrow 2C_6H_5COO\cdot$$

$$2\sim\sim CH_2\underset{\displaystyle CONH_2}{\underset{|}{CH}}\cdot \longrightarrow \sim\sim CH_2\underset{\displaystyle CONH_2}{\underset{|}{CH_2}} + \sim\sim CH{=}\underset{\displaystyle CONH_2}{\underset{|}{CH}}$$

$$C_6H_5COO\cdot + CH_2{=}CHCONH_2 \longrightarrow C_6H_5COO—CH_2\underset{\displaystyle CONH_2}{\underset{|}{CH}}\cdot + CH_2{=}CHCONH_2 \longrightarrow \sim\sim CH_2\underset{\displaystyle CONH_2}{\underset{|}{CH}}\cdot$$

在乳液聚合中，像丙烯酰胺这样的水溶性单体，如要采用乳液聚合法合成，则不宜再用水作为分散介质，而要选用与水溶性单体不互溶的油溶性溶剂作为分散介质。相应地，引发剂也应选用油溶性的，以保证引发剂在油相分解形成自由基后扩散进入水溶性胶束内引发单体进行聚合反应。与常规的乳液聚合体系相对应，人们习惯上将上述聚合方法称为反相乳液聚合。除了上述体系组成的不同外，在乳化剂的选择上也有一定的差别。对于正常的乳液聚合体系，一般选择 HLB 值为 8～18 的水包油型乳化剂，而对于反相乳液聚合体系，则多选择 HLB 值为 3～6 的油包水型乳化剂。总体来看，反相乳液聚合的基本特点与正常的乳液聚合相似，可参照正常乳液聚合进行配方设计、反应条件确定和聚合工艺的控制。

## 三、仪器和试剂

1. 仪器：三口烧瓶（250mL），球形冷凝管，恒温水浴，搅拌电机及搅拌器，温度计（0～100℃），锥形瓶（20mL、50mL），移液管（25mL），分液管。

2. 试剂

| 名称 | 试剂 | 规格 | 用量 |
|---|---|---|---|
| 单体 | 丙烯酰胺 | 聚合级 | 10g |
| 油溶性引发剂 | BPO | AR | 5g |
| 乳化剂 | 山梨醇酐单硬脂酸酯(Span60) | CP | 0.02g |
| 分散介质 | 石油醚 | 沸点 90～120℃ | 75mL |

## 四、实验步骤

1. 在三口烧瓶上装上机械搅拌器、球形冷凝管、温度计，要求安装规范，搅拌器转动自如。

2. 用分析天平准确称取 0.02g 的 Span60，放入。加入 50mL 石油醚，通冷却水，开动搅拌，升温至 40℃，直至 Span60 完全溶解。

3. 称取丙烯酰胺 10g 置于锥形瓶中，用移液管移取 22mL 去离子水，加入锥形瓶中，轻轻摇动至完全溶解后加入三口烧瓶中，搅拌 10min。

4. 用分析天平准确称取 BPO 5g 放于 20mL 锥形瓶中，加入 15mL 石油醚，待引发剂完全溶解后加入三口烧瓶中，再用 10mL 石油醚冲洗三口烧瓶，将石油醚倒入三口烧瓶。

5. 通冷却水，维持搅拌转速恒定，升温至 70℃，开始聚合反应。反应 2h 后，在冷凝管与三口烧瓶间加装分液管，升温至分散介质-水混合液沸点，回收分液管下部由体系中分馏出的水，当出水量达到 18mL 后，结束反应。

6. 维持搅拌原有转速，停止加热，将恒温水浴中热水换为冷水，将反应体系冷却至室温后停止搅拌。

7. 产品用布氏漏斗滤干，在通风情况下干燥，称重，并计算产率。

8. 回收布氏漏斗中的石油醚。

## 五、结果与讨论

1. 对比反相乳液聚合与正常乳液聚合的体系组成、作用。

2. 根据实验现象与记录，讨论反相乳液聚合的机理与工艺控制特点。

3. 参比此体系，再设计一个采用反相乳液聚合法合成聚丙烯酰胺的体系。

## 六、注意事项

1. 反相乳液聚合由于油为分散相，因而乳化剂对胶束的保护作用远弱于正常乳液聚合体系，为此需要更为仔细的操作。

2. 在实验第 2 步，要保证乳化剂充分溶解。在实验第 3 步，可适当延长搅拌时间，以保证预乳化效果。

3. 反应 2h 后体系升温至分散介质-水混合液沸点阶段，为防止暴沸，升温速度以 1℃/2min 为宜，并注意观察体系状态。

4. 由于 PAM 为水溶性聚合物，因此反应后期要进行脱水，一般脱水量为加水量的 70%～80%，即可保证 PAM 在出料时不发生结块现象。

# 实验六　强酸型阳离子交换树脂的制备及其交换容量的测定

## 一、实验目的

1. 学习如何通过悬浮聚合制得颗粒均匀的悬浮共聚物。

2. 通过苯乙烯和二乙烯基苯共聚物的磺化反应，了解制备功能高分子的一个方法。

3. 掌握离子交换树脂体积交换容量的测定方法。

## 二、实验原理

离子交换树脂是球形小颗粒，这样的形状使离子交换树脂的应用十分方便。用悬浮聚合方法制备球状聚合物是制取离子交换树脂的重要实施方法。在悬浮聚合中，影响颗粒大小的因素主要有三个：分散介质（一般为水）、分散剂和搅拌速度。水量不够，不足以把单体分散开，水量太多，反应容器要增大，给生产和实验带来困难。一般水与单体的比例在（2～5）∶1 之间。分散剂的最小用量虽然可能小到是单体的 0.005%左右，但一般常用量为单体的 0.2%～1%，太多容易产生乳化现象。当水和分散剂的量选好后，只有通过搅拌才能把单体分开。所以调整好搅拌速度是制备粒度均匀的球状聚合物的极为重要的因素。离子交换树脂对颗粒度要求比较高，所以严格控制搅拌速度，制得颗粒度合格率比较高的树脂，是实验中需特别注意的问题。

在聚合时，如果单体内加有致孔剂，得到的是乳白色不透明状大孔树脂，带有功能基后仍为带有一定颜色的不透明状。如果聚合过程中没有加入致孔剂，得到的是透明状树脂，带有功能基后，仍为透明状。这种树脂又称为凝胶树脂，凝胶树脂只有在水中溶胀后才有交换能力。这是因为凝胶树脂内部渠道直径只有 2～4$\mu$m，树脂干燥后，这种渠道就消失，所以这种渠道又称为隐渠道。大孔树脂的内部渠道，直径可小至数微米，大至数百微米。树脂干燥后这种渠道仍然存在，所以又称为真渠道。大孔树脂内部由于具有较大的渠道，溶液以及离子在其内部迁移扩散容易，所以交换速度快，工作效率高。目前大孔树脂发展很快。

按功能基分类，离子交换树脂又分为阳离子交换树脂和阴离子交换树脂。当把阳离子基团固定在树脂骨架上，可进行交换的部分为阳离子时，称为阳离子交换树脂，反之称为阴离子交换树脂。所以树脂的定义是根据可交换部分确定的。不带功能基的大孔树脂，称为吸附树脂。

将树脂用酸处理后，得到的都是酸型，根据酸的强弱，又可分为强酸型树脂及弱酸型树脂。一般把磺酸型树脂称为强酸型，羧酸型树脂称为弱酸型，磷酸型树脂介于这两种树脂之间。

离子交换树脂应用极为广泛，它可用于水处理、原子能工业、海洋资源、化学工业、食品加工、分析检测、环境保护等领域。

在这个实验中，制备的是凝胶磺酸型树脂。

聚合反应：

$$nCH_2{=}CH(C_6H_5) + mCH_2{=}CH{-}C_6H_4{-}CH{=}CH_2 \xrightarrow{BPO} \sim\sim CH_2{-}CH(C_6H_5){-}CH_2{-}CH(C_6H_4{-}){-}CH_2{-}CH(C_6H_5)\sim\sim$$
$$\sim\sim CH_2{-}CH(C_6H_5){-}CH_2{-}CH({-}C_6H_4){-}CH_2{-}CH(C_6H_5)\sim\sim$$

（交联聚苯乙烯）

磺化反应：

$$+\!\!\!\!\left(CH{-}CH\right)_n\!\!\!\!+ \ (C_6H_5) + H_2SO_4 \longrightarrow +\!\!\!\!\left(CH{-}CH\right)_n\!\!\!\!+ \ (C_6H_4{-}SO_3H) + H_2O$$

## 三、仪器和试剂

1. 仪器：三口瓶，球形冷凝管，直形冷凝管，交换柱，量筒，烧杯，搅拌器，水银导电表，继电器，电炉，水浴锅，标准筛（30～70目）。

2. 试剂：苯乙烯（St），二乙烯基苯（DVB），过氧化苯甲酰（BPO），5%聚乙烯醇（PVA）水溶液，0.1%亚甲基蓝水溶液，二氯乙烷，$H_2SO_4$（92%～93%），HCl(5%)，NaOH(5%)。

## 四、实验步骤

### 1. St与DVB的悬浮共聚

在250mL三口瓶中加入100mL蒸馏水、5%的PVA水溶液5mL，数滴亚甲基蓝溶液，调整搅拌片的位置，使搅拌片的上沿与液面平齐。开动搅拌器并缓慢加热，升温至40℃后停止搅拌。将事先在小烧杯中混合并溶有0.4g BPO、40g St和10g DVB的混合物倒入三口瓶中。开动搅拌器，开始转速要慢，待单体全部分散后，用细玻璃管（不要用尖嘴玻璃管）吸出部分油珠放到表面皿上。观察油珠大小。如油珠偏大，可缓慢加速。过一段时间后继续检查油珠大小，如仍不合格，继续加速，如此调整油珠大小，一直到合格为止。待油珠合格后，以1～2℃/min的速度升温至70℃，并保温1h，再升温到85～87℃反应1h。在此阶段避免调整搅拌速度和停止搅拌，以防止小球不均匀和发生黏结。当小球定型后升温到95℃，继续反应 2h。停止搅拌，在水浴上煮 2～3h，将小球倒入尼龙纱袋中，用热水洗小球 2 次，再用蒸馏水洗 2 次，将水甩干，把小球转移到瓷盘内，自然晾干或在 60℃烘箱中干燥 3h，称量。用 30～70 目标准筛过筛，称重，计算小球合格率。

**2. 共聚小球的磺化**

称取合格小球 20g，放入 250mL 装有搅拌器、回流冷凝管的三口瓶中，加入 20g 二氯乙烷，溶胀 10min，加入 92.5%的 $H_2SO_4$ 100g。开动搅拌器，缓慢搅动，以防止把树脂沾到瓶壁上。用油浴加热，1h 内升温至 70℃，反应 1h，再升温到 80℃反应 6h。然后改成蒸馏装置，在搅拌下升温至 110℃，常压蒸出二氯乙烷，撤去油浴。

冷却至近室温后，用玻璃砂芯漏斗抽滤，除去硫酸，然后把这些硫酸缓慢倒入能将其浓度降低 15%的水中，把树脂小心地倒入被冲稀的硫酸中，搅拌 20min。抽滤除去硫酸，将此硫酸的一半倒入能将其浓度降低 30%的水中，将树脂倒入被第二次冲稀的硫酸中，搅拌 15min。抽滤除去硫酸，将硫酸的一半倒入能将其浓度降低 40%的水中，把树脂倒入被第三次冲稀的硫酸中，搅拌 15～20min。抽滤除去硫酸，把树脂倒入 50mL 饱和食盐水中，逐渐加水稀释，并不断把水倾出，直至用自来水洗至中性。

取约 8mL 树脂置于交换柱中，保留液面超过树脂 0.5cm 左右即可，树脂内不能有气泡。加入 5%的 NaOH 100mL 并逐滴流出，将树脂转为 Na 型。用蒸馏水洗至中性。再加 5%的盐酸 100mL，将树脂转为 H 型。用蒸馏水洗至中性。如此反复 3 次。

**3. 树脂性能的测试**

(1) 质量交换容量　单位质量的 H 型干树脂可以交换阳离子的摩尔数。

(2) 体积交换容量　湿态单位体积的 H 型树脂交换阳离子的摩尔数。

(3) 膨胀系数　树脂在水中由 H 型（无多余酸）转为 Na 型（无多余碱）时体积的变化。

(4) 视密度　单位体积（包括树脂空隙）的干树脂的质量。

本实验只测体积交换容量与膨胀系数两项。其测定原理如下：

$$\text{+CH—CH+}_n\text{(—}C_6H_4\text{—}SO_3H) + n\,NaCl \longrightarrow \text{+CH—CH+}_n\text{(—}C_6H_4\text{—}SO_3Na) + n\,HCl$$

取 5mL 处理好的 H 型树脂放入交换柱中，倒入 1mol/L NaCl 溶液 300mL，用 500mL 锥形瓶接流出液，流速为 1～2 滴/min。注意不要流干，最后用少量水冲洗交换柱。将流出液转移至 500mL 容量瓶中。锥形瓶用蒸馏水洗 3 次，也一并转移至容量瓶中，最后将容量瓶用蒸馏水稀释至刻度。然后分别取 50mL 液体置于两个 300mL 锥形瓶中，用 0.1mol/L 的 NaOH 标准溶液滴定。

空白实验是取 300mL 1mol/L NaCl 溶液置于 500mL 容量瓶中，加蒸馏水稀释至刻度，取样进行滴定。体积交换容量 $E$ 用下式计算：

$$E=\frac{M(V_1+V_2)}{V}$$

式中　$E$——体积交换容量，mol/mL；

$M$——NaOH 标准溶液的浓度，mol/L；

$V_1$——样品滴定消耗的 NaOH 标准溶液的体积，mL；

$V_2$——空白滴定消耗的 NaOH 标准溶液的体积，mL；

$V$——树脂的体积，mL。

用小量筒取 5mL H 型树脂，在交换柱中转为 Na 型并洗至中性，用量筒测其体积。膨胀系数 $P$(%) 按下式计算：

$$P=\frac{V_H-V_{Na}}{V_H}\times 100\%$$

式中　$P$——膨胀系数，%；

$V_H$——H 型树脂体积，mL；

$V_{Na}$——Na 型树脂体积，mL。

或者在交换柱中测 H 型树脂的高度，转型后再测其高度，则膨胀系数 $P$(%) 按下式计算：

$$P=\frac{L_H-L_{Na}}{L_H}\times 100\%$$

式中　$L_H$——H 型树脂的高度，cm；

$L_{Na}$——Na 型树脂的高度，cm。

## 五、注意事项

1. 致孔剂就是能与弹性体混溶，但不溶于水，对聚合物能溶胀或沉淀，但其本身不参加聚合也不对聚合产生链转移反应的溶剂。

2. 亚甲基蓝为水溶性阻聚剂。它的作用是防止体系内发生乳液聚合，如水相内出现乳液聚合，将影响产品外观。

3. 珠粒的大小是根据需要确定的。

4. 这时洗球是为了洗掉 PVA，在尼龙纱袋中进行比较方便。

5. 由于是强酸，操作中要防止酸被溅出。学生可准备一只空烧杯，把树脂倒入烧杯内，再把硫酸倒进盛树脂的烧杯中，可以防止酸被溅出来。

# 实验七　苯乙烯的悬浮聚合

## 一、实验目的

1. 通过对苯乙烯单体的悬浮聚合实验，了解自由基悬浮聚合的方法和配方中各组分的作用。

2. 学习悬浮聚合的操作方法。

3. 通过对聚合物颗粒均匀性和大小的控制，了解分散剂、升温速度、搅拌形式与搅拌速度对悬浮聚合的重要性。

## 二、实验原理

悬浮聚合实质上是借助于较强烈的搅拌和悬浮剂的作用，通常将不溶于水的单体分散在介质水中，利用机械搅拌，将单体打散成直径为 0.01～5mm 的小液滴的形式进行的本体聚合。在每个小液滴内，单体的聚合过程和机理与本体聚合相似。悬浮聚合解决了本体聚合中不易散热的问题，产物容易分离，通过清洗可以得到纯度较高的颗粒状聚合物。其主要组分有四种：单体、分散介质（水）、悬浮剂、引发剂。

**1. 单体**

单体不溶于水，如苯乙烯（styrene）、醋酸乙烯酯（vinyl acetate）、甲基丙烯酸酯（methyl methacrylate）等。

**2. 分散介质**

分散介质大多为水，作为热传导介质。

**3. 悬浮剂**

调节聚合体系的表面张力、黏度，避免单体液滴在水相中黏结。

(1) 水溶性高分子，如天然物［明胶（gelatin）、淀粉（starch)］、合成物［聚乙烯醇（PVA）等］。

(2) 难溶性无机物，如 $BaSO_4$、$BaCO_3$、$CaCO_3$、滑石粉、黏土等。

(3) 可溶性电介质，如 NaCl、KCl、$Na_2SO_4$ 等。

**4. 引发剂**

主要为油溶性引发剂，如过氧化苯甲酰（benzoyl peroxide，BPO）、偶氮二异丁腈（azobisisobutyronitrile，AIBN）等。

苯乙烯（St）是一种易于进行聚合反应的活泼单体，在水中的溶解度很小，若将其倒入水中，体系分成两层，进行搅拌时，在剪切力作用下单体层分散成液滴，界面张力使液滴保持球形，界面张力越大，形成的液滴越大，当两种作用达到均衡时，体系的液滴就保持一定的大小和分布。当聚合到一定程度后的液滴中溶有发黏聚合物，易使液滴黏结，因此，悬浮聚合体系还需要加入分散剂。

以过氧化苯甲酰（BPO）作为引发剂，引发苯乙烯进行自由基聚合，其反应历程如下：

$$C_6H_5-\overset{O}{\overset{\|}{C}}-O\cdot + CH_2{=}\underset{C_6H_5}{\underset{|}{CH}} \longrightarrow C_6H_5-\overset{O}{\overset{\|}{C}}-O-CH_2-\underset{C_6H_5}{\underset{|}{\dot{C}H}}$$

$$C_6H_5-\overset{O}{\overset{\|}{C}}-O-O-\overset{O}{\overset{\|}{C}}-C_6H_5 \xrightarrow{\triangle} 2\,C_6H_5-\overset{O}{\overset{\|}{C}}-O\cdot$$

$$C_6H_5-\overset{O}{\overset{\|}{C}}-O-CH_2-\underset{C_6H_5}{\underset{|}{\dot{C}H}} + CH_2{=}\underset{C_6H_5}{\underset{|}{CH}} \longrightarrow$$

$$C_6H_5-\overset{O}{\overset{\|}{C}}-O-CH_2-\underset{C_6H_5}{\underset{|}{CH}}-CH_2-\underset{C_6H_5}{\underset{|}{\dot{C}H}} \xrightarrow{CH_2=CH(C_6H_5)} \sim\sim CH_2-\underset{C_6H_5}{\underset{|}{\dot{C}H}}$$

$$2\sim\sim CH_2-\underset{C_6H_5}{\underset{|}{\dot{C}H}} \xrightarrow{\text{偶合终止}} \sim\sim CH_2-\underset{C_6H_5}{\underset{|}{CH}}-\underset{C_6H_5}{\underset{|}{CH}}\sim\sim$$

## 三、仪器和试剂

1. 仪器：三口烧瓶（250mL），球形冷凝管，电热锅，搅拌电机与搅拌棒，温度计（100℃），量筒（100mL），锥形瓶（100mL），布氏漏斗，抽滤瓶。

2. 试剂

| 名称 | 试剂 | 规格 | 用量 |
| --- | --- | --- | --- |
| 单体 | 苯乙烯 | 除去阻聚剂 | 15g |
| 油溶性引发剂 | 过氧化苯甲酰 | CP，重结晶精制 | 0.3g |
| 分散剂 | 聚乙烯醇 | 1799 水溶液 1.5% | 20mL |
| 分散介质 | 水 | 去离子水 | 130mL |

## 四、实验步骤

1. 架好带有冷凝管、温度计、三口烧瓶的搅拌装置。

2. 分别将 0.3g BPO 和 16mL 苯乙烯加入 100mL 锥形瓶中，轻轻摇动至溶解后加入 250mL 三口烧瓶中。

3. 再用 20mL 1.5%的 PVA 溶液和 130mL 去离子水冲洗锥形瓶与量筒后，加入 250mL 三口烧瓶中开始搅拌和加热。

4. 通冷凝水，启动搅拌并控制在一个恒定转速（300r/min 左右），在 0.5h 内，将温度慢慢加热至 85～90℃，开始聚合反应。并保持此温度聚合反应 1h 后，体系中分散的颗粒开始变得发黏，此时一定要注意控制好搅拌速度。在反应后期可将温度升至反应温度的上限，以加快反应，提高转化率。当反应进行 1.5～2h 后，用吸管吸取少量反应液置于含冷水的表面皿中观察，若聚合物变硬可结束反应。

5. 停止加热，边搅拌边用冷水将反应液冷却至室温后，停止搅拌，取下三口烧瓶。产品用布氏漏斗过滤分离，并用热水洗涤数次后，在 50℃下温风干燥后，称重，计算产率。

## 五、问题思考

1. 悬浮聚合中哪些物质可作分散剂？为什么这些物质可以起分散作用？有机分散剂和无机分散剂有何差异？

2. 试讨论影响悬浮聚合的因素。

3. 如果用聚乙烯醇作分散剂，其醇解度的不同对分散性能有何影响？

## 六、注意事项

1. 除苯乙烯外，其他可进行悬浮聚合的还有氯乙烯（vinyl chloride）、甲基丙烯酸甲酯（MMA）、醋酸乙烯酯（VAc）等。

2. 搅拌太剧烈时，易生成砂粒状聚合体；搅拌太慢时，易生成结块，附着在反应器内壁或搅拌棒上。

3. PVA 难溶于水，必须待 PVA 完全溶解后，才可以开始加热。

4. 称量 BPO 采用塑料匙或竹匙，避免使用金属匙。

5. 是否能获得均匀的珍珠状聚合物与搅拌速度的确定有密切的关系。聚合过程中，不宜随意改变搅拌速度。

# 实验八 醋酸乙烯酯的乳液聚合

## 一、实验目的

1. 熟悉乳液聚合的基本原理和特点。
2. 学习乳液聚合方法，制备聚醋酸乙烯酯乳液。
3. 了解乳液聚合机理及乳液聚合中各个组分的作用。

## 二、实验原理

乳液聚合是指将不溶或微溶于水的单体在强烈的机械搅拌及乳化剂的作用下与水形成乳状液，在水溶性引发剂的引发下进行的聚合反应。乳液聚合与悬浮聚合相似的是，都是将油性单体分散在水中进行聚合反应，因而也具有导热容易、聚合反应温度易控制的优点，但与悬浮聚合有着显著的不同，在乳液聚合中，单体虽然是以单体液滴和单体增溶胶束形式分散在水中的，但由于采用的是水溶性引发剂，因而聚合反应不是发生在单体液滴内，而是发生在增溶胶束内，形成 M/P（单体/聚合物）乳胶粒，每一个 M/P 乳胶粒仅含一个自由基，因而聚合反应速率主要取决于 M/P 乳胶粒的数目，亦即取决于乳化剂的浓度。由于胶束颗粒比悬浮聚合的单体液滴小得多，因而乳液聚合得到的聚合物粒子也比悬浮聚合的小得多。

乳液聚合能在高聚合速率下获得高分子量的聚合产物，且聚合反应温度通常都较低，特别是使用氧化还原引发体系时，聚合反应可在室温下进行。乳液聚合即使在聚合反应后期体系黏度通常仍很低，可用于合成黏性大的聚合物，如橡胶等。乳液聚合所得乳胶粒子粒径大小及其分布主要受以下因素的影响。

（1）乳化剂　对同一乳化剂而言，乳化剂浓度越大，乳胶粒子的粒径越小，粒径大小分布越窄。

（2）油水比　油水比一般为 1∶2～1∶3，油水比越小，聚合物乳胶粒子越小。

（3）引发剂　引发剂浓度越大，产生的自由基浓度越大，形成的 M/P 颗粒越多，聚合物乳胶粒子越小，粒径分布越窄，但分子量越小。

（4）温度　温度升高可使乳胶粒子变小，温度降低则使乳胶粒子变大，但都可能导致乳液体系不稳定而产生凝聚或絮凝。

（5）加料方式　分批加料比一次性加料易获得较小的聚合物乳胶粒子，且聚合反应更易控制；分批滴加单体比滴加单体的预乳液所得的聚合物乳胶粒子更小，但乳液体系相对不稳定，不易控制，因此多用分批滴加预乳液的方法。

醋酸乙烯酯乳液聚合机理与一般乳液聚合机理相似，但是由于醋酸乙烯酯在水中有较高的溶解度，而且容易水解，产生的乙酸会干扰聚合；同时，醋酸乙烯酯自由基十分活泼，链转移反应显著。因此，除了乳化剂，醋酸乙烯酯乳液生产中一般还加入聚乙烯醇来保护胶体。

醋酸乙烯酯也可以与其他单体共聚合，制备性能更优异的聚合物乳液。如与氯乙烯单体共聚合，可改善聚氯乙烯的可塑性或改良其溶解性；与丙烯酸共聚合，可改善乳液的粘接性和耐碱性。

在乳液聚合中，有两种粒子成核过程，即胶束成核和均相成核。因醋酸乙烯酯是水溶性较大的单体（28℃时在水中的溶解度为2.5%），故它主要以均相成核形成乳胶粒子。

醋酸乙烯酯乳液聚合最常用的乳化剂是非离子型乳化剂聚乙烯醇。它主要起保护胶体的作用，防止粒子相互合并。由于其不带电荷，对环境和介质的pH值不敏感，但是形成的乳胶粒子较大。而阴离子型乳化剂，如烷基磺酸钠 $RSO_3Na$（$R=C_{12}\sim C_{18}$）或烷基苯磺酸钠 $RPhSO_3Na$（$R=C_7\sim C_{14}$），由于乳胶粒子外负电荷的相互排斥作用，使乳液具有较高的稳定性，形成的乳胶粒子小，乳液黏度大。本实验将非离子型乳化剂和离子型乳化剂按一定的比例混合使用，以提高乳化效果和乳液的稳定性。非离子型乳化剂是用聚乙烯醇和OP-10，主要起保护胶体的作用；而离子型乳化剂选用十二烷基磺酸钠，可减小粒径，提高乳液的稳定性。

反应中采用过硫酸盐为引发剂，按自由基聚合的反应历程进行聚合。主要的反应式如下：

$$^{-}O-\overset{\overset{O}{\|}}{\underset{\underset{O}{\|}}{S}}-O-O-\overset{\overset{O}{\|}}{\underset{\underset{O}{\|}}{S}}-O^{-} \xrightarrow{\triangle} 2\ ^{-}O-\overset{\overset{O}{\|}}{\underset{\underset{O}{\|}}{S}}-O^{\bullet}$$

$$R^{\bullet}+CH_2=\underset{\underset{OCOCH_3}{|}}{CH} \longrightarrow RCH_2\underset{\underset{OCOCH_3}{|}}{CH^{\bullet}} + CH_2=\underset{\underset{OCOCH_3}{|}}{CH}\rightarrow \longrightarrow \sim\sim CH_2\underset{\underset{OCOCH_3}{|}}{CH}\cdot$$

$$2\sim\sim CH_2\underset{\underset{OCOCH_3}{|}}{CH^{\bullet}} \longrightarrow \sim\sim CH_2\underset{\underset{OCOCH_3}{|}}{CH_2} + \sim\sim\underset{\underset{OCOCH_3}{|}}{CH}=CH_2$$

为使反应平稳进行，单体和引发剂均须分批加入。本实验分两步加料反应：第一步，加入少许的单体、引发剂和乳化剂进行预聚合，可生成颗粒很小的乳胶粒子；第二步，继续滴加单体和引发剂，在一定的搅拌条件下使其在原来形成的乳胶粒子上继续长大。由此得到的乳胶粒子，不仅粒度较大，而且粒度分布均匀。这样保证了乳胶在高固含量的情况下，仍具有较低的黏度。

## 三、仪器和试剂

1.仪器：250mL四口瓶一个或三口瓶一个，冷凝管一个，温度计一支，搅拌器一套，100mL滴液漏斗一个，加热水浴一个。

2.试剂

| 名称 | 试剂 | 规格 | 用量 |
|---|---|---|---|
| 单体 | 醋酸乙烯酯 | 聚合级 | 64.2mL |
| 乳化剂 | 聚乙烯醇 | 工业级 | 5.0g |
| 乳化剂 | OP-10 | 工业级 | 5mL |
| 引发剂 | 过硫酸铵 | AR(20%水溶液) | 5mL |
| 增塑剂 | 邻苯二甲酸二丁酯 | AR(20%水溶液) | 5mL |
| 分散介质 | 去离子水 | | 90mL |

## 四、实验步骤

1.组装仪器装置。用四口瓶装好搅拌器、回流冷凝器、滴液漏斗和温度计。

2.根据配方准确量取试剂，首先加入5.0g聚乙烯醇和90mL去离子水配制成8%～10%的水溶液（提前一两天配制）。

3. 往四口瓶中加入50mL聚乙烯醇溶液、1.2mL OP-10乳化剂、20mL纯水、10mL醋酸乙烯酯和4mL过硫酸铵溶液，开动搅拌，转速控制在100～120r/min。加热水浴，使温度升至80℃。

4. 保持反应体系温度回流30min后，再用恒压滴液漏斗滴加5mL醋酸乙烯酯，从冷凝管上口滴加1～2mL过硫酸铵溶液。每隔15～20min，滴加5mL醋酸乙烯酯和1～2mL过硫酸铵溶液，直至加入醋酸乙烯酯单体50mL为止。继续反应到冷凝管中基本无回流，保证总反应时间大于2h，再将温度逐步升高到90℃反应20min。

5. 反应过程中，每隔3min记录一次反应体系的温度，记录滴加单体总量和引发剂溶液总量，观察和记录反应体系黏度变化情况。

6. 将反应混合物冷却到50℃，加入10%的氢氧化钠水溶液调节pH值为4～6，再加入5～6g邻苯二甲酸二丁酯，搅拌均匀，冷却至室温，得到白色、黏稠、均匀而无明显粒子的聚醋酸乙烯酯胶乳。

## 五、实验拓展

### 1. 固含量的测定

在已称好的铝箔中加入0.5g左右样品（精确至0.0001g），放在平面电路上烘烤至恒重。按下式计算固含量：

$$固含量=\frac{m_2-m_0}{m_1-m_0}\times 100\%$$

式中，$m_0$为铝箔质量；$m_1$为干燥前样品质量与铝箔质量之和；$m_2$为干燥后样品质量与铝箔质量之和。

### 2. 转化率的测定

$$转化率=\frac{m_c-S\times m_b/m_a}{G\times m_b/m_a}\times 100\%$$

式中，$m_c$为取样干燥后的样品固含量；$S$为实验中加入的乳化剂、引发剂、增塑剂总质量；$m_a$为四口瓶内乳液体系总质量；$m_b$为取样湿质量；$G$为实验中醋酸乙烯酯单体加入总质量。

## 六、结果与讨论

1. 醋酸乙烯酯乳液聚合体系与理想的乳液聚合体系有何不同？
2. 为什么要严格控制单体滴加速度和聚合反应温度？
3. 如何从聚合物乳液中分离出固体聚合物？
4. 乳液聚合为什么能同时提高聚合反应速率和分子量？
5. 单体为什么要分批加入？
6. 在上述聚合反应体系中，哪些因素可能会影响乳液的稳定性？

# 实验九 苯乙烯的乳液聚合

## 一、实验目的

1. 通过对苯乙烯单体的自由基乳液聚合，了解自由基聚合的不同实施方法，并与其他不同的聚合方法和结果相比较。

2. 了解乳液聚合的优缺点。

3. 通过实验掌握制备聚苯乙烯胶乳的方法。

4. 对比不同量乳化剂对聚合反应速率和产物分子量的影响，从而了解乳液聚合的特点。

5. 了解乳液聚合中各组分的作用，尤其是乳化剂的作用。

## 二、实验原理

乳液聚合（emulsion polymerization）是在乳化剂的作用下，并借助于机械搅拌，使单体在水中分散成乳状液，由引发剂引发而进行的聚合反应。乳液聚合是高分子合成过程中常用的一种合成方法，乳液聚合体系至少由单体、引发剂、乳化剂和水四个组分构成，一般水与单体的配比（质量比）为 70∶30～40∶60，乳化剂为单体的 0.2%～0.5%，引发剂为单体的 0.1%～0.3%；工业配方中常另加缓冲剂、分子量调节剂和表面张力调节剂等。所得产物为胶乳，可直接用以处理织物或作涂料和胶黏剂，也可把胶乳破坏，经洗涤、干燥得粉状或针状聚合物。

乳液聚合的链引发、链增长、链终止都在胶束的乳胶粒内进行。单体液滴只是储藏单体的仓库。反应速率主要取决于粒子数，具有速率快、分子量高的特点。

乳化剂是乳液聚合中的重要组分，它是两性分子，在乳化剂分子中，一端为亲油性基团，另一端为亲水性基团。当乳化剂溶于水中，其溶液浓度超过临界胶束浓度（CMC）时，开始形成胶束。

乳液聚合中，单体不溶于水，乳化剂和引发剂溶于水，聚合产物可以溶于单体，而单体在水中溶解性极微小。当浓度超过临界胶束浓度（CMC）的乳化剂溶于水中，在搅拌下加入单体和引发剂，单体液滴、水相和胶束均可以产生引发、聚合增长。胶束使扩散入的单体溶胀，成为增溶胶束。由于水相中单体的浓度很低，因此，在水相中的引发概率甚小，即使被引发，链自由基也会很快转入胶束中。由于引发剂是水溶性的，因此在单体液滴中引发概率也很小，这样绝大部分的链引发与链增长反应在胶束中发生和进行，只要有单体液滴存在，聚合反应的速率就能保持恒定。

乳液聚合的反应速率和产物分子量与反应温度、单体浓度、引发剂浓度和单位体积内聚合物颗粒数有关，而体系中最终有多少单体-聚合物颗粒主要取决于乳化剂的种类和用量。

## 三、仪器和试剂

1. 仪器：四口反应瓶，球形回流冷凝管，电热锅，表面皿，吸管，移液管，电动搅拌器，恒温水浴锅，布氏漏斗。

2. 试剂：苯乙烯，过氧化苯甲酰，聚乙烯醇，去离子水，氮气，十二烷基苯磺酸钠，过硫酸钾，过硫酸钠，0.1%亚甲基蓝溶液。

## 四、实验步骤

苯乙烯乳液聚合中的助剂可按表 1 中的配方选择实验。

准确称取过硫酸钾和亚硫酸氢钠，分别放入两个 50mL 的烧杯中，各加 10mL 去离子水溶解。

表 1　苯乙烯乳液聚合助剂

| 助剂 | 助剂名称 | 配方 1 | 配方 2 |
| --- | --- | --- | --- |
| 乳化剂 | 十二烷基苯磺酸钠 | 0.80g | 0.40g |
| 引发剂 | 过硫酸钾 | 0.60g | 0.60g |
| 还原剂 | 亚硫酸氢钠 | 0.40g | 0.40g |

在装有温度计、搅拌器、氮气管、球形冷凝管的 250mL 四口反应瓶中加入 70mL 的去离子水和适量十二烷基苯磺酸钠，开动搅拌器，并通氮气以除去所含的空气，约 10min 后加入乳化剂并开始加热，待乳化剂完全溶解后，加入 15mL 苯乙烯，继续搅拌 15min，升温至 75℃。用移液管准确加入过硫酸钾和过硫酸钠各 1mL，反应引发后可升温至 90℃左右，反应 45min 后，停止加热，在搅拌下自然降温至 45℃以下出料。

将反应乳液倒入 500mL 烧杯中，在搅拌下加入 5g NaCl，继续搅拌至乳液凝聚。用热水反复洗涤，抽滤，直至用 1%的 $AgNO_3$ 溶液检查无 $Cl^-$ 为止。将滤干的产物在 50℃烘箱中烘干，称重，并计算产率。用一点法测定黏均分子量，并对比乳化剂用量对分子量和产率的影响。

## 五、结果与讨论

1. 判断乳液聚合是否发生，可观察四口反应瓶中乳液是否出现浅蓝色乳光。如出现，则表明乳液中已经存在一定尺寸的乳胶粒子，反应已引发；若 15min 内无明显的变化，可以适当加入少量 1∶1 的引发剂和还原剂溶液，直至反应引发。

2. 乳液聚合产物的破乳反应是利用溶液中离子强度的增加、压缩使离子稳定存在于乳胶粒子表面的双电荷层中，使乳胶粒子相互凝聚而沉淀下来，因此也可用饱和的明矾溶液进行破乳。

3. 如乳液聚合反应所得的产率较低，则破乳后的产物由于未反应苯乙烯的存在而难以过滤、洗涤，可适当延长反应时间；如聚合反应的产率较高，则破乳明显且容易进行。

## 六、思考题

1. 结合悬浮聚合和乳液聚合机理，说明配方中各组分的作用。
2. 分散剂的作用原理是什么？改变用量会产生什么影响？
3. 对比乳液聚合和悬浮聚合的特点。
4. 若乳液聚合中采用油溶性引发剂，则会怎样？

# 实验十　丙烯酸酯的乳液聚合

## 一、实验目的

1. 了解乳液聚合的反应机理。
2. 了解乳液聚合体系中各组分的作用。
3. 了解乳液的成膜机理。

4. 通过对比实验了解乳化剂浓度对乳液聚合速率的影响。

## 二、实验原理

单体在乳化剂和机械搅拌作用下，在水介质中分散成乳液状态进行聚合反应，称为乳液聚合。乳液聚合有聚合速率快、聚合反应平稳和聚合物分子量大三个特点，是自由基聚合实施方法之一。

乳液聚合体系包括单体、分散介质（水）、乳化剂、引发剂等主要组分以及 pH 缓冲剂等辅助成分。乳化剂在水溶液中的浓度超过临界胶束浓度时，开始形成胶束。在一般乳液聚合配方条件下，由于胶束数量很大，胶束内有增溶单体以及引发剂等，绝大部分的引发、增长是在胶束中进行的，增溶胶束转变为单体-聚合物乳胶粒，最终成为聚合物颗粒。

常用的乳化剂有阴离子型乳化剂、阳离子型乳化剂及非离子型乳化剂。阴离子型乳化剂乳化效率高，可得到细粒乳液，但乳液体系不太稳定，聚合时需要调节 pH 值，并应注意 pH 值的变化，pH 值在 10～12 范围内乳液比较稳定，也可以在乳液体系中加入焦磷酸钠等缓冲剂以避免体系 pH 值的下降。非离子型乳化剂如 OP-10（聚氧化乙烯辛基苯基醚）对 pH 值变化不敏感，因此在丙烯酸酯乳液聚合体系中，往往采用阴离子型和非离子型复合乳化剂。

乳液聚合的反应速率及产物分子量除了与反应温度、单体浓度、引发剂浓度等有关外，乳胶粒的数目是一个重要因素，乳化剂的种类和用量又直接影响乳胶粒数，因此乳化剂的种类及用量影响乳液聚合的反应速率及产物分子量。

乳液聚合在工业上使用十分广泛，丁二烯-苯乙烯共聚物、丁二烯-丙烯腈共聚物采用连续乳液法生产，还有制备乳液涂料、胶黏剂以及纸张、皮革、织物处理剂等。

乳液聚合颗粒很细，均匀涂于基材上，开始是一个水分散体系，随着水缓慢挥发，颗粒浓度越来越高，堆积越来越紧密，这时颗粒与颗粒之间，产生毛细管现象，从而产生压力。小球在压力作用下，变形形成连续膜。

聚甲基丙烯酸酯与聚丙烯酸酯的均聚物在性能上有很大差异，可以根据性能及使用要求，进行共聚。本实验是甲基丙烯酸酯与丙烯酸丁酯的共聚，反应条件不变，改变乳化剂用量，反应一段时间后，用聚合物产率来简单地计算单体小时速率，分析乳液聚合中乳化剂用量对聚合速率的影响。

丙烯酸酯乳液共聚单体等配方见表 1。

**表 1　丙烯酸酯乳液共聚单体等配方**

| 编号 | MMA | BA | BMA | EA |
|---|---|---|---|---|
| 1 | 60 | 40 | 0 | 0 |
| 2 | 70 | 30 | 0 | 0 |
| 3 | 80 | 20 | 0 | 0 |
| 4 | 60 | 0 | 40 | 0 |
| 5 | 70 | 0 | 30 | 0 |
| 6 | 80 | 0 | 20 | 0 |
| 7 | 60 | 0 | 0 | 40 |
| 8 | 70 | 0 | 0 | 30 |
| 9 | 80 | 0 | 0 | 20 |

## 三、仪器和试剂

1.仪器：温度计，搅拌器，滴液漏斗，三口烧瓶，水浴锅。

2.试剂：三酚基聚氧乙烯基醚，十二烷基磺酸钠，过硫酸钾，甲基丙烯酸甲酯（MMA），丙烯酸丁酯（BA），甲基丙烯酸丁酯（BMA），阴离子交换树脂（EA），氨水。

## 四、实验步骤

在装有温度计、搅拌器、滴液漏斗的500mL三口烧瓶中，加入200mL蒸馏水和阳离子型乳化剂十二烷基磺酸钠1.0g和非离子型乳化剂三酚基聚氧乙烯基醚2.0g。水浴加热，开启搅拌和冷凝水，使乳化剂均匀溶解呈乳液状。

将共聚单体按比例配成混合单体，将混合单体中的1/3体积量加入三口烧瓶中，在搅拌下加入过硫酸钾0.2g。使三口烧瓶内的温度保持在70℃左右，反应30min后，开始滴加余下的2/3混合单体和0.2g过硫酸钾以及33mL水的混合物，约1h滴加完成。而后升温至75℃，保持2h，再升温至90℃，保持1h，反应结束。冷却至40℃以下，用涤纶布过滤，得到均匀乳液。将其经阴离子交换树脂洗涤后，再经阳离子交换树脂洗涤，得到近中性乳液。最后，适当加入非离子型乳化剂和用氨水调节pH值至7～8，可使乳液能长期稳定。

## 五、思考题

1.乳液共聚合的反应温度应该控制在什么温度范围？若温度过高会产生什么后果？

2.对丙烯酸酯的乳液共聚合反应过程中的搅拌速度应控制在哪个范围？搅拌速度过快会有什么影响？

3.丙烯酸酯乳液聚合的加料方式有哪些？

# 实验十一 醋酸乙烯酯-丙烯酸酯的乳液共聚合

## 一、实验目的

1.了解乳液聚合反应的基本方法和特点。

2.掌握醋酸乙烯酯-丙烯酸酯乳液共聚原理及配方中各组分作用。

3.了解醋酸乙烯酯的改性方法。

## 二、实验原理

由于聚醋酸乙烯酯性能较差，因此可以通过共聚来改善其性能。通常采用少量的丙烯酸酯与其共聚，得到的醋酸乙烯酯-丙烯酸酯共聚合乳液性能较为优良，可以作为中档涂料应用。

共聚采用主单体（第一单体）、次单体（第二单体），在乳化剂、引发剂作用下，共聚合成水包油形式的水剂型乳液聚合物。聚合反应式如下：

$$m\,CH_2{=}\underset{\displaystyle OCOCH_3}{\underset{|}{CH}} + n\,CH_2{=}\underset{\displaystyle COOCH_3}{\underset{|}{CH}} \longrightarrow \left[CH_2-\underset{\displaystyle OCOCH_3}{\underset{|}{CH}}\right]_m\left[CH_2-\underset{\displaystyle COOCH_3}{\underset{|}{CH}}\right]_n$$

## 三、仪器和试剂

1. 仪器：三口反应瓶，四口反应瓶，电动搅拌器，回流冷凝管，搅拌器，滴液漏斗，恒温水浴锅，温度计。

2. 试剂：丙烯酸丁酯 10mL，醋酸乙烯酯 40mL，十二烷基苯磺酸钠 2.5g，聚乙烯醇 2g，过硫酸铵 0.25g，蒸馏水 55g。

## 四、实验步骤

在装有搅拌器、回流冷凝管的三口反应瓶中依次加入 40g 蒸馏水、聚乙烯醇 2g 和十二烷基苯磺酸钠 2.5g，开动搅拌，升温至 85～90℃，待加入的物料全部溶解后，降温至 60℃以下。

将预先配制好的 46mL 醋酸乙烯酯和 4mL 丙烯酸丁酯混合单体，取其中的 5mL 加入三口反应瓶中。再配制过硫酸铵 0.25g 加 10g 蒸馏水，摇动或稍加热使之全部溶解后，将其中的 1/4 量加入三口反应瓶中，升温至 82℃反应 15min 后，将剩余的醋酸乙烯酯-丙烯酸丁酯混合单体倒入滴液漏斗，将滴液漏斗插入三口反应瓶中的一个口中，开始滴加，控制在 90min 滴加完毕（约 1 滴/s 的速度），其中在滴加到 30min 和 60min 时分别加入 1/2 量的剩余过硫酸铵水溶液。注意在加完过硫酸铵水溶液和醋酸乙烯酯-丙烯酸丁酯混合单体后，应分别用 5g 左右的蒸馏水洗涤盛装的容器，并将之加入三口反应瓶中。

当混合单体滴加完毕后，升温至 90℃继续反应 10～20min，继续搅拌，开始降温。当反应物料温度降至 50℃以下时，停止搅拌，出料。称量后，用 pH 试纸测产物的 pH 值，并加入几滴氨水，搅拌均匀后，再测 pH 值，直至 pH 值呈中性。然后再测产物黏度，计算产物的固体含量。固体含量计算公式如下：

$$固体含量=\frac{固体质量}{产物质量}\times 100\%$$

## 五、思考题

1. 分别写出本共聚合实验中的主单体、次单体、乳化剂、引发剂。为什么要加入第二单体？而加入的第二单体用量又如此之少？

2. 为什么反应中混合单体和过硫酸铵水溶液不是一次加入，而是先加入少量，然后采用滴加和分批加入？

3. 试叙述反应过程中搅拌速度快慢、温度高低对本实验的影响情况。

# 实验十二 离子交换树脂的制备

## 一、实验目的

1. 了解悬浮聚合工艺的特点。
2. 掌握悬浮聚合的操作过程。
3. 了解离子交换树脂制备的基本方法。
4. 了解离子交换树脂的分离原理和适用范围。

## 二、实验原理

离子交换树脂是分子结构中含有交换功能基团的高分子化合物。离子交换树脂的外形是不溶于水和其他溶剂的颗粒或透明珠状，从其结构分析，由三部分组成：交联的具有三维结构的网状骨架；连接在网状骨架上的功能基团；功能基团上吸附着的可交换离子。功能基团固定在网状骨架上，不能自由移动。而由它解离出的离子却能自由移动，称为可交换离子。可交换离子在不同的外界条件下能与周围的其他离子相互交换。通过一定的条件，使可交换离子与同类型离子进行反复的交换，达到浓缩、分离、提纯的目的。

通常，能解离出阳离子，并能与外界阳离子进行交换的树脂称为阳离子交换树脂，而能解离出阴离子，并能与外界阴离子进行交换的树脂称为阴离子交换树脂。

离子交换树脂不溶于水或其他溶剂，因此是交联度很高的高分子。聚苯乙烯离子交换树脂是由苯乙烯和二乙烯基苯在引发剂引发下，经悬浮聚合得到珠状聚合物，然后通过接枝反应，接上功能基团来得到。具体反应式如下：

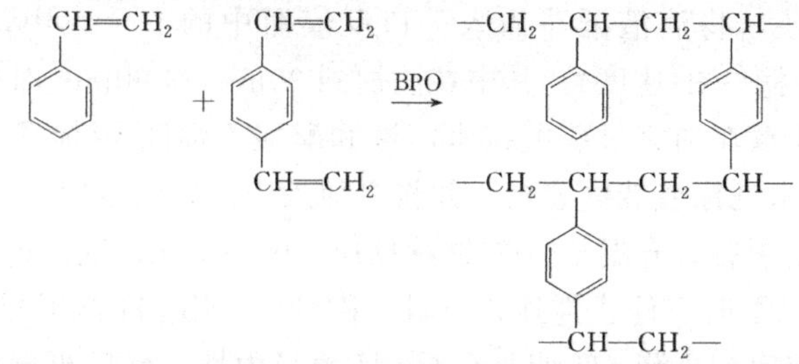

$CH{=}CH_2$ $CH{=}CH_2$ $—CH_2—CH—CH_2—CH—$
$+$ $\xrightarrow{BPO}$
$CH{=}CH_2$ $—CH_2—CH—CH_2—CH—$
$—CH—CH_2—$

将悬浮聚合得到的苯乙烯和二乙烯基苯珠状聚合物用硫酸处理，在苯环上引入磺酸基团，制得磺酸型阳离子交换树脂。具体反应式如下：

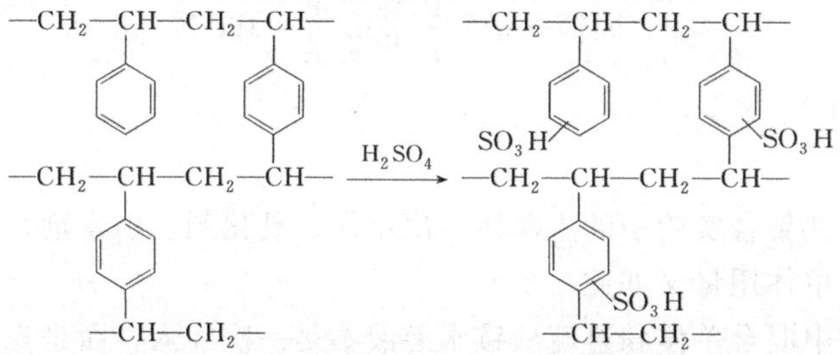

$—CH_2—CH—CH_2—CH—$ $—CH_2—CH—CH_2—CH—$
$SO_3H$ $SO_3H$
$—CH_2—CH—CH_2—CH—$ $\xrightarrow{H_2SO_4}$ $—CH_2—CH—CH_2—CH—$
$SO_3H$
$—CH—CH_2—$ $—CH—CH_2—$

为了使反应完全，一般先将苯乙烯和二乙烯基苯珠状聚合物置于二氯乙烷、三氯乙烷等溶剂中进行溶胀，然后再在低温下进行磺化反应，使磺酸基团在树脂中分布比较均匀，树脂也比较坚韧，不易破裂。

在磺化反应中，若使用硫酸浓度过高，则反应速率快，反应比较完全，但是树脂容易脆裂，外观颜色较深；若使用硫酸浓度较低（＜90%），则反应速率慢，而且磺化不完全，树脂交换容量低。比较适宜的硫酸用量为92%～94%。

磺化后的树脂称为H型离子交换树脂（交换基团为$—SO_3H$），该树脂储存稳定性差，通常采用氢氧化钠处理，此过程称为转型，转型后的树脂中，可交换的基团为$—SO_3Na$，储存稳定性较好。

离子交换树脂中可交换离子与外界离子的交换能力用交换容量来衡量。工业上采用的使用单位是：每克干树脂可交换离子的毫摩尔数（mmol/g）。磺酸型阳离子交换树脂的交换容量可以用以下方法测定。

将H型离子交换树脂与过量的NaCl溶液反应，产生HCl，然后用氢氧化钠标准溶液滴定所产生的HCl，以此来计算出树脂的交换容量。测定反应式如下：

$$-[CH-CH_2]_n-(C_6H_4SO_3H) + NaCl \longrightarrow -[CH-CH_2]_n-(C_6H_4SO_3Na) + HCl$$

$$HCl + NaOH \longrightarrow NaOH + H_2O$$

## 三、仪器和试剂

1. 仪器：三口烧瓶，四口烧瓶，球形冷凝管，搅拌器，温度计，接收瓶，分液漏斗，接收管，锥形瓶，滴定装置，毛细管，真空泵，水浴装置，布氏漏斗，培养皿，量筒，碱式滴定管。

2. 试剂：苯乙烯，氯化钠溶液，硫酸（92%～94%），二乙烯基苯，二氯乙烷，明胶溶液，亚甲基蓝溶液，酚酞指示剂，甲基橙指示剂，过氧化苯甲酰，氢氧化钠。

## 四、实验步骤

**1. 苯乙烯-二乙烯基苯珠状聚合物的制备**

在三口烧瓶上分别装上电动搅拌器、回流冷凝管和滴液漏斗，将50mL苯乙烯加入分离漏斗中，再加入10%的氢氧化钠溶液20mL，振荡摇匀，静置片刻使之分层，放去下层红色洗涤液，再依次洗涤、分离数次，直到洗涤液不显示红色为止。然后再用去离子水洗涤数遍，直至洗涤液显示为中性为止。

在500mL四口烧瓶上安装电动搅拌器、球形冷凝管、温度计等，加入200mL去离子水，加热至50℃，在搅拌的情况下加入3g明胶溶液、亚甲基蓝溶液1mL，体系呈蓝色，混合均匀后，将预先配制好的42g苯乙烯、8g二乙烯基苯和0.5g过氧化苯甲酰混合液全部倒入四口烧瓶中。

升温至80℃，保温反应2h。再升温至90℃，保温反应2h，直至反应体系的淡蓝色褪去，停止加热，降温，搅拌冷却至室温。

用布氏漏斗进行真空抽滤，并用80℃左右的热水淋洗两遍，再用冷水洗涤两遍，抽滤干后，将产物放于培养皿，调烘箱温度为80℃进行干燥至恒重，计算产率，放于干燥器中密闭储存。

**2. 苯乙烯-二乙烯基苯珠状聚合物的磺化**

在500mL四口烧瓶上安装电动搅拌器、球形冷凝管、温度计等，依次加入干燥苯乙烯-二乙烯基苯珠状聚合物40g、二氯乙烷20g、硫酸溶液100mL，静置溶胀1h。再加入92%的硫酸100mL，开动搅拌器，升温至80℃，保温反应2h。降温，搅拌冷却至室温，取下四口烧瓶，加入600mL冷水，缓慢摇晃。去除上面的水层，再用自来水洗涤数遍，直至上层水的pH=3为止。

将树脂转入250mL烧杯中，缓慢加入200mL 5%的氢氧化钠水溶液，搅拌10min左右，倒去上层的氢氧化钠水溶液，用自来水洗涤数遍直至中性，得到淡黄色的离子交换树脂。

将所得树脂放于培养皿，在烘箱中80℃的情况下干燥至恒重，并放于干燥器中密闭储存。

**3. 交换容量的测定**

取10g干燥的离子交换树脂，放入250mL烧杯中，加入1mol/L的盐酸溶液，搅拌5min左右，倒去上层的盐酸溶液，用去离子水洗涤2～3次，再分别用1mol/L的氢氧化钠溶液和1mol/L的盐酸溶液依次洗涤。

将树脂倒入布氏漏斗，用200mL的1mol/L的盐酸溶液淋洗。然后将树脂转入250mL烧杯中，用去离子水洗涤，直至中性。再移至布氏漏斗，用去离子水洗涤，直至洗涤液对甲基橙指示剂呈中性橙色为止，抽滤干。将树脂放于培养皿，在烘箱中105℃的条件下干燥至恒重，放于干燥器中冷却至室温。

准确称取干燥的离子交换树脂0.5g，放入250mL烧杯中，加入1mol/L的氯化钠溶液100mL，静置90min，加入3滴酚酞指示剂，用0.1mol/L氢氧化钠标准溶液滴定至终点，并做平行实验。

离子交换树脂的交换容量计算公式如下：

$$X=\frac{N\times V}{W}$$

式中　$X$——交换容量，mmol/g；

$N$——氢氧化钠标准溶液浓度，mol/L；

$V$——液滴消耗的氢氧化钠标准溶液的体积，mL；

$W$——树脂样品的质量，g。

## 五、注意事项

1. 树脂磺化反应时的温度不宜过高，反应后产物倒入冷水的速度不能太快，否则会造成树脂的破裂。

2. 树脂干燥的温度不能高于100℃，否则会使树脂焦化发黑，影响外观和使用效果。

3. 在测定树脂交换容量时，树脂与氯化钠要有充分的反应时间，否则会造成数据偏差。

## 六、思考题

1. 为什么要用交联的高分子制备离子交换树脂？可否用线型的高分子来制备离子交换树脂？

2. 使用过的离子交换树脂能否再生？如何处理才能再生？

3. 指出在实验中涉及了哪些高分子化合物的反应？

# 实验十三　苯乙烯与马来酸酐的交替共聚合

## 一、实验目的

1. 了解共聚合的基本原理和实验方法。

2. 了解开环酯化反应原理及其作用。

## 二、实验原理

带强推电子取代基的乙烯基单体与带强吸电子取代基的乙烯基单体组成的单体对进行共

聚合反应时容易得到交替共聚物。关于其聚合反应机理目前有两种理论。“过渡态极性效应理论”认为，在反应过程中，链自由基和单体加成后形成因共振作用而稳定的过渡态。以苯乙烯与马来酸酐共聚合为例，因极性效应，苯乙烯自由基更易与马来酸酐单体形成稳定的共振过渡态，因而优先与马来酸酐进行交叉链增长反应；反之，马来酸酐自由基则优先与苯乙烯单体加成，结果得到交替共聚物。

$$nCH_2{=}CH(C_6H_5) + nCH{=}CH(\text{马来酸酐环}:O{=}C{-}O{-}C{=}O) \longrightarrow \left[CH_2{-}CH(C_6H_5){-}CH{-}CH\right]_n$$

“电子转移复合物均聚理论”则认为，两种不同极性的单体先形成电子转移复合物，该复合物再进行均聚反应得到交替共聚物，这种聚合方式不再是典型的自由基聚合。

当这样的单体对在自由基引发下进行共聚合反应时：当单体的组成比为 1∶1 时，聚合反应速率最大；不管单体组成比如何，总是得到交替共聚物；加入 Lewis 酸可增强单体的吸电子性，从而提高聚合反应速率；链转移剂的加入对聚合产物分子量的影响甚微。

## 三、仪器和试剂

1. 仪器：装有搅拌器、冷凝管、温度计的三颈瓶 1 套，恒温水浴 1 套，抽滤装置 1 套。

2. 试剂：甲苯 75mL，苯乙烯 2.9mL，马来酸酐 2.5g，AIBN 0.005g。

## 四、实验步骤

在装有冷凝管、温度计与搅拌器的三颈瓶中分别加入 75mL 甲苯、2.9mL 新蒸苯乙烯、2.5g 马来酸酐及 0.005g AIBN，将反应混合物在室温下搅拌至反应物全部溶解成透明溶液，保持搅拌，将反应混合物加热升温至 85～90℃，可观察到有苯乙烯-马来酸酐共聚物沉淀生成，反应 1h 后停止加热，反应混合物冷却至室温后抽滤，所得白色粉末在 60℃下真空干燥后，称重，计算产率。比较聚苯乙烯与苯乙烯-马来酸酐共聚物的红外光谱。

## 五、思考题

1. 试推断以下单体对进行自由基共聚合时，何者容易得到交替共聚物？为什么？

(a) 丙烯酰胺/丙烯腈；(b) 乙烯/丙烯酸甲酯；(c) 三氟氯乙烯/乙基乙烯基醚

2. 马来酸酐自身很难聚合，但与苯乙烯共聚很容易，为什么？其共聚物结构如何？

3. 苯乙烯-马来酸酐共聚物不溶于稀碱，而与丁醇反应所得到的改性苯乙烯-马来酸酐共聚物可溶于稀碱，为什么？

## 六、共聚组成确定

可通过测定酸值的方法确定共聚物组成，具体操作如下：精确称取 0.10g 产物，在锥形瓶中用丙酮溶解，加 4 滴酚酞指示剂，用 0.1mol/L 的 KOH 标准溶液滴定至终点，再加入 2mL 0.1mol/L 的 KOH 溶液，塞进瓶口，放置 10min 后用 0.1mol/L 的 $H_2SO_4$ 标准溶液返滴至无色，并做空白实验。酸值计算公式如下：

$$\text{酸值} = \frac{V_1M_1 - 2V_2M_2 - V_3M_1}{m} \times 56.1$$

式中 $M_1$，$M_2$——KOH 和 $H_2SO_4$ 标准溶液物质的量浓度，mol/L；
$V_1$——滴定试样用去的 KOH 溶液的体积，mL；
$V_2$——$H_2SO_4$ 标准溶液的体积，mL；
$V_3$——空白实验消耗 KOH 溶液的体积，mL；
$m$——样品质量，mg。

# 实验十四 醋酸乙烯酯的溶液聚合

## 一、实验目的

1. 通过醋酸乙烯酯的溶液聚合，增强对溶液聚合的感性认识，进一步掌握溶液聚合的反应特点。

2. 通过本实验研究并掌握利用有机溶剂作为反应体系溶剂的注意事项和操作方法。

## 二、实验原理

溶液聚合是单体、引发剂在适当的溶剂中进行的聚合反应。根据聚合物在溶剂中溶解与否，溶液聚合又分为均相溶液聚合和非均相溶液聚合或沉淀聚合。

聚醋酸乙烯酯是涂料、胶黏剂的重要成分之一，同时也是合成聚乙烯醇的聚合物前体。聚醋酸乙烯酯可由本体聚合、溶液聚合和乳液聚合等多种方法制备。通常涂料或胶黏剂用聚醋酸乙烯酯由乳液聚合合成，用于醇解合成聚乙烯醇的聚醋酸乙烯酯则由溶液聚合合成。能溶解醋酸乙烯酯的溶剂很多，如甲醇、苯、甲苯、丙酮、三氯乙烷、乙酸乙酯、乙醇等，由于溶液聚合合成的聚醋酸乙烯酯通常用来醇解合成聚乙烯醇，因此工业上通常采用甲醇作为溶剂，这样制备的聚醋酸乙烯酯溶液不需要进行分离就直接用于醇解反应。

聚醋酸乙烯酯适于制造维尼纶，分子量的控制是关键。根据反应条件的不同，如温度、引发剂用量、溶剂等的不同，可得到相对分子质量从 2000 到几万的聚醋酸乙烯酯。聚合时，溶剂回流带走反应热，温度平稳。但由于溶剂引入，大分子自由基和溶剂易发生链转移反应使分子量降低。

本实验以甲醇为溶剂进行醋酸乙烯酯的溶液聚合。

## 三、仪器和试剂

1. 仪器：四口瓶，回流冷凝管，电动搅拌器，温度计，恒温水浴。
2. 试剂：醋酸乙烯酯，偶氮二异丁腈，甲醇。

## 四、实验步骤

1. 在装有搅拌器、回流冷凝管、温度计的干燥洁净的 250mL 四口瓶中，依次加入新精制过的醋酸乙烯酯 50mL（密度为 $0.9342g/cm^3$）、0.20g 偶氮二异丁腈和 25mL 甲醇（密度为 $0.7928g/cm^3$），在搅拌下水浴加热，使其回流（水浴温度控制在 70℃左右），反应温度控制在 65℃左右。

2. 当反应物变为黏稠，转化率在 50%左右时，加入 20mL 甲醇，使反应瓶中反应物稀释，然后将溶液慢慢倾入盛水的大搪瓷盘中。聚醋酸乙烯酯呈薄膜析出，待膜不黏结时，用水反复洗涤，晾干后，剪成碎片，放入烘箱内进行干燥，计算产率。

## 五、测聚合转化率

取一个干净的培养皿在天平上称取质量，从烧杯中取出约 3g 聚醋酸乙烯酯溶液，放于培养皿中称取质量，然后将装有聚醋酸乙烯酯溶液样品的培养皿放入烘箱，加热至 50℃干燥 4h，使溶剂和未反应的单体挥发干净，转化率 $X$ 为：

$$X=\frac{W_3}{(W_2-W_1)\times F}\times 100\%$$

式中　$X$——转化率，%；

$W_1$——培养皿质量，g；

$W_2$——培养皿和聚醋酸乙烯酯溶液质量，g；

$W_3$——干燥后的聚醋酸乙烯酯质量，g；

$F$——单体投料比。

## 六、注意事项

1. 水浴温度不宜过高，注意控制体系回流速度不要太快。
2. 掌握好反应程度，注意观察体系黏度。
3. 产物倒入瓷盘时要将其平铺，瓷盘中水量要适当，铺好后不要搅动。

## 七、思考题

1. 溶液聚合反应的溶剂应如何选择？
2. 本实验采用甲醇作溶剂是基于何种考虑？
3. 影响溶液聚合的因素有哪些？
4. 根据本实验条件及投料量，计算平均聚合度。

# 实验十五　苯乙烯-丙烯酸正丁酯复合乳液的制备

## 一、实验目的

1. 了解复合乳液聚合的特点。
2. 掌握制备核-壳结构复合聚合物乳液的方法。
3. 掌握批量法乳液聚合的制备工艺。

## 二、实验原理

合成复合聚合物乳液的方法实际上是种子乳液聚合（或称为多阶段乳液聚合），即首先通过一般乳液聚合制备第一单体的聚合物乳液作为种子乳液（核聚合），然后在种子乳液存在下，加入第二单体（或几种单体的混合物）继续聚合（壳聚合），这样就形成了以第一单体的聚合物为核、第二单体的聚合物为壳的核-壳结构的复合聚合物乳液，复合乳液聚合与种子乳液聚合的差别在于，前者是采用不同种单体，而后者采用同种单体。

如果以苯乙烯（St）为主单体，同时加入少量的丙烯酸（AA）单体进行核聚合，而以丙烯酸正丁酯（*n*-BA）为单体，同时加入少量的丙烯酸（AA）单体进行壳聚合，即得到以聚苯乙烯（PS）为核、聚丙烯酸正丁酯（PBA）为壳的核-壳结构的复合聚合物乳液。

## 三、仪器和试剂

1.仪器：四口瓶，回流冷凝管，滴液漏斗，温度计，电动搅拌器，移液管，恒温水浴。

2.试剂：苯乙烯，碳酸氢钠，丙烯酸正丁酯，邻苯二甲酸二丁酯，丙烯酸，壬基酚聚氧乙烯基醚（OP-10），过硫酸钾，十二烷基硫酸钠（SDS）。

## 四、实验步骤

### 1.单体预乳化

在装有搅拌器、回流冷凝管和温度计的250mL四口瓶中加入去离子水45mL、乳化剂十二烷基硫酸钠（SDS）0.2g、壬基酚聚氧乙烯基醚（OP-10）1.0g。水浴加热至50～60℃，搅拌，当乳化剂完全溶解后加入核单体（20mL苯乙烯和1mL丙烯酸），使单体乳化30～40min。倾倒出已预乳化的核单体备用。

在上述装置中加入去离子水15mL、乳化剂十二烷基硫酸钠（SDS）0.1g、壬基酚聚氧乙烯基醚（OP-10）0.2g。水浴加热至50～60℃，搅拌，当乳化剂完全溶解后加入壳单体（6.5mL丙烯酸正丁酯和0.5mL丙烯酸），使单体乳化30～40min。倾倒出已预乳化的壳单体备用。

### 2.种子乳液聚合（核聚合）

在上述装置中加入引发剂溶液8mL（称取0.4g过硫酸钾溶于20mL去离子水中，配制成2.0%的引发剂溶液，供两组使用），将已乳化的核单体倒入滴液漏斗中。将体系加热至80℃，并保持此温度，在搅拌下以半连续状态滴加已乳化的核单体。当体系中出现蓝色荧光时开始计时，1h后即可停止反应，此时得到的白色乳状液即种子乳液。

### 3.复合乳液聚合（壳聚合）

在上述种子乳液中补加引发剂溶液2mL，将已预乳化的壳单体倒入滴液漏斗中。以半连续状态滴加已乳化的壳单体，并控制反应温度在80℃左右，当壳单体滴加完后升温至90℃，保温，再反应1h聚合完毕。加入10%的碳酸氢钠溶液，调节体系的pH值为7～8，再加入2mL增塑剂邻苯二甲酸二丁酯，再搅拌15min，降温至40℃以下出料，即得以PS为核、PBA为壳的核-壳结构复合乳液。

## 五、注意事项

1.引发剂和乳化剂都是影响乳液聚合的重要因素，需要用分析天平准确称量，要计算引发剂的实际使用浓度。

2.乳化剂溶解过程中，搅拌速度不要太快，避免产生大量泡沫。

3.必须使乳化剂充分溶解至体系完全透明后才能加入单体。单体加入后，搅拌速度适当加快，使单体充分乳化后，才能加入引发剂，若乳化得不好，反应过程容易结块。

4.严格按照操作步骤进行实验，尤其注意应先加入引发剂，再升高温度。

5.出现蓝色荧光后继续反应 3h，可以先取出 2 滴乳液置于表面皿上，再加入 1 滴三氯化铝溶液，观察凝聚情况。如能立即凝聚呈固态，表明转化率已较高；如凝聚成浆状，可适当延长反应时间，否则由于转化率低而残留单体多，会给后处理带来麻烦。

6.在加入破乳剂三氯化铝溶液后，应立即用玻璃棒搅拌，否则凝聚不均匀，容易聚结成硬块。

## 六、思考题

1.为什么在加温溶解十二烷基磺酸钠后，要降温才能加入其他物料？若直接加入可以吗？会有什么后果？

2.为什么在聚合反应中，单体和引发剂不能一次加入，而要缓慢滴加？

# 实验十六　自由基共聚合竞聚率的测定

## 一、实验目的

1.了解单体浓度对自由基共聚合反应速率的影响。

2.掌握自由基共聚合的方法，学会竞聚率的测定。

## 二、实验原理

若两种单体 $M_1$ 和 $M_2$，共存于一个自由基聚合体系中，该体系应有以下四种链生长反应：

$$M_1\cdot + M_1 \xrightarrow{K_{11}} M_1M_1\cdot$$

$$M_1\cdot + M_2 \xrightarrow{K_{12}} M_1M_2\cdot$$

$$M_2\cdot + M_2 \xrightarrow{K_{22}} M_2M_2\cdot$$

$$M_2\cdot + M_1 \xrightarrow{K_{21}} M_2M_1\cdot$$

可以导出共聚物中两单体含量之比与上述四个速率常数以及共聚单体浓度的关系式：

$$\frac{d[M_1]}{d[M_2]}=\frac{\frac{K_{11}}{K_{12}}\times\frac{[M_1]}{[M_2]}+1}{1+\frac{K_{22}}{K_{21}}\times\frac{[M_2]}{[M_1]}}=\frac{\left(r_1\frac{[M_1]}{[M_2]}\right)+1}{1+\left(r_2\frac{[M_2]}{[M_1]}\right)} \tag{1}$$

式中，$r_1=K_{11}/K_{12}$，$r_2=K_{22}/K_{21}$，被定义为单体 $M_1$ 和 $M_2$ 的竞聚率。式(1) 即为共聚合方程。

通过简单的数学换算，式(1) 可以改写成各种更有用的形式。例如，以 $F$ 代替 $d[M_1]/d[M_2]$，并将单体 $M_2$ 的竞聚率 $r_2$ 写成单体 $M_1$ 的竞聚率 $r_1$ 的函数形式，可得到式(2)：

$$r_2=\frac{1}{F}\left(\frac{[M_1]}{[M_2]}\right)^2 r_1+\left(\frac{[M_1]}{[M_2]}\right)\left(\frac{1}{F}-1\right) \tag{2}$$

据此，可从实验数据求出单体的竞聚率 $r_1$ 与 $r_2$，式(2) 中 $F$ 及 $[M_1]$、$[M_2]$ 都可由实验测出（在转化率很低时，单体浓度可以投料时的浓度代替），对于每一组 $F$ 及单体浓度值，都可以根据式(2) 作出一条直线。因式(2) 中 $r_1$ 与 $r_2$ 都是未知数，作图时需首先人为地给 $r_1$ 规定一组数值，然后按式(2) 算出相应于各 $r_1$ 时的 $r_2$，再以 $r_2$ 对 $r_1$ 作图，便能得出一条直线，如果在不同的共聚单体浓度下做实验，就能得到若干条具有不同斜率和截距的直线。这些直线在图上相交点的坐标便是两单体的真实竞聚率 $r_1$ 和 $r_2$。

相似地，可将式(2) 写成式(3) 的形式：

$$\left(\frac{[M_1]}{[M_2]}\right)\left(\frac{1}{F}-1\right)=r_2-\frac{1}{F}\left(\frac{[M_1]}{[M_2]}\right)^2 r_1 \tag{3}$$

并以不同 $[M_1]$、$[M_2]$ 与 $F$ 值时计算所得的 $([M_1]/[M_2])(1/F-1)$ 对 $([M_1]/[M_2])^2/F$ 作图，直线的斜率应为 $r_1$，而截距即为 $r_2$（Fineman-Ross 法）。

因此，只要由实验测得不同 $[M_1]$ 与 $[M_2]$ 时的 $F$ 值，便可由作图法求出共聚单体的 $r_1$ 与 $r_2$ 值。为精确起见，实验常常是在低转化率时结束。在低转化率下，$[M_1]$ 与 $[M_2]$ 可由投料组成决定，剩下的工作就只有共聚物中两共聚单体成分的含量比 $F$ 值的测定了。

有许多方法可以用来测定共聚物中各单体成分的含量。本实验介绍用紫外分光光度法和红外光谱法测定共聚物组成的原理和方法。

用红外光谱测定共聚物组成时，假定共聚物中某单体成分的含量 $c$ 与该成分在某红外线波长上的吸收度 $A$ 的关系符合 Beer 定律：

$$A=\varepsilon bc \tag{4}$$

式中，$b$ 为样品厚度；$\varepsilon$ 为所测成分的摩尔吸收系数，$\varepsilon$ 可由该单体的均聚物在同一波长上的吸收度 $A$ 和均聚物中单体结构单元的物质的量浓度求得。于是 $b$ 和 $\varepsilon$ 为已知，只要测定各共聚物样品在同一波长上的吸收度 $A$，便可算出共聚物中该单体的物质的量浓度 $c$。

用紫外光谱测定共聚物组成时，先用两个单体的均聚物作出工作曲线。其过程是：将两均聚物按不同配比溶于一种共同溶剂中制成一定浓度的高分子共混物溶液，然后用紫外分光光度计测定某一特定波长下的摩尔消光系数。在该波长下共混物溶液的摩尔消光系数 $K$ 与两均聚物的摩尔消光系数 $K_1$ 与 $K_2$ 应有如下关系式：

$$K=\frac{x}{100}K_1+\frac{100-x}{100}K_2=K_2+\frac{K_1-K_2}{100}x$$

式中，摩尔消光系数为 $K_1$ 的均聚物在共混物中所占的摩尔百分含量以 $x/100$ 表示，另一均聚物的摩尔百分含量为 $(100-x)/100$，其摩尔消光系数为 $K_2$。由含不同 $x$ 值的共混物的 $K$ 值对 $x$ 作图所得直线即为工作曲线。今假定共聚物中两单体成分的含量及其摩尔消光系数的关系满足上式，则可由在相同实验条件下测得的共聚物的摩尔消光系数 $K$ 从工作曲线上找到该共聚物的组成 $x$ 值。

表 1 比较了不同方法测得的几个苯乙烯与甲基丙烯酸甲酯的共聚物样品中甲基丙烯酸甲酯的百分含量。

**表 1　共聚物样品中甲基丙烯酸甲酯的百分含量**

| 样品 | 共聚物中 MMA 的百分含量/% | | | | |
|---|---|---|---|---|---|
| | 元素分析 | 红外法 | 紫外法 | 核磁共振 | 折射率 |
| 1 | 74.4 | 74.0 | 78.5 | 73.5 | 72.8 |
| 2 | 58.1 | 53.0 | 57.7 | — | 57 |
| 3 | 42.2 | 41.0 | 48.5 | 40.2 | 41.5 |
| 4 | 23.0 | 23.5 | 28.7 | 24.1 | 21.5 |

## 三、仪器和试剂

1. 仪器：紫外分光光度计（或红外光谱仪），注射器，恒温水浴（80℃）。

2. 试剂：苯乙烯，甲基丙烯酸甲酯，偶氮二异丁腈，氯仿，甲醇。

## 四、实验步骤

1. 用紫外分光光度计测定苯乙烯和甲基丙烯酸甲酯两单体在自由基共聚合时的竞聚率

制备一组配比不同的聚苯乙烯和聚甲基丙烯酸甲酯的混合物的氯仿溶液。溶液中聚合物组成单元的总浓度为 $10^{-3}$mol/L，各溶液中两聚合物的组成单元的物质的量比见表 2。

**表 2　组成单元的摩尔比**

| 样品 | PMMA | PS | 消光系数 |
|---|---|---|---|
| 1 | 0 | 100 | |
| 2 | 20 | 80 | |
| 3 | 40 | 60 | |
| 4 | 60 | 40 | |
| 5 | 70 | 30 | |
| 6 | 100 | 0 | |

用紫外分光光度计测定波长为 265nm 处的摩尔消光系数，根据测定结果作出工作曲线。

制备共聚物样品的方法是：取五支 15mm×200mm 试管，洗净，烘干，塞上翻口塞。在翻口塞上插入两根注射针头，一根通入氮气，一根作为出气孔。将 200mg 偶氮二异丁腈（AIBN）溶解在 10mL 甲基丙烯酸甲酯（MMA）中作为引发剂。

用注射器在编好号码的五支试管中分别加入如下数量的新蒸馏的 MMA 和 St（表 3）。

**表 3　数据记录**

| 试管号 | 单体 MMA/mL | 单体 St/mL |
|---|---|---|
| 1 | 3 | 16 |
| 2 | 7 | 12 |
| 3 | 11 | 8 |
| 4 | 13 | 6 |
| 5 | 19 | |

用一支 1mL 的注射器向每支试管内注入 1mL 引发剂溶液。将五支试管同时放入 80℃ 恒温水浴中并记录时间，从 1 号到 5 号五支试管的聚合时间分别为 15min、15min、30min、30min、15min。

用自来水冷却每支由水浴中取出的试管，倒入 10 倍量的甲醇中将聚合物沉淀出来。聚合物经过滤抽干后溶于少量氯仿，再用甲醇沉淀一次。将聚合物过滤出来并放入 80℃ 真空烘箱中干燥至恒重。

将所得各聚合物样品制成约 $10^{-3}$mol/L 氯仿溶液，在 265nm 波长测定溶液的吸光度 $K$，对照工作曲线求出各聚合物的组成，然后按式(2) 或式(3) 用作图法求 $r_1$ 与 $r_2$。

2. 用红外光谱测定苯乙烯和甲基丙烯酸甲酯两单体在自由基共聚合时的竞聚率

共聚物样品制备同上述实验步骤 1，其中样品 5 为 MMA 的均聚物。

将各个样品制成浓度为 0.25g/10mL 的聚合物氯仿溶液。

将样品溶液放在红外光谱用液体池中，而在参考池中放入溶剂氯仿，用红外光谱仪测定样品在 5.7 μm 处的吸收，参照图 1 确定各样品的吸收度。

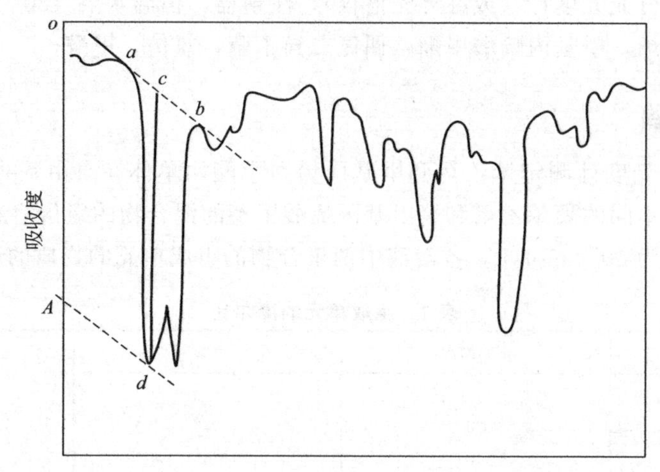


图 1　求样品吸收度示意图（连接 $ab$，作峰高 $cd$，连接 $c$ 与 $o$ 点，通过 $d$ 点作 $co$ 的平行线与吸收轴相交于 $A$ 点，$A$ 点所标吸收值即为样品在该吸收峰处的吸收）

根据样品（均聚物及共聚物）的吸收度和式(4) 求出各样品的组成。

## 五、思考题

1. 叙述测定共聚合单体竞聚率的各种方法并对照它们的优缺点。

2. 为什么有些不能均聚合的单体可以参加共聚合？

3. 苯乙烯与甲基丙烯酸甲酯两共聚单体在自由基共聚合与离子型共聚合中表现出不同的竞聚率，试解释其原因。

**附表　常用单体的竞聚率**

| $M_1$ | $M_2$ | $T$/℃ | $r_1$ | $r_2$ | $r_1r_2$ |
|---|---|---|---|---|---|
| | 5 | 0.75 | 0.85 | 0.64 | 5 |
| | 50 | 1.35 | 0.58 | 0.78 | 50 |
| | 60 | 1.39 | 0.78 | 1.08 | 60 |
| 丁二烯 | 40 | 0.3 | 0.02 | 0.01 | 40 |
| | 90 | 0.75 | 0.25 | 0.19 | 90 |
| | 5 | 0.76 | 0.05 | 0.04 | 5 |
| | 50 | 8.8 | 0.035 | 0.31 | 50 |
| | 50 | 0.80 | 1.68 | 1.34 | 50 |
| | 60 | 0.40 | 0.04 | 0.02 | 60 |
| | 60 | 0.52 | 0.46 | 0.24 | 60 |
| 苯乙烯 | 60 | 0.75 | 0.2 | 0.15 | 60 |
| | 60 | 1.85 | 0.085 | 0.16 | 60 |
| | 60 | 17 | 0.02 | 0.34 | 60 |
| | 60 | 55 | 0.01 | 0.55 | 60 |

续表

| $M_1$ | $M_2$ | $T$/℃ | $r_1$ | $r_2$ | $r_1r_2$ |
|---|---|---|---|---|---|
| 丙烯腈 | 80 | 0.15 | 1.224 | 0.18 | 80 |
| | 50 | 1.5 | 0.84 | 1.26 | 50 |
| | 60 | 0.91 | 0.37 | 0.34 | 60 |
| | 60 | 2.7 | 0.04 | 0.11 | 60 |
| | 50 | 4.2 | 0.05 | 0.21 | 50 |
| 甲基丙烯酸甲酯 | 130 | 1.91 | 0.504 | 0.96 | 130 |
| | 60 | 2.35 | 0.24 | 0.56 | 60 |
| | 68 | 10 | 0.1 | 1.00 | 68 |
| | 60 | 20 | 0.015 | 0.30 | 60 |
| 丙烯酸甲酯 | 45 | 4 | 0.06 | 0.24 | 45 |
| | 60 | 9 | 0.1 | 0.90 | 60 |
| 氯乙烯 | 60 | 1.68 | 0.23 | 0.39 | 60 |
| | 68 | 0.1 | 6 | 0.60 | 68 |
| 醋酸乙烯酯 | 130 | 1.02 | 0.97 | 0.99 | 130 |
| 马来酸酐 | 50 | 0.04 | 0.015 | 0.00 | 50 |
| | 60 | 0.08 | 0.038 | 0.00 | 60 |
| | 60 | 0.03 | 0.03 | 0.00 | 60 |
| | 60 | 0 | 6 | 0.00 | 60 |
| | 75 | 0.02 | 6.7 | 0.13 | 75 |
| | 75 | 0.02 | 2.8 | 0.06 | 75 |
| | 75 | 0.055 | 0.003 | 0.00 | 75 |
| 四氟乙烯 | 60 | 1.0 | 1 | 1.00 | 60 |
| | 80 | 0.85 | 0.15 | 0.13 | 80 |
| | 80 | 0.3 | 0.0 | 0.00 | 80 |

# 第三部分 离子型聚合和开环聚合实验

## 实验一 离子型引发剂甲醇钠的制备

### 一、实验目的

1. 掌握实验室少量甲醇钠的制备方法。
2. 掌握甲醇钠的甲醇溶液浓度分析方法。

### 二、实验原理

甲醇钠（sodium methoxide）是固体，白色粉末状，易燃。具有强烈的腐蚀性。易溶于甲醇和乙醇。甲醇钠具有广泛的用途，在催化缩聚、分子重排、双键加成等多种反应中均有应用。在高分子实验中是重要的引发剂。反应式如下：

$$2CH_3OH + 2Na \longrightarrow 2CH_3ONa + H_2\uparrow$$

### 三、仪器和试剂

1. 仪器：集热式磁力搅拌器，锥形瓶，球形回流冷凝管。
2. 试剂：甲醇，金属钠，酚酞，盐酸标准溶液。

### 四、实验步骤

1. 组装好实验装置，量取无水甲醇 50mL，加入带有回流冷凝管的 250mL 锥形瓶中，在集热式磁力搅拌器上用水浴缓慢加热，在不断搅拌的情况下，保证体系受热均匀。

2. 观察到甲醇开始回流后，称取用滤纸擦洗干净的金属钠 4g，用小刀切成小块，缓慢地从回流冷凝管上端加入锥形瓶中，逐粒逐粒地加入，观察到放出的热扩散后再加，防止体系发生暴沸现象。

3. 加入金属钠以后，继续回流反应约 1h，停止加热，冷却后收集溶液备用。

4. 甲醇钠溶液的标定。用移液管吸取甲醇钠溶液 5mL，放入锥形瓶中，再加入两滴酚酞，用已知浓度的盐酸溶液滴定至红色消失。计算甲醇钠溶液的浓度。确定后面使用时的用量。

### 五、思考与讨论

1. 本实验要求甲醇钠只能少量制备，为什么？

2. 工业中常用固体氢氧化钠与甲醇混合制备，查阅相关参考资料，进一步确定生产工艺。

# 实验二　阴离子聚合引发剂烷基钠的制备

## 一、实验目的

1. 了解阴离子聚合引发剂的特点和制备方法。
2. 掌握阴离子聚合引发剂的测定方法。

## 二、实验原理

阴离子聚合的引发剂种类很多，常见的有碱金属、碱金属烷基化合物、碱金属醇化物。格氏试剂、胺类化合物等。不同的引发剂制备方法不尽相同，性能不同，引发机理也不相同。根据引发机理，阴离子引发剂可分为亲核引发和电子转移引发两类。

在亲核引发类别中，烷基锂是使用最多的。其引发活性高，反应速率快，除了甲基锂以外，其他烷基锂引发剂均可溶解在烃类溶剂中。其中，丁基锂是最常用的一种引发剂，丁基锂在常温下是液体，常能溶解在己烷中。烷基锂在非极性溶剂中呈缔合状态，在多数情况下形成四聚体或六聚体，这些引发剂的多聚体碳阴离子亲核性随缔合度增大而减小，使阴离子聚合的反应级数出现分数，并导致分子量分布变宽。在极性溶剂中，烷基锂的缔合现象完全消失，引发活性增加，聚合物的分子量分布较窄。因此要得到分子量窄分布的聚合物，应将烷基锂溶于极性溶剂中进行聚合反应。

萘-钠体系是电子转移引发的一个典型例子。引发反应包括萘自由基阴离子的生成、萘自由基阴离子将电子转移给单体使单体形成自由基阴离子、两个单体自由基阴离子偶合成为双阴离子。萘-钠自由基阴离子在极性溶剂（如四氢呋喃）中是稳定的，而在非极性溶剂中不稳定，如以苯为溶剂替换四氢呋喃，则萘-钠自由基阴离子活性中心离子对将分解成萘和钠而析出。除萘外，蒽、酮类和亚甲基胺类等也可作为电子转移媒介剂。电子转移引发的增长链均具有两个活性中心。

阴离子引发剂在制备和长期放置过程中，由于种种原因，部分引发剂会被终止而失去引发活性，因此在聚合反应之前需采用双滴定法测定其浓度，以了解其准确用量。一般先将引发剂溶液与水反应，用酸标准溶液滴定总碱量，再将引发剂与干燥的卤代烷反应，用酸标准溶液滴定非引发剂的碱量，两者之差为引发剂的碱量。

阴离子引发剂对水汽和空气都很敏感，容易与许多化合物发生反应而失效，因此应在无水、惰性气氛和无活泼杂质条件下进行制备和存放。

本实验制备萘-钠引发剂，并测定其浓度。

## 三、仪器和试剂

1. 仪器：三口烧瓶，氮气发生器，铁架台，单口烧瓶，球形冷凝管，锥形瓶，磁力搅拌器，真空泵。

2. 试剂：萘，钠，四氢呋喃，无水甲醇，二溴乙烷，盐酸，无水碳酸钠，氢氧化钾，氢化铝锂。

## 四、实验步骤

1.用纯水配制约0.3mol/L的盐酸溶液500mL置于试剂瓶中，准确称取一定量的无水碳酸钠，对配制的盐酸溶液进行标定，记录盐酸溶液的准确浓度。

2.将分析纯的四氢呋喃试剂100mL加入250mL磨口锥形瓶中，加入10g氢氧化钾干燥2～3天后过滤。将滤液进行重新蒸馏后取10%～85%的滤液备用。

3.在三口烧瓶上装上球形冷凝管、抽真空装置、通氮气管，放置在磁力搅拌器上。需要注意的是，利用真空接收头组装成抽真空装置时，上部必须用橡胶塞塞住，不能用磨口玻璃塞，通氮气入口用橡胶塞和细玻璃管组成，玻璃管长度以刚接触液面为宜，冷凝管上部同样用橡胶塞塞住。

4.打开真空泵，抽真空2min，然后通入氮气3min，反复进行3～5次，直到反应器中形成高纯氮气氛围为止。

5.在通氮气的条件下，打开橡胶塞，加入2.3g(0.1mol）钠于三口烧瓶中，再加入干燥并新蒸馏过的四氢呋喃40mL，然后再加入14.4g(0.12mol）萘，继续缓慢通氮气，将接真空接口与真空泵断开，用乳胶管和止水夹堵住，在冷凝管上部橡胶塞中插入一根针头与大气相通。

6.在室温下反应6h，观察体系颜色的变化，最后为深绿色溶液。停止反应，在氮气保护下用注射器将引发剂转移到密封容器中备用。

7.取两个洗净干燥的150mL锥形瓶，向其中通入3min氮气置换内部空气后立即用橡胶塞塞紧瓶口，用注射器向两只烧瓶加入等量的引发剂，约10mL。

8.向一个锥形瓶中用注射器加入5mL无水甲醇，反应约15min。待反应结束后，打开橡胶塞，用20mL纯水洗涤烧瓶壁，加入2～3滴酚酞指示剂，用盐酸标准溶液滴定，记录消耗盐酸溶液的体积（$V_1$，mL）。

9.在另一只烧瓶的橡胶塞上插入一根注射针头作为出气口，用注射器缓慢加入5mL二溴乙烷，反应约15min。待反应结束后，打开橡胶塞，用20mL纯水洗涤锥形瓶壁，加入2～3滴酚酞指示剂，用盐酸标准溶液滴定，记录消耗盐酸的体积（$V_2$，mL）。

注意：本实验必须在通风橱中进行。

## 五、数据处理

引发剂的浓度由下式计算：

$$\text{引发剂浓度}=\frac{(V_1-V_2)\times c}{V_0}$$

式中　$c$——标定后的盐酸溶液浓度，mol/L；

$V_0$——实际取用引发剂的体积，mL。

## 六、思考与讨论

1.在引发剂的制备过程中，将抽真空系统停止，直接在冷凝管上部插入针头的作用是什么？

2.在引发剂的制备过程中，用橡胶塞塞住磨口塞的口，为什么不能用玻璃塞？

3.引发剂与二溴乙烷反应，为什么要在塞子上插入注射针头作为出气口？

# 实验三　苯乙烯的阳离子聚合

## 一、实验目的

1. 了解苯乙烯阳离子聚合机理。

2. 掌握阳离子溶液聚合方法。

## 二、实验原理

阳离子型聚合是用酸性催化剂所产生的阳离子引发，使单体形成离子，然后通过阳离子形成大分子，苯乙烯在 $SnCl_4$ 作用下进行阳离子聚合。

**1. 链引发**

$$SnCl_4 + CH_2{=}CH(C_6H_5) \longrightarrow SnCl_4^- {-}CH_2{-}CH(C_6H_5){-}CH_2{-}\overset{+}{C}H(C_6H_5)$$

**2. 链增长**

$$SnCl_4^- {-}CH_2{-}CH(C_6H_5){-}CH_2{-}\overset{+}{C}H(C_6H_5) + (n-1)CH_2{=}CH(C_6H_5) \longrightarrow SnCl_4^- {\left[CH_2{-}CH(C_6H_5)\right]}_n CH_2{-}\overset{+}{C}H(C_6H_5)$$

**3. 链终止**

$$SnCl_4^- {\left[CH_2{-}CH(C_6H_5)\right]}_n CH_2{-}\overset{+}{C}H(C_6H_5) \longrightarrow CH_3{-}CH(C_6H_5){\left[CH_2{-}CH(C_6H_5)\right]}_{n-1} CH{=}CH(C_6H_5) + SnCl_4$$

在这一反应中，聚合的初速率与苯乙烯浓度的平方及生成的 $SnCl_4$ 浓度成正比，聚合物的分子量与苯乙烯的浓度成正比，而与催化剂的浓度无关。反应进行得很剧烈，必须使用溶剂，催化剂应逐渐加入，苯乙烯的浓度不应超过 25％。

## 三、仪器和试剂

1. 仪器：温度计，水浴锅，三口烧瓶，回流冷凝管，电动搅拌器。

2. 试剂：苯乙烯（干燥的，新蒸馏过的）35g，$SnCl_4$（干燥的，真空蒸馏过的）0.8g，$CCl_4$（干燥的）100mL，甲醇或乙醇（工业）500mL。

## 四、实验步骤

如图 1 所示，在三口烧瓶中加入 100mL 四氯化碳和 35g 新蒸馏的苯乙烯，烧瓶放入水浴中，开动搅拌器，用滴管逐渐加入 $SnCl_4$ 0.8g。催化剂加入后，经过一段时间的诱导期以后开始聚合。调节水浴温度，使反应温度稳定在 25℃下进行聚合，聚合反应进行 3h 后，将聚合物溶液在大量醇溶液中进行沉析，然后在布氏漏斗上进行分离，聚合物用醇洗涤多次，在空气中进行初步干燥后，在真空烘箱内 60～70℃干燥至恒重。

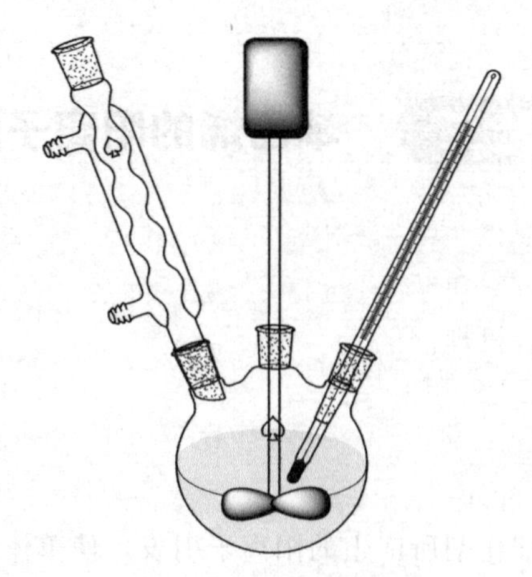

图1　苯乙烯的聚合装置

## 五、实验结果与讨论

1. 计算聚合物的收率。
2. 测定聚合物的分子量。

# 实验四　苯乙烯的阴离子聚合

## 一、实验目的

1. 掌握苯乙烯的阴离子聚合方法。
2. 了解苯乙烯的阴离子聚合反应机理。

## 二、实验原理

$$n\,\underset{\displaystyle C_6H_5}{CH}{=}CH_2 \xrightarrow{n\text{-}C_4H_9Li} {-\!\!\!\{}\underset{\displaystyle C_6H_5}{CH}{-}CH_2{\}\!\!\!-}_n$$

用 $n$-$C_4H_9Li$ 催化剂进行苯乙烯阴离子聚合。其链引发和链增长如下。

链引发是催化剂分子中负离子与单体加成，形成碳阴离子活性中心，引发速率很快，生成苯乙烯阴离子，呈红色。

$$n\,\underset{\displaystyle C_6H_5}{CH}{=}CH_2 + n\text{-}C_4H_9Li \longrightarrow CH_4CH_9{-}CH_2{-}\underset{\displaystyle C_6H_5}{CH^-}\ Li^+$$

引发反应所生成的活性中心，继续与单体加成，形成活性增长链。

$$CH_4CH_9{-}CH_2{-}\underset{\displaystyle C_6H_5}{CH^-}\ Li^+ \ + \ n\,\underset{\displaystyle C_6H_5}{CH}{=}CH_2 \longrightarrow C_4H_9{-\!\!\!\{}CH_2{-}\underset{\displaystyle C_6H_5}{CH}{\}\!\!\!-}_nCH_2{-}\underset{\displaystyle C_6H_5}{CH^-}\ Li^+$$

该活性链在无水无氧、完全不存在任何转移剂情况下是不会终止的，所以阴离子聚合是无终止反应。如果再加入新的苯乙烯单体，链继续增长，黏度很快增大，为“活性”高聚物，其聚合速率可以直接用下式表示：

$$R_p=k_p[M^-][M]$$

式中，[M] 为单体浓度；[$M^-$] 为活性链浓度，可以用加入的催化剂的浓度表示。

阴离子聚合反应速率比自由基聚合速率大很多，这是由于活性中心的浓度不同所致。在一般情况下，阴离子聚合时高分子活性链的浓度 [$M^-$] 为 $10^{-3}$～$10^{-2}$mol/L，而自由基聚合反应的活性浓度为 $10^{-9}$～$10^{-7}$mol/L，所以一般阴离子反应速率比自由基聚合速率大 $10^4$～$10^7$ 倍。

阴离子聚合的活性中心有离子对、自由阴离子或离子对和自由阴离子共同存在。在不同溶剂中存在平衡关系：

$$A^{-+}B \rightleftharpoons A^-/^+B \rightleftharpoons A^- + B^+$$

离子对　　溶剂化离子　　自由离子

溶剂极性增加 →

极性溶剂有利于自由离子，非极性溶剂则倾向离子对反应，因此溶剂对聚合速率有显著影响。

聚合物的平均聚合度 $\overline{X}_n$ 由单体投料浓度 [M] 和引发剂浓度 [C] 来计算。

$$\overline{X}_n=\frac{[M]}{[C]}$$

如果链增长是通过双阴离子活性中心进行，则：

$$\overline{X}_n=\frac{2[M]}{[C]}$$

所得聚合物分子量分布很窄，是单分散性。

其链终止如下。

$$C_4H_9\text{-}[CH_2-CH(C_6H_5)]_n\text{-}CH_2-CH^-(C_6H_5)\ Li^+ \; + \; CH_3OH \longrightarrow C_4H_9\text{-}[CH_2-CH(C_6H_5)]_n\text{-}CH_2-CH_2(C_6H_5)$$

阴离子聚合所制备的聚苯乙烯常用作标样。

## 三、仪器和试剂

1.仪器：真空油泵，听诊橡胶管，止血钳，注射器和长针头，氮气流干燥系统。

2.试剂：苯乙烯，正丁基锂溶液，环己烷，纯氮（99.99%），3A 分子筛。

## 四、实验步骤

把苯乙烯（聚合级）用无水氯化钙干燥数天，减压蒸馏，储存于棕色瓶中。把环己烷（化学纯）用分子筛干燥蒸馏。实验前须将无水环己烷和苯乙烯进行脱氧通氮，在氮气保护下，储藏备用。

取大试管一支，配上单孔橡胶塞和短玻璃管及一段听诊橡胶管，接上氮气流干燥系统。抽真空通氮气，反复三次，以排除试管中的空气，在减压下用止血钳夹住橡胶管，用注射器注入 8mL 环己烷和 2mL 苯乙烯，摇匀，用注射器先缓慢注入少量 $n$-$C_4H_9Li$，不时摇动，以消除体系中残余杂质，接着加入预先设计计算好的 $n$-$C_4H_9Li$ 量（按所要产物分子量计算）。此时溶液立即变成红色（为苯乙烯阴离子的颜色），在 50℃热浴中加热 30min，取出，注入 0.5mL 甲醇终止反应，红色很快消失。把聚合物溶液在搅拌下加到 50mL 甲醇中使其沉淀，抽滤得到白色聚苯乙烯，在50℃烘箱中烘干，再放在50℃真空干燥箱中恒重，计算转化率。用凝胶渗透色谱仪（GPC）测产物的分子量和分子量分布，并与自由基聚合方法得到的聚苯乙烯的GPC图相比较。

### 五、注意事项

1. 所用仪器必须洁净并绝对干燥。
2. 反应体系必须保持无水无氧。
3. 所用氮气的纯度要达到99.99%。

## 实验五　四氢呋喃阳离子开环聚合

### 一、实验目的

1. 加深对离子型开环聚合原理的理解。
2. 掌握开环聚合的实验室操作。

### 二、实验原理

环醚类单体的阳离子开环聚合的引发剂主要有质子酸（如 $H_2SO_4$、$HClO_4$ 等）和 Lewis 酸（如 $BF_3$、$AlCl_3$、$SnCl_4$ 等）。四氢呋喃的聚合活性较低，用一般的引发剂只能得到相对分子质量为几千的聚合物，而且聚合速率较低。以往增加四氢呋喃聚合速率的方法是在体系中加入一些活性较大的环醚作为促进剂，如环氧乙烷。Lewis 酸和环氧乙烷反应，生成更活泼的仲和叔氧离子，继而引发活性小的四氢呋喃（THF）单体聚合。其主要反应式如下：

$$\text{(ethylene oxide)} \longrightarrow H\overset{+}{O}\text{(ethylene oxide ring)}\,A^- \xrightarrow{THF} HOCH_2CH_2-\overset{+}{O}\text{(THF ring)}\,A^-$$

$$HOCH_2CH_2-\overset{+}{O}\text{(ethylene oxide ring)}\,A^- \xrightarrow{THF} H(OCH_2CH_2)_2-\overset{+}{O}\text{(THF ring)}\,A^-$$

近年来，发展了一种用高氯酸银-有机卤化物为引发体系的聚合方法，可制得分子量较高的聚四氢呋喃，而且聚合速率也有所提高。

与高氯酸银配合引发四氢呋喃开环聚合的有机卤化物有氯苄、溴苄、溴丙烯、甲酰氯等，其引发、增长过程为：

$$\text{O(THF ring)} + HX \longrightarrow H-\overset{+}{O}\text{(THF ring)}\,X^-$$

$$\sim\overset{+}{O}\text{(THF ring)}\,X^- + \text{O(THF ring)} \longrightarrow \sim OCH_2CH_2CH_2CH_2-\overset{+}{O}\text{(THF ring)}\,X^-$$

加入苯胺等碱性化合物，可使聚合终止。

与自由基聚合相比，离子型聚合的速率要快得多，因此，常常在低温下进行。

### 三、仪器和试剂

1. 仪器：盐水瓶100mL三只，翻边橡胶塞三只，注射器25mL一只，烧杯150mL一支，微量注射器0.5mL一支，注射针头长、短各三支，布氏漏斗80mL一只，低温冰箱，硅胶干燥器，离心机，恒温水浴槽，真空装置，真空烘箱，氮气球。

2. 试剂

| 名称 | 试剂 | 规格 | 用量 |
| --- | --- | --- | --- |
| 单体 | 四氢呋喃 | AR | 100mL |
| 引发剂 | 溴苄 | AR | 0.4mL |
| 溶剂 | 高氯酸银 | AR | 0.5g |
| 硅胶密封胶 | 苯胺 | AR | 5mL |

## 四、实验步骤

1. 从干燥器中取出两只干燥好的盐水瓶，迅速塞上翻边橡胶塞。再取出另一只迅速称入0.5g高氯酸银，塞上翻边橡胶塞。每只盐水瓶上插上一长一短两支针头。将氮气球出气管与针头连接，通氮气排氧气至少15min。

2. 在氮气保护下，用注射器取25mL四氢呋喃注入装有高氯酸银的盐水瓶，然后拔去针头，用硅胶密封针眼，摇动，使之充分溶解。同样在通氮气下向另一只盐水瓶中也注入25mL干燥的四氢呋喃，再用微量注射器移入0.4mL溴苄。拔去针头，用硅胶密封针眼，摇动使之溶解。

3. 用注射器从上述两个瓶中各吸取15mL四氢呋喃溶液，通氮气下加入另一只空的盐水瓶中。然后拔去针头，用硅胶密封针眼，摇匀。体系立即产生溴化银沉淀。

4. 将盐水瓶放入－15℃冰箱中进行聚合反应。经过40h后取出，加入5mL苯胺和30mL四氢呋喃。不断摇动使之溶解。

5. 将已溶解均匀的聚四氢呋喃溶液转入离心机中，离心除去溴化银。溶液再经布氏漏斗抽滤。

6. 将滤液转入烧杯中，置于80℃恒温水浴中蒸出四氢呋喃，得到白色蜡状固体。然后放入40℃真空箱中干燥至恒重。

## 五、结果与讨论

1. 假如将实验中的助引发剂改成溴丙烯，试计算溴丙烯的用量。

2. 如果希望通过四氢呋喃阳离子开环聚合得到端基为羟基的聚醚，工艺上可采取什么措施？

3. 假定本实验的聚合反应中，引发速率远远大于增长速率，并且相对分子质量随转化率逐步增加，试计算当单体100%转化时的相对分子质量。

4. 阳离子开环聚合的特点有哪些？

# 实验六　正丁基锂的制备和乙烯基类单体的阴离子聚合

## 一、实验目的

1. 了解烯类单体负离子聚合的特点。

2.掌握正丁基锂的制备方法。

## 二、实验原理

生长链是负离子的聚合称为负离子聚合，其主要的引发体系有两类：一类为亲核加成反应，以丁基锂为代表；另一类为单电子转移反应，以萘钠为代表。它们引发烯类单体聚合的机理分别表示如下：

$$C_4H_9—Li^+ + CH_2═CH(X) \longrightarrow C_4H_9CH_2—\bar{C}H(X)Li^+ \longrightarrow \cdots\cdots$$

$$Na + \text{萘} \xrightarrow{e} Na^+ (\text{萘}^{\cdot -})$$

$$Na^+ (\text{萘}^{\cdot -}) + CH_2═CH(X) \longrightarrow \text{萘} + \cdot CH_2—\bar{C}H(X)\ Na^+ \longrightarrow \cdots\cdots$$

$$2\cdot CH_2—\bar{C}H(X)Na^+ \longrightarrow Na\bar{C}H(X)—CH_2—CH_2—\bar{C}H(X)Na^+$$

或金属钠直接引发烯类单体聚合如下：

$$Na + CH_2═CH(X) \xrightarrow{e} \cdot CH_2—\bar{C}H(X)Na^+$$

$$2\cdot CH_2—\bar{C}H(X)Na^+ \longrightarrow Na\bar{C}H(X)—CH_2—CH_2—\bar{C}H(X)Na^+ \longrightarrow \cdots\cdots$$

本实验是用正丁基锂作引发剂引发苯乙烯、甲基丙烯酸甲酯和丙烯腈负离子聚合。正丁基锂是用金属锂与氯代正丁烷在非极性溶剂中作用而得。纯净正丁基锂在室温下为黏稠液体，很容易被空气氧化和在水汽的作用下分解，所以一般制成浓度约10%的芳香烃（苯）或烷烃（己烷、庚烷）溶液，密闭保存。

正丁基锂在纯净或非极性溶剂中以缔合状态存在。在苯和乙烷、庚烷中以六聚体存在，并和单聚体间有一平衡：

$$(C_4H_9Li)_6 \overset{K}{\rightleftharpoons} 6C_4H_9Li$$

溶剂极性增加，缔合减少；在极性溶剂如四氢呋喃中，则完全不缔合。由于只有缔合的正丁基锂有引发聚合能力，所以极性溶剂有利于正丁基锂的引发聚合。

本实验中以庚烷和苯作溶剂分别制备正丁基锂，金属锂与氯代正丁烷的反应式为：

$$C_4H_9Cl + 2Li \longrightarrow C_4H_9Li + LiCl$$

产生的氯化锂从溶剂中沉淀出。溶有正丁基锂的庚烷或苯溶液即可用于引发聚合。

## 三、仪器和试剂

1.仪器：三口瓶（250mL），冷凝管，恒压分液漏斗，电磁搅拌器，结晶皿（$\phi$140mm），试管（20mm×150mm），注射器，磨口锥形瓶（50mL），调节温度计，翻口橡胶塞。

2.试剂：金属锂，氯代正丁烷，庚烷，苯，苯乙烯，甲基丙烯酸甲酯，丙烯腈，高纯氮气。

## 四、实验步骤

### 1. 正丁基锂的制备

以庚烷为溶剂，从约100℃的烘箱中取出烘干的250mL三口瓶、分液漏斗、冷凝管，按装置图趁热装好仪器。冷凝管出口接一根干燥管，再连一根干燥橡胶管，其另一端浸入小烧杯的石蜡油中（从石蜡油鼓气泡的大小，可以调节氮气的流量）。

在三口瓶中加入35mL无水正庚烷及新剪成小片的5g金属锂。加热甘油浴至约60℃。通高纯氮气5～10min后，在搅拌下从滴液漏斗加入30mL无水正氯丁烷及16mL无水正庚烷的混合液，因放热，庚烷回流。控制滴加速度，使回流不要太快，约20min滴加完，此时溶液呈浅蓝色。将甘油浴加热至100～110℃，并调节好温度计控温，在搅拌下回流2～3h。反应后期，因产生大量氯化锂，溶液转乳浊，最后呈灰白色。反应期间，氮气流量调至能在石蜡油中产生一个接一个的气泡即可。

反应结束后，稍加冷却，通氮气下取下三口瓶，三口均盖磨口塞，在室温下静置约0.5h，让氯化锂沉于瓶底。上层清液即为丁基锂溶液，呈浅黄色。准备好一只干燥的50mL磨口锥形瓶，将上层清液轻轻倒入锥形瓶中，瓶口塞翻口塞，放置在干燥器中备用。

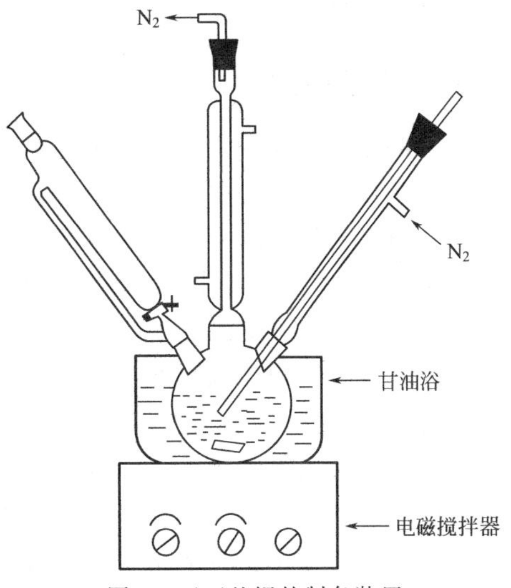

图1 正丁基锂的制备装置

如图1所示，加50mL干燥苯及0.5g金属锂，通高纯氮气5～10min，将体系中的空气排除。开启电磁搅拌，从滴液漏斗加入5g无水正氯丁烷，反应温度控制在以保持苯有少量回流为宜，反应4～5h后降至室温。通氮气下取下三口瓶，各瓶口均盖上磨口塞，约0.5h后将上层清液转移入50mL干燥磨口锥形瓶，塞紧翻口塞，存放于干燥器中。清液中丁基锂浓度约1mol/L，使用时用注射器直接插入翻口塞吸取。

庚烷为溶剂与苯为溶剂两种方法基本相同，只是前者丁基锂浓度大，后者较小，均适用于聚合。

### 2. 苯乙烯（St）、甲基丙烯酸甲酯（MMA）、丙烯腈（AN）负离子聚合

将洗净、烘干的三支20mm×150mm试管编号，分别加2mL干燥的St、MMA和AN，再各加2mL干燥苯或正庚烷（若加正庚烷，聚合体将以沉淀析出）。每支试管通高纯氮气5min（通氮气的毛细管插入液体底部）后，塞紧翻口塞，分别按如下步骤进行聚合。

（1）苯乙烯负离子聚合　取一支干燥5mL注射器，装一支长针头（约10cm），从装氮的钢瓶乳胶管部分吸氮气洗针筒两次，再吸氮气2mL注入装有丁基锂的锥形瓶，同时吸出2mL正丁基锂-庚烷溶液。

于装St的试管中注入0.5mL正丁基锂-庚烷溶液，管内液体随即变橙色。摇匀，室温放置，转变成红色，随后溶液变热、变稠，因聚合热，苯甚至沸腾，此时需用冷水稍加冷却。再室温放置0.5h，慢慢倒入60mL甲醇中析出聚合物，将析出的聚合物浸泡5～10min后，转移入另一只存有30mL甲醇的小烧杯中，让包存于聚合物中的溶剂、未聚合单体都扩

散出来（约 0.5h）后，过滤，烘干，称重，并计算产率。

(2) 甲基丙烯酸甲酯、丙烯腈负离子聚合　与 St 相比，MMA、AN 对负离子聚合比较活泼。尤其是 AN，因为—CN 基是极强的负性基，使双键电子云密度低，所以非常容易负离子聚合。

于装 AN 的试管中小心地一滴一滴地加入正丁基锂-庚烷溶液，反应剧烈。每加一滴，就在局部引起聚合，使附近区域的苯气化，发出吱吱声，同时产生聚丙烯腈沉淀，沉淀颜色为土黄色。加完 0.5mL 催化剂后，摇匀，室温放置 5～10min 后，即可加甲醇洗出聚合物，并过滤，烘干，称重。

MMA 的活性介于 St 和 AN 之间，但实际上由于 MMA 亲水性大，其中微量水很难除尽，使聚合反应不像 St、AN 那样明显。丁基锂溶液加入 MMA 时，若先不摇晃，可观察到甲基丙烯酸甲酯负离子的橙黄色。若 MMA 干燥不好，稍一摇动，橙黄色即消失。其他各步骤与 St 聚合的相同。

## 五、实验说明

1. 商品金属锂是浸于煤油中的很软的金属块，使用时取出一小块。用滤纸擦除煤油。方法如下：垫好滤纸，用手捏住后用剪刀剪成小片，再剪成小条，尽量小以缩短反应时间。反应完后，剩余的锂处理方法如下：将倾析清液后的三口瓶放于木圈上，用滴管慢慢加入无水乙醇，将 Li 作用完后再冲水洗涤。冲水前要小心，先加少量乙醇试试，确信已无锂后再用水洗。少量锂与水相遇虽然不自燃，但锂量稍多时遇水亦会引起燃烧。

2. 在庚烷、苯回流温度下，氯代正丁烷与 Li 要充分反应（视加的锂片大小，越大越厚则反应越慢），一般需要 6h 以上。本实验为了缩短时间，减少了反应时间，所以反应是不完全的，不能以加料量来计算最后得到的丁基锂浓度。

3. 苯乙烯的负离子呈红色，红色不褪，表明苯乙烯负离子存在。在 St 负离子聚合的试管中，用注射器穿透翻口塞加 1mL 干燥 MMA，可观察到红色立即转成浅黄色，苯乙烯的负离子转成了 MMA 负离子。试管发热表明进行了嵌段聚合。

4. 丁基锂与水反应剧烈，在空气中亦迅速氧化。注射丁基锂溶液的针筒和针头，用后应立即用庚烷或石油醚清洗，以免针头堵死和针筒固住。残存的丁基锂应用醇处理掉，而不能倒入水中。

5. 本实验用的单体、溶剂都必须经严格脱水处理。苯乙烯、甲基丙烯酸甲酯、丙烯腈、苯、庚烷都可以在蒸馏纯化前加氢化钙，至无气泡产生，然后蒸出。蒸出的单体、溶剂中再加少量氢化钙（此时不应再有气泡），存放于保干器备用。

## 六、思考题

1. 假如本反应定量进行，计算所制备的丁基锂溶液的浓度。

2. 制备丁基锂装置中的分液漏斗带一侧管，目的何在？若无此装置，该怎么办？

# 实验七　二苯酮钾的制备和苯乙烯的阴离子聚合

## 一、实验目的

1. 掌握二苯酮钾的制备方法。

2. 了解氧负离子与碳负离子的活性差别。

## 二、实验原理

负离子聚合是由碱性物质（如碳负离子、氧负离子）攻击单体进行的。碱性催化剂包括氢氧基、烷氧基、共价键或离子键的金属氨化物、格氏试剂、碱金属、烷基碱金属和二苯酮碱金属都可用来引发负离子聚合。

负离子聚合的速率通常可用下式表示：

$$R_p = k_p[M][M^-]$$

式中，[M] 为单体浓度；[$M^-$] 为负离子活性链浓度，通常可用加入的催化剂的浓度代替。此时 $R_p$ 可表示为：

$$R_p = k_p[M][C]$$

式中，[C] 为催化剂浓度。

负离子聚合速率比自由基聚合的要快很多，主要原因不是 $k_p$ 大，而是 [$M^-$] 这一项大。以苯乙烯为例，自由基聚合（60℃）的 $k_p$ 为 179L/(mol·s)，负离子聚合的为 950L/(mol·s)（25℃，四氢呋喃为溶剂，$Nz^+$ 为抗衡离子），后者要比前者大好几倍。而自由基聚合中自由基浓度为 $10^{-8}$mol/L，负离子聚合中增长链负离子浓度 [$M^-$] 约为 $10^{-3}$mol/L（即所加的催化剂浓度 [C]），后者大几个数量级。所以负离子聚合速率大的主要原因是体系中增长链负离子的浓度大。

苯乙烯、丁二烯非极性单体的负离子聚合由于不易链终止（无偶合终止反应，转移一个 $H^-$ 的终止亦非常困难），所以操作要小心。排除链转移反应时，就有可能导致不终止或获得“活”的聚合物链，从而可以进行嵌段共聚合。

负离子聚合的另一个特点是加入的催化剂几乎同时引发单体聚合，即所有增长链差不多同时被引发，加上无终止反应和转移反应，其结果导致生成分子量分布非常窄的聚合物，$M_w/M_n$ 值可以达到 1.01～1.10。

本实验用二苯酮的碱金属化合物如二苯酮二钾进行负离子聚合。二苯酮二钾可按如下反应合成：

C O + K → ( C OK ) —K (1)→ $K^+$ C O $K^+$

(2) 聚合

Ⅰ（紫红色）

C C O O $K^+$ $K^+$

Ⅱ（深蓝色）

二苯酮和一分子钾反应生成不稳定中间体二苯酮单钾自由基，与钾继续反应，生成紫红色二苯酮二钾Ⅰ，Ⅰ的两负离子中，碳负离子的引发活性比氧负离子大。如果钾量不足或其他原因，反应被抑制，二苯酮单钾自由基将偶合成Ⅱ，Ⅱ呈深蓝色，它只有氧负离子，所以活性比Ⅰ小。

苯乙烯是负离子聚合活性较小的单体。它只能被碳负离子引发，而不能被氧负离子引发。所以二苯酮与钾反应得到的是深蓝色反应物。因为是氧负离子，不能引发苯乙烯聚合

（但可以引发丙烯腈聚合），只有反应物的颜色呈紫红色时，表明生成了二苯酮二钾，这时才能引发苯乙烯聚合。

二苯酮二钾引发苯乙烯聚合的反应可表示如下：

$$\mathrm{Ph_2\overset{-}{C}(K^+)-O^-K^+} + \mathrm{CH_2{=}CH(Ph)} \longrightarrow \mathrm{Ph_2\dot{C}-O^-K^+} + \mathrm{\cdot CH_2-\overset{-}{C}HK^+(Ph)}$$

I（紫红色）

聚合

II（深蓝色）

$$\mathrm{K^+\overset{-}{C}H(Ph)-CH_2-CH_2-\overset{-}{C}H(Ph)K}$$

还可以苯乙烯双负离子引发聚合。

Ⅰ的碳负离子向苯乙烯转移一个电子，生成二苯酮单钾自由基和苯乙烯自由基，前者偶合成Ⅱ，呈深蓝色，后者偶合成苯乙烯双负离子，它两端增长，引发苯乙烯聚合。

由于Ⅱ的蓝色非常深，它掩盖苯乙烯负离子的颜色，所以用这一体系引发苯乙烯聚合时，一般只观察到紫红色的催化剂随着苯乙烯的加入转变成蓝色，而观察不到苯乙烯负离子的红色。

## 三、仪器和试剂

1. 仪器：试管（20mm×150mm），翻口塞，注射器（5mL），锥形瓶，烧杯，玻璃砂漏斗（3号）。

2. 试剂：二苯酮，四氢呋喃，甲苯，金属钾，苯乙烯，甲醇。

## 四、实验步骤

### 1. 二苯酮二钾的制备

将3g二苯酮溶于50mL干燥的四氢呋喃（于锥形瓶中），存放于保干器备用。

取0.3g新切除表皮的金属钾，放入装有8mL甲苯的试管（20mm×150mm）中，在煤气灯（还原焰）或酒精灯上加热至甲苯微沸。塞一个橡胶塞后，垫好干布，用力上下摇动试管，使钾碎成细颗粒。大小约1mm（直径）为宜。

去掉橡胶塞，趁热加5mL四氢呋喃二苯酮溶液。盖一个翻口塞并插入一支针头，针头接水泵抽气，使溶液沸腾，约1min后取出针头。不时振荡试管约0.5h，管内溶液从无色变绿色，再变成蓝色，最后转为紫色（或蓝紫色）。紫色溶液即可用于引发苯乙烯聚合。

### 2. 苯乙烯负离子聚合

取一支干燥针筒，吸干燥新蒸的苯乙烯5mL，握住针筒（注意，别让负压一下子将5mL苯乙烯都吸入试管），分几次缓慢注入上述聚合管中，并用力摇动。若放热厉害，溶液沸腾，可用冷水冷却，待反应平稳后再注入苯乙烯。溶液颜色在加苯乙烯时转为蓝色，并逐渐变黏。加完苯乙烯后，在室温下再反应0.5～1h。去掉翻口塞，将黏稠液慢慢倒入100mL甲醇中。将析出的聚合体在甲醇中浸泡10～15min后，转移入另一只存放约40mL甲醇的烧杯中浸泡，让聚合体中的溶剂、未聚合单体充分扩散入甲醇。必要时可用干净的剪刀将聚合体剪成小条浸泡。约0.5h后用玻璃砂漏斗过滤，用少量甲醇洗涤，抽干，于60℃真空烘箱中干燥，称重，测转化率。

## 五、注意事项

1. 本实验中所用的溶剂均应是无水的。甲苯、四氢呋喃蒸前均需用氢化钙干燥。苯乙烯用10%的氢氧化钠水溶液洗除对二酚，再水洗至无碱性，先用氯化钙再用氢化钙干燥后减压蒸馏。

2. 金属钾遇水即燃烧，如空气湿度太大，在将钾切小或清除其表层氧化物时亦会引起自燃。钾的熔点为63.2℃，甲苯的沸点为119.6℃。热甲苯中的钾是液体，用力一摇即破裂成小液滴。由于从火源取出，加上一摇，热的甲苯接触冷的试管壁，管内压力很快下降，所以握住塞子用力摇是很安全的。

3. 在苯乙烯加入催化剂的试管之前，可以先用注射器往试管中注入高纯氮气，将管内负压破坏后再注入苯乙烯，就不会发生一下子将苯乙烯吸入的情况，操作就比较安全了。

4. 聚合的黏液倒入甲醇来沉淀聚合物，如其中单体、溶剂没有充分扩散出来，聚合体是面团状的，如果这时就用玻璃砂漏斗过滤，进入减压烘箱干燥时，其中的溶剂、单体沸腾，聚合体变成像泡沫塑料一样，甚至玻璃砂漏斗装不下而溢到外面。避免这种情况的最好办法是将面团状的聚合体剪成小块，在新换的甲醇中再浸泡约0.5h，直至聚合体变硬即可。

5. 如有条件，将负离子聚合得到的聚苯乙烯（包括丁基锂等其他负离子聚合的样品）在GPC上做一分子量分布，并与自由基聚合的做一比较，负离子聚合样品的分子量分布应比较窄。

6. 经电子转移机理引发苯乙烯负离子聚合，除去实验的二苯酮二钾外，更典型的应是萘钠（金属钠亦是），萘钠溶于四氢呋喃，是一种深绿色溶液，制备方法如下：在装有电磁搅拌的烧瓶中加入50mL纯化干燥的四氢呋喃、1.5g升华的干燥萘、1.5g金属钠（切成小块）；用干燥的氮气清洗烧瓶，在维持氮气压力稍高于大气压下搅拌2h，得深绿色萘钠的四氢呋喃溶液。即可用于引发苯乙烯聚合。

## 六、思考题

1. 写出本实验的聚合反应式。
2. 如用丙烯腈代替苯乙烯，设想实验应如何进行？需注意些什么？

# 实验八　由齐格勒-纳塔催化剂制备聚乙烯和聚丙烯

## 一、实验目的

加深对烯烃络合负离子催化聚合的理解，由Ziegler-Natta催化剂制备聚乙烯和聚丙烯。

## 二、实验原理

乙烯可以在高压下经自由基聚合生成高分子量聚乙烯，而丙烯和1-丁烯等烯丙基单体则不能以自由基聚合的方式生成高聚物，这是由于烯丙基单体在自由基聚合中发生严重的降解性链转移（退化链转移），生成活性很低的烯丙基自由基。但是，Ziegler-Natta催化剂不仅可以使这类单体聚合得到高分子量产物，而且还可以产生有高度立构规整性的产物。在Ziegler-Natta催化剂作用下，丙烯可以聚合成高分子量的全同立构聚丙烯，1-丁烯可以生成全同立构的高分子量聚1-丁烯等。对乙烯来说，其聚合物虽无规整度可言，但用Ziegler-Natta催化剂制得的聚乙烯分子支链少，聚合物有较高的结晶度和密度，熔点也较高，而且聚合过程不需用高压，因此这种聚乙烯被称为低压高密度聚乙烯，以与自由基聚合所得的高压低密度聚乙烯相区别。

典型的Ziegler-Natta催化剂含有周期表第Ⅰ至第Ⅲ族金属（如Al）的烷基化物或氢化物（最常用的有三乙基铝、三异丁基铝和一氯二乙基铝等）和过渡金属盐（如三氯化钛、四氯化钛等），由于它们在催化烯类单体聚合时是通过与单体及生长链形成络合物而发生作用的，它们又被称为络合催化剂。一个典型的络合催化剂的例子是由三异丁基铝和四氯化钛组成的络合物，该催化体系可以引发乙烯聚合生成高分子量高密度聚乙烯。一般认为，含钛催化剂的有效成分是三价的钛。例如，四氯化钛与三异丁基铝经过如下反应生成三价钛：

$$TiCl_4 + (i\text{-}C_4H_9)_3Al \longrightarrow i\text{-}C_4H_9TiCl_3 + (i\text{-}C_4H_9)_3AlCl$$

$$i\text{-}C_4H_9TiCl_3 \longrightarrow TiCl_3 + i\text{-}C_4H_9$$

生成的$TiCl_3$与三异丁基铝络合形成高活性的乙烯聚合催化剂。

值得注意的是，经上述反应产生的$TiCl_3$，其晶体为β型。若以含β-$TiCl_3$的催化剂引发丙烯和1-丁烯等α-烯烃的聚合，产物分子将缺乏立构规整性。为制备具有全同立构型的聚α-烯烃，所用的$TiCl_3$应具有α、γ、δ晶型。将β-$TiCl_3$经过长时间的研磨可以转变为其他晶型，但适合于学生实验室的一个最方便的方法是，将上述络合催化剂体系加热处理。例如，在185℃将$TiCl_4$-$(i\text{-}C_4H_9)_3Al$络合物加热40min，可以使催化体系中产生的β-$TiCl_3$转变为γ-$TiCl_3$，从而可以催化丙烯的全同立构聚合：

$$\beta\text{-}TiCl_3 \xrightarrow[40\text{min}]{185℃} \gamma\text{-}TiCl_3$$

γ-三氯化钛是紫色的，而β-$TiCl_3$为棕色，根据颜色的变化可以判断γ-$TiCl_3$的生成。

本实验以$TiCl_4$-$(i\text{-}C_4H_9)_3Al$为催化体系进行乙烯的低压聚合或丙烯的全同立构聚合。

## 三、仪器和试剂

1. 仪器：搅拌器，三口瓶，注射器，冰水浴，硅油浴，安全操作箱。

2. 试剂：甲苯（无水），三异丁基铝（10%）溶液（或一氯二乙基铝溶液），$TiCl_4$，乙烯气（钢瓶装），氮气，甲醇，乙醇，十氢萘（无水），丙烯气（钢瓶装）。

## 四、实验步骤

### 1. 聚乙烯的制备

充分干燥本实验所用仪器，包括一个500mL三口瓶、磨口瓶塞、接头、气体导管、量筒、注射器及针头等。

用氮气置换三口瓶内空气，然后塞好塞子（若用电磁搅拌，则瓶内应放有磁子）。

在充满氮气的安全操作箱内进行如下操作（操作箱内应放有一切需用之物，包括经上述操作后的三口瓶、量筒、注射器，干燥的甲苯、三异丁基铝和四氯化钛等）：往三口瓶内加入300mL甲苯、18mL 10%的三异丁基铝（0.008mol）、0.5mL $TiCl_4$（0.005mol）。塞好塞子，瓶内混合物应呈棕黑色。将三口瓶由操作箱内取出。

将三口瓶装置在电磁搅拌器上，三口瓶应用冰水浴冷却。

将乙烯由钢瓶通过安全装置鼓泡通入三口瓶内（导气管应通入溶液中，但应不妨碍搅拌。制导气管时不要将玻璃管拉细成滴管状，以防催化剂及聚合物将导气管堵死）。排气管末端应装有石蜡油尾气的检气装置和干燥管，以便观察尾气并防止湿气进入反应系统。

实验者可根据情况决定聚合时间，一般应进行 2h 左右。关掉乙烯气，往瓶中加入 20mL 甲醇（或乙醇）。滤出聚合物，用乙醇将聚合物洗至白色。

干燥聚合物，称量，计算产量和催化剂效率（以每小时每克钛所获聚合物量计）。

**2. 聚丙烯的制备**

充分干燥本实验所用仪器，包括一个 500mL 三口瓶、一支回流冷凝器、磨口瓶塞、接头、气体导管、量筒、注射器等。

用氮气置换三口瓶内空气，然后塞好塞子（若用电磁搅拌，则瓶内应放有磁子）。

在充满氮气的安全操作箱内进行如下操作（箱内应放有一切需用之物，包括上述操作后干燥好的三口瓶、量筒、注射器，干燥的十氢萘、三异丁基铝和四氯化钛等）：往三口瓶内加入 300mL 十氢萘、18mL 10%的三异丁基铝（0.008mol）和 15mL $TiCl_4$(0.005mol)。塞好塞子，瓶内混合物应呈棕色。由操作箱内取出三口瓶。

将三口瓶装置在电磁搅拌器上，三口瓶应置于一个可控温的硅油浴中。

在通氮的情况下装好回流冷凝器和气体导管，出气导管末端装有石蜡油尾气的检气装置和干燥管。

加热使油浴温度保持在 185℃左右，维持 40min 使催化剂熟化。此期间催化剂应逐渐由棕色转变为紫色。

撤去油浴使反应液冷却至室温。将氮气改为丙烯气通入反应液中（参阅上一实验中通乙烯气的操作）。

聚合进行 2h 后结束反应。关掉丙烯气，往瓶中加入 20mL 甲醇（或乙醇）。滤出聚合物，产物用乙醇洗净，烘干，称重，计算产量和催化剂效率（以每小时每克钛所获聚合物量计）。

## 五、注意事项

1. 本实验最好采用电磁搅拌器，若无，也可用搅拌电机，但实验操作应做相应改变。例如应先装置好仪器后再配制催化剂体系，此时因不能用安全箱，所以加料都应在通氮气的情况下进行，要十分注意安全。三异丁基铝的转移尤其要在氮气保护下进行。

2. 可根据条件选做上述两个实验中的一个，也可做共聚合。

3. 若在丙烯聚合的催化剂体系中加入二正丁基醚或二异戊醚等成分，可在较低温度下（如 65℃）将 β-$TiCl_3$ 转变为 γ 型或 δ 型 $TiCl_3$。

## 六、思考题

1. 在用络合催化剂制备聚烯烃时，如何控制产物分子量？

2. 聚丙烯的规整度受哪些因素所左右？

3. 如何用低压法制备低密度聚乙烯？

4. 哪些重要的工业产品是用 Ziegler-Natta 催化剂合成的？

# 实验九 开环聚合

## 一、实验目的

加深对开环聚合原理的理解，学习开环聚合方法。

## 二、实验原理

环状单体的开环聚合是除了链式聚合与逐步聚合以外的又一个重要的聚合反应类型。开环聚合兼有链式聚合与逐步聚合的某些特性。例如，开环聚合过程常常包含链引发、链增长和链终止几个阶段，而且分子链的生长是由单体分子或者活化了的单体分子一个一个地加到生长着的分子链末端的。这种情形与链式反应十分类似。但是，开环聚合中分子量的增长又往往是逐步的。分子量随转化率或单体反应程度的增高而增大，这又很类似于逐步聚合。此外，开环聚合中有双键向单键的转变，因此除了少数几个大张力环单体外，环状单体的开环聚合热效应比较小。开环聚合产物在结构上与缩聚高分子很一致，但聚合过程中却没有低分子副产物生成。

能够发生开环聚合的单体很多，主要有环醚类、环缩醛类、环内酯、环内酰胺、环硅氧烷、环状磷氮化合物以及环亚胺、环硫醚等，因篇幅所限，本实验只简述一下环醚以及三聚甲醛的开环聚合。

重要的环醚单体有环氧乙烷、环氧丙烷、环氧氯丙烷、3,3-双氯甲基环氧杂丁烷以及四氢呋喃等。氧杂环己烷的开环聚合至今尚无成功的报道。由于环醚中总会有强电负性的氧原子，环醚单体的开环聚合一般都是以正离子的形式实现的，只有环氧乙烷等氧杂三元环单体才可以进行负离子开环聚合，这是因为这类小环所受的张力很大，具有很高的聚合活性。环氧乙烷甚至还可以进行自由基开环聚合，但所得产物分子量很小。

环醚类单体正离子开环聚合的催化剂大致可以分为质子酸（如 $H_2SO_4$、$HClO_4$ 等）、Lewis 酸、碳正离子、氧正离子等几种。需要指出的是，由于四氢呋喃活性较低，一般质子酸不能引发它的聚合。只有用发烟硫酸或高氯酸等才能获得相对分子质量在 1000 以上的产物，用 Lewis 酸为催化剂可以获得相对分子质量为数十万的聚四氢呋喃。

质子酸引发环醚聚合的过程一般认为是，先形成质子化的二级氧正离子，再与单体反应生成三级氧正离子。其反应式如下：

$$H^+A^- + O\langle\rangle CR_2 \longrightarrow H{-}\overset{+}{O}\langle\rangle CR_2 \ (A^-)$$

$$H{-}\overset{+}{O}\langle\rangle CR_2 \ (A^-) + O\langle\rangle CR_2 \longrightarrow HO{-}CH_2CR_2CH_2{-}\overset{+}{O}\langle\rangle CR_2 \ (A^-)$$

由于质子酸酸根的亲核性较强，而且氧正离子容易发生链转移，质子酸引发环醚聚合不易得到高分子量产物。

以 Lewis 酸为引发剂时，一般要求有共催化剂存在。若以水为共催化剂，水与 Lewis 酸（如 $BF_3$）反应可生成有引发活性的离子复合物。其反应式如下：

$$H_2O + BF_3 \longrightarrow H^+ B^- F_3(OH)$$

这种离子复合物引发环醚聚合的过程与用质子酸的场合相似，但反离子的亲核能力较强。适当使用共催化剂可提高聚合速率，但用量太多则会破坏催化剂 Lewis 酸，并使聚合物分子量下降。

对于四氢呋喃这种活性较低的环醚单体，增加聚合速率的一个十分有效的途径是使用活性较大的环醚单体为促进剂，使用促进剂可大大提高引发速率，从而加速聚合过程。最常用的促进剂有环氧氯丙烷等。

三聚甲醛可以进行正离子或负离子开环聚合，但最常用的方法是正离子聚合。最常用的正离子聚合催化剂有 $BF_3$ 等 Lewis 酸。三聚甲醛的正离子聚合过程与环醚的开环聚合有明显区别。最重要的区别是，单体引发剂产生的氧正离子可以转变为碳正离子，其推动力在于碳正离子的稳定性较高。其反应式如下：

$$\text{(三聚甲醛环)}\overset{+}{O}\text{—H}\ \overset{-}{BF_3(OH)} \longrightarrow HO\text{—}CH_2\text{—}O\text{—}CH_2\text{—}\overset{+}{\ddot{O}}\text{—}CH_2\overset{-}{BF_3}(OH)$$

$$\rightleftharpoons HO\text{—}CH_2\text{—}O\text{—}CH_2\text{—}\overset{+}{O}{=}CH_2\ \ \overset{-}{BF_3(OH)}$$

因此，三聚甲醛的正离子聚合可能是通过碳正离子实现的。

三聚甲醛聚合的另一个特点是，诱导期较长，其原因被认为是体系中存在如下平衡：

$$\sim\sim O\text{—}CH_2\text{—}O\text{—}CH_2\text{—}\overset{+}{O}CH_2 \rightleftharpoons \sim\sim OCH_2\text{—}O\text{—}\overset{+}{C}H_2 + H\overset{\overset{O}{\|}}{C}H$$

当体系中 $CH_2O$ 达到其平衡浓度后，聚合才能开始。若在反应体系中预先加进一些 $CH_2O$，诱导期可以缩短或者消除。根据这一现象，也有人认为三聚甲醛的开环聚合是通过体系中产生的 $CH_2O$ 而实现的。

## 三、仪器和试剂

1. 仪器：圆底烧瓶，注射器，翻口橡胶塞，水浴，搅拌器，温度计，回流冷凝管，滴液漏斗，三口瓶，冰盐浴，试管，翻口塞，冰水浴，结晶皿，分液漏斗。

2. 试剂：三聚甲醛，二氯乙烷，三氟化硼乙醚络合物，丙酮，1,4-丁二醇，氮气，环氧丙烷，四氢呋喃，环氧氯丙烷，盐酸，甲醇，高氯酸钠（或高氯酸），发烟硫酸（21%），$Na_2CO_3$，乙醚，NaCl。

## 四、实验步骤

### 1. 三聚甲醛的开环聚合

在干燥的圆底烧瓶中加入 45g(0.5mol) 无水三聚甲醛及 105g 二氯乙烷，用翻口塞塞好。用注射器经橡胶塞注入溶有 35mL(0.25mmol) $BF_3 \cdot O(C_2H_5)_2$ 的 3.5mL 二氯乙烷。一边剧烈摇荡一边注入引发剂，将反应瓶放入 45℃水浴中，数分钟后应有聚甲醛沉淀生成。如过 15min 后仍无沉淀出现，可能是体系不纯所致，可补加少量引发剂，并记录补加的引发剂量。整个反应体系约十几分钟凝固。反应 1h 后加入丙酮调成糊状，用玻璃砂漏斗抽干，再用丙酮将聚合物洗几次，抽干。将聚合物放入真空烘箱中于 50℃干燥，称重，计算收率。

**2. 环氧丙烷的开环聚合**

在装有搅拌器、温度计、回流冷凝管、滴液漏斗以及氮气导管的100mL三口瓶中放入20g干燥的二氯乙烷、1g 1,4-丁二醇。通高纯氮气10min后在高纯氮气保护下，用注射器注入8～10滴（60～70mg）三氟化硼乙醚络合物，用冰盐浴冷却反应瓶，在充分搅拌下慢慢由滴液漏斗滴入干燥的环氧丙烷28g(0.48mol)，仔细观察瓶内温度，维持瓶温不高于5℃。滴加完毕后，继续搅拌到反应温度不再上升，再搅拌1h。加入30mL水终止反应。用水将产物洗至中性，减压蒸馏除去未反应的单体和溶剂等，直至瓶内温度达到120℃左右，可得黏稠聚醚10～12g。

**3. $BF_3$引发的四氢呋喃开环聚合**

往一支20mm×150mm干燥试管中加入10mL四氢呋喃，塞上翻口塞。用注射器加入约25mg环氧氯丙烷（用小号注射器针头加入2～3滴即可）。用冰水浴将试管冷却10min后，用注射器加入约170mg（约20滴）三氟化硼乙醚络合物，摇匀后将试管放入冰水中，并不时摇动，观察溶液黏度变化，0.5h后溶液变稠，并继续慢慢增加稠度，将试管放入0℃冰箱中放置10～16h，去掉翻口塞，加几滴含有盐酸的甲醇-水混合物使聚合终止，将聚合物转移至100mL烧杯中，用甲醇洗两次（每次用50mL），吸滤，在室温下将产品抽干，得白色蜡状聚四氢呋喃。

**4. 高氯酸钠-发烟硫酸引发的四氢呋喃开环聚合**

在一只50mL三口瓶上装上温度计、滴液漏斗。第三个口上装以翻口塞，瓶内放有搅拌磁子一颗。将反应瓶固定在冰盐浴内，冰盐浴放于电磁搅拌器上。维持瓶内温度在0～5℃，将20mL四氢呋喃加入瓶中，再加入0.5g高氯酸钠。待温度下降至0℃以下后，开动搅拌，从滴液漏斗慢慢滴入浓度为21%的发烟硫酸2.1mL，滴加速度以保持反应温度不超过0℃为宜，约10min内滴完。继续搅拌0.5～1h，反应物逐渐变黏稠，至搅不动时加水40mL使反应终止。

将三口瓶改成蒸馏装置，馏出未反应的单体。内温达到100℃后再在100℃加热1h，使产物端基水解为羟基。趁热将聚合物转入分液漏斗中，分去下层水后用5%的$Na_2CO_3$水溶液中和产品。加入30mL乙醚使聚四氢呋喃溶解，用饱和食盐水（或10%的$Na_2SO_4$水溶液）洗涤，再水洗2～3遍后将聚合物乙醚溶液放入蒸馏瓶中，减压下先抽掉乙醚，然后在120℃下真空脱水后得半固体状聚四氢呋喃，产率约80%。

## 五、注意事项

1. 三聚甲醛可用氢化钙脱水。在三聚甲醛中加入5%（质量分数）的$CaH_2$，回流20h，再经分馏即可。三聚甲醛熔点为64℃，沸点为115℃。

2. 二氯乙烷应在五氧化二磷存在下回流脱水，然后蒸出。

3. 四氢呋喃可用金属钠干燥，然后蒸馏备用，也可以用$CaH_2$脱水。蒸馏时收集65～66.5℃馏分。

4. 环氧丙烷沸点很低（33.9℃），处理时应十分小心。

5. 发烟硫酸的浓度可用比重计测定，21%的发烟硫酸的相对密度为0.92（25℃），23%的发烟硫酸的相对密度为0.93（25℃），发烟硫酸的浓度可用浓硫酸调节。

6. 盛发烟硫酸的滴液漏斗，其活塞不能涂凡士林，否则凡士林将会炭化。可涂少量硅油，也可不涂润滑剂。

7. 只用发烟硫酸也可引发四氢呋喃聚合，但速率较慢。

## 六、思考题

1. 有的四氢呋喃在加发烟硫酸或浓硫酸时会发黑，估计可能是什么原因引起的？用什么方法可以检查四氢呋喃的纯度？

2. 工业上用什么方法提高聚甲醛的稳定性？

3. 简单讨论开环聚合在工业上的重要性。

# 第四部分 高分子化学反应实验

## 实验一 丙烯腈-丁二烯-苯乙烯共聚物的制备

ABS树脂是由丙烯腈（A）、丁二烯（B）和苯乙烯（S）三种单体共聚而成的热塑性聚合物。本实验的化学反应属于接枝反应，它是一个两相体系，连续相为丙烯腈-苯乙烯共聚物AS树脂，分散相为接枝橡胶和少量未接枝橡胶，其微观结构聚丁二烯（PB）橡胶微粒分散在苯乙烯-丙烯腈共聚物（SAN）树脂连续相中，呈海-岛两相结构。由于ABS具有多元组成，因而它综合了多方面的优点，既保持了橡胶增韧塑料的高抗冲击性、优良的力学性能及聚苯乙烯的良好加工流动性，同时由于丙烯腈的引进，使ABS树脂具有较大的刚性、优异的耐药品性以及易于着色的好品质。它的用途极为广泛，如可用于航空、汽车、机械制造、电气、仪表以及用作输油管等。调节不同组成，可以制成不同性能的ABS。

### 一、实验目的

1.学会高分子化学中的接枝反应。

2.掌握乳液悬浮法制备ABS树脂的原理和方法。

3.对ABS树脂制备过程进行分析，并掌握ABS树脂的分离和纯化。

### 二、实验原理

ABS树脂有两种类型：共混型和接枝型。接枝型又可以由本体法和乳液法制备。目前，工业上主要采用连续乳液法进行接枝共聚合，即将苯乙烯、丙烯腈单体混合后加入聚丁二烯或苯乙烯含量低的丁苯乳胶中进行接枝共聚合。苯乙烯、丙烯腈、丁二烯的质量比为(3.5～4)∶(1.4～1.6)∶1。聚丁二烯的用量可根据用途而变动。橡胶量多时，耐冲击性改善，但加工性能、流动性、光泽等变劣。乳液共聚中所用的聚丁二烯乳胶也是用乳液法生产的。其聚合温度可在5℃或50℃左右，转化率在95%以上。要求橡胶有一定的交联度，若以凝胶含量表示，大致在70%以上。接枝单体除苯乙烯、丙烯腈外，尚可用$\alpha$-甲基苯乙烯、甲基丙烯酸酯等单体改进ABS树脂的耐热性和透明性等。另外，也可用悬浮聚合方法制得SAN树脂，然后以不同的比例与ABS接枝树脂掺用，以生产多种型号的ABS树脂。接枝共聚合的目的在于，改进橡胶粒表面与树脂相的相容性和黏合力。这与游离SAN树脂的多少和接枝在橡胶主链上的SAN树脂组成有关。这两种树脂中丙烯腈含量之差不宜太大，否则相容性不好，会导致橡胶与树脂界面的龟裂。

乳液悬浮法制备ABS树脂分两个阶段进行。第一阶段是乳液接枝聚合，它主要是解决橡胶的接枝和橡胶粒径的增大。橡胶接枝的作用有两点：一是增加连续相与分散相的亲和力，二是给橡胶粒子接上一个保护层，以避免橡胶粒子间的合并，接枝橡胶制备得成功与否，是决定 ABS 树脂性能好坏的关键。此阶段的反应式如下：

—$CH_2$—CH═CH—$CH_2$—$CH_2$—CH(—$C_6H_5$)— ⋯　+　$CH_2$═CH(—$C_6H_5$)

丁苯乳胶　　　　苯乙烯（St）

+ $CH_2$═CH—CN
丙烯腈（AN）

$\xrightarrow{\text{接枝共聚}}$ ⋯ —CH—CH—CH—C(H)—$CH_2$—C(H)(—$C_6H_5$)— ⋯
（第一个 CH 上接枝 St—St—AN—，C(H) 上接枝 St—AN—St ⋮）

第二阶段是悬浮聚合，它的作用有两点：一是进一步完成连续相苯乙烯-丙烯腈共聚物的制备，二是在体系中加盐破乳，并在分散剂的存在下使其转为悬浮聚合。

## 三、仪器和试剂

1. 仪器：搅拌器，回流冷凝管，三口烧瓶，氮气钢瓶等。
2. 试剂：丁苯乳胶，苯乙烯，丙烯腈等。

## 四、实验步骤

### 1. 乳液接枝聚合

配方：

| | | | |
|---|---|---|---|
| 丁苯-50 乳胶 | 45g（含干胶 16g） | 蒸馏水 | 83g |
| 苯乙烯和丙烯腈（30∶70） | 混合单体 16g | 过硫酸钾（KPS） | 0.1g |
| 叔十二硫醇 | 0.08g | 十二烷基硫酸钠 | 0.32g |

在装有搅拌器、回流冷凝管及温度计，通氮气管的 250mL 三口烧瓶里，加入丁苯乳胶 45g、苯乙烯和丙烯腈混合单体 16g、蒸馏水 39g。通氮气，开动搅拌器，升温至 60℃，让其渗透 2h，然后降温至 40℃，向体系内加入十二烷基硫酸钠 0.32g、过硫酸钾 0.1g 和蒸馏水 44g，升温至 60℃，保持 2h，65℃保持 2h，降温至 40℃以下出料。用滤网过滤除去析出的橡胶，得到接枝液。

### 2. 悬浮聚合

配方：

| | | | |
|---|---|---|---|
| 接枝液 | 50g | 液体石蜡 | 0.15g |
| 苯乙烯和丙烯腈（30∶70）混合单体 | 14g | 4.5%$MgCO_3$ | 38g |
| 叔十二硫醇 | 0.056g | $MgSO_4$ | 4.5g |
| 偶氮二异丁腈（AIBN） | 0.056g | 蒸馏水 | 26g |

在装有搅拌器、回流冷凝管、温度计及通氮气管的 250mL 三口烧瓶中，加入 4.5%的 $MgCO_3$ 溶液 38g、蒸馏水 26g，开动搅拌器，在快速搅拌下慢慢地滴入接枝液。通氮气升温至 50℃时，加入溶有 0.056g 偶氮二异丁腈的苯乙烯和丙烯腈混合单体 14g，投料完毕，升

温至80℃反应。粒子下沉变硬后，升温至90℃熟化1h，降温至50℃以下出料。

倾去上层液体，加入蒸馏水，用浓硫酸酸化到pH值为2～3，然后用水洗至中性，将聚合物抽干，在60～70℃烘箱中烘干，即得ABS树脂。

## 五、注意事项

1. 丙烯腈有毒，不要接触皮肤，更不能误入口中。

2. $MgCO_3$ 的制备一定要严格控制，保证质量，它的质量与用量是悬浮聚合成功与否的关键。

3. 影响ABS树脂性能的主要因素有：单体的组成和配比；树脂相的组成及结构参数；橡胶相的组成及结构参数；橡胶与树脂界面即接枝层的参数。

## 六、思考题

1. 写出ABS接枝共聚反应式。

2. 乳液有几种组分？分别是什么？

# 实验二　聚醋酸乙烯酯的醇解反应

## 一、实验目的

1. 通过实验掌握实验室制备聚乙烯醇的基本原理、步骤和方法。

2. 了解聚醋酸乙烯酯醇解反应的特点、影响醇解程度的因素。

3. 掌握醇解度的测定方法。

## 二、实验原理

聚醋酸乙烯酯（PVAc）的醇解可以在酸性或碱性的条件下进行，酸性醇解时，由于痕量级的酸很难从聚乙烯醇（PVA）中除去，而残留的酸可以加速聚乙烯醇的脱水作用，使产物变黄或不溶于水，目前工业上都采用碱性醇解法。本实验用甲醇为醇解剂，NaOH为催化剂，反应式如下：

$$\left[CH_2-\underset{\substack{|\\COOCH_3}}{CH}\right]_n + CH_3OH \xrightarrow{NaOH} \left[CH_2-\underset{\substack{|\\OH}}{CH}\right]_n + CH_3COOCH_3$$

从反应式也可以看出，醇解反应实际上是甲醇和高分子聚醋酸乙烯酯之间的酯交换反应。这种使聚合物结构发生变化的化学反应在高分子化学中被称为高分子化学反应。

影响反应的因素主要有以下几点。

（1）聚合物浓度　其他条件不变，随聚合物浓度的提高，醇解度下降。但浓度太低，溶剂损失和回收工作量太大，一般为22%。

（2）NaOH用量　加大用量对醇解速率、醇解率影响不大，但会增加体系中乙酸钠含量，影响反应质量。一般NaOH/PVAc的物质的量比为0.12∶1。

（3）反应温度　提高温度会加快醇解速率，但副反应也相应提高。工业上一般选择45～48℃。

（4）相变　由于PVAc可溶于甲醇而PVA不溶于甲醇，因此在反应过程中会发生相变。在实验室中醇解进行好坏的关键在于体系中刚出现胶冻时，必须用强烈搅拌将其打碎，才能保证醇解较完全地进行。

## 三、仪器和试剂

1. 仪器：250mL三口瓶一个，表面皿一个，回流冷凝管一支，布氏漏斗一个，温度计一支（100℃），加热装置一套，搅拌器一套，移液管一支。

2. 试剂

| 名称 | 试剂 | 规格 |
|---|---|---|
| 聚合物 | PVAc | 自制 |
| 醇解剂 | NaOH | CP |
| 溶剂 | $CH_3OH$ | CP |

## 四、实验步骤

1. 组装以三口瓶为主的反应装置。在三口上安装温度计、冷凝器和搅拌器。

2. 在三口瓶中加入90mL甲醇，在搅拌下缓慢加入剪碎的PVAc 15g，加热回流并搅拌使之溶解。

3. 将溶液冷却至30℃，加入3mL 5%的NaOH-$CH_3OH$溶液，控制反应在45℃左右进行。

4. 待出现胶冻后再继续搅拌0.5h，打碎胶冻，再加入4.5mL的NaOH-$CH_3OH$溶液，反应温度仍控制在45℃左右，反应0.5h。

5. 升温至65℃，继续反应1h。

6. 冷却，将反应液倒出，用布氏漏斗抽滤，用10mL甲醇洗涤3次。将所得PVA置于50～60℃的真空烘箱中干燥。

7. 称量。

## 五、实验拓展

准确称取聚乙烯醇样品1g，加入100mL蒸馏水，加热回流至全部溶解。冷却后加入酚酞指示剂。加入0.01mol/L 25mL氢氧化钠水溶液，在水浴中回流1h，冷却，用0.5mol/L盐酸滴定至无色，同时做空白实验。

$$\text{乙酰氧基含量}=\frac{(V_2-V_1)c}{m}\times 0.059\times 100\%$$

式中，$c$为盐酸标准溶液的物质的量浓度，mol/L；$V_2$为空白消耗的盐酸体积，mL；$V_1$为样品消耗的盐酸体积，mL；$m$为样品的质量，g；0.059为转换因子。

## 六、结果与讨论

1. 为避免醇解过程中出现胶冻甚至产物结块，催化剂的加入采用分批方式，也可采用滴加的方式。

2. 由于甲醇有毒性，可以用乙醇代替，但是使用乙醇，产品的颜色会变黄，而且转化率较使用甲醇时低一些。

3. 当醇解度达60%左右时，大分子从溶解状态变为不溶状态，出现胶团。因此醇解过程中要注意观察，当体系中出现胶冻时，要立即强烈搅拌将其打碎，否则会因胶体内部包住的 PVAc 无法醇解而导致实验失败。

4. 影响醇解的因素有哪些？实验中要控制哪些条件才能获得较高的醇解度？

5. 从反应机理、工艺控制等方面分析、比较 PVAc 和 VAc 醇解反应的相同与不同之处。

## 七、背景知识

1. 工业生产的聚乙烯醇，根据用途和性能要求，而有不同水解度和不同聚合度的商品。大致可以分为高水解度（96%～98%）、中等水解度（87%～89%）和低水解度（79%～83%）三类商品，平均聚合度则主要分为500～600、1400～1800、2400～2500等几种。中国生产的商品牌号为1799、1788的聚乙烯醇，代表聚合度为1700，水解度分别为99%和88%。

2. 中国生产的聚乙烯醇，最主要的用途是用来生产维尼纶。其次用作纺织浆料、黏合剂、涂料、分散剂等。

由于聚乙烯醇具有优良的黏结性、柔韧性、成膜性以及良好的机械强度，所以既有适用于聚酯等憎水性纤维的聚乙烯醇，又可得到适用于亲水性强的棉纤维的聚乙烯醇。水解度低的聚乙烯醇适用于聚酯纤维的上浆。聚乙烯醇还用于造纸工业。

# 实验三　醋酸纤维素的制备

## 一、实验目的

1. 掌握醋酸纤维素的制备方法。

2. 了解纤维素的结构特征。

## 二、实验原理

纤维素是由葡萄糖分子缩合而成的高分子化合物。葡萄糖是一个六碳糖，其第五个碳原子上的羟基与醛基形成半缩醛，产生两种构型。

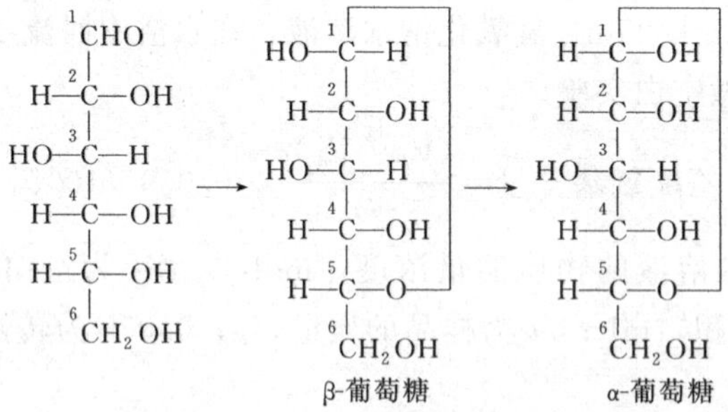

β-葡萄糖　　α-葡萄糖

C-1 上的羟基与 C-2 上的羟基处于一侧，称为 α-葡萄糖；处于两侧，称为 β-葡萄糖。α-葡萄糖的缩聚产物是淀粉。

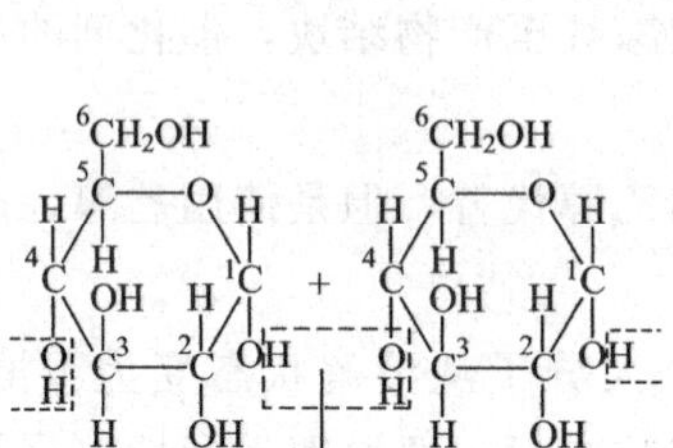

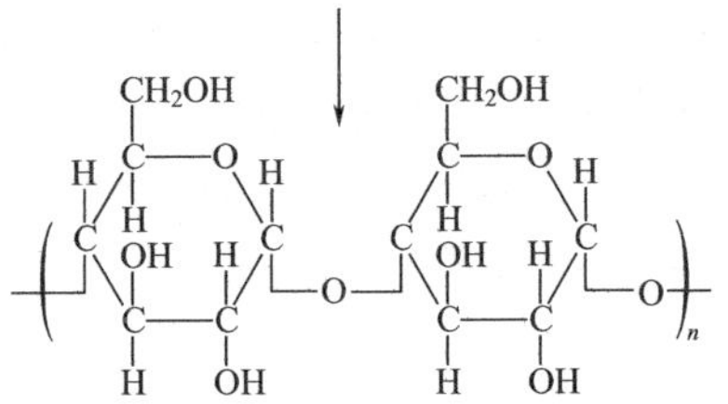

β-葡萄糖的缩聚产物是纤维素。

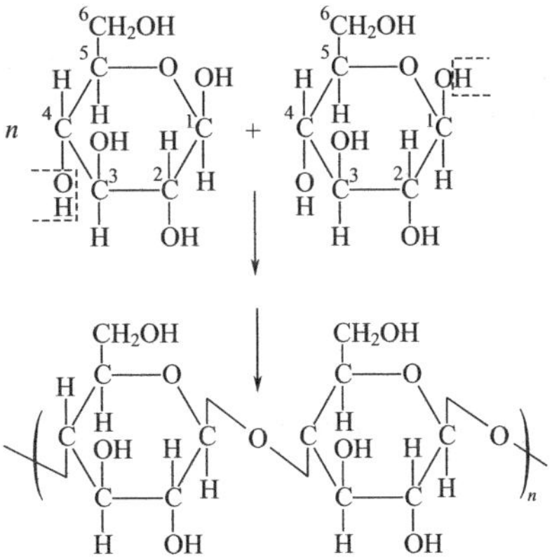

纤维素

本实验将棉花（几乎是纯净的纤维素）用乙酸酐进行乙酰化制备醋酸纤维素。纤维素分子间由于有众多羟基，因氢键使大分子链间有很强的作用力，从而不溶于有机溶剂，加热亦不能使它熔化，从而限制了它多方面的应用。

若将纤维素分子上的羟基乙酰化，减少大分子间氢键作用，根据酰化的程度，使它可溶于丙酮或其他有机溶剂，从而使纤维素的应用范围大大扩展。

构成纤维素的每个葡萄糖分子上有 3 个羟基，若都酰化，就是三醋酸纤维素，它溶于二氯甲烷-甲醇混合溶剂，不溶于丙酮。若 2.5 个羟基酰化，则溶于丙酮，用处最大，就是通常指的醋酸纤维素。

## 三、仪器和试剂

1. 仪器：烧杯，吸滤瓶，瓷漏斗，铜水浴锅。

2. 试剂：脱脂棉，冰醋酸，乙酸酐，浓硫酸，丙酮，苯，甲醇。

## 四、实验步骤

400mL 烧杯中加入 2.5g 脱脂棉、17.5mL 冰醋酸、0.1mL（2～3 滴）浓硫酸（不得直接加到棉花上）、12.5mL 乙酸酐。盖一个培养皿（或表面皿）于 50℃水浴加热。每隔一段时间用玻璃棒搅拌，使纤维素酰化。1.5～2h 后，内容物成为均相糊状物，棉花纤维素的全部羟基均被乙酸酐酰化，用它分离出三醋酸纤维素和制备 2.5 醋酸纤维素。

### 1. 三醋酸纤维素的分离

取上面制得的糊状物的一半倒入另一只 400mL 烧杯，加热至 60℃，搅拌下慢慢加入 6.25mL 80%的乙酸（已预热至 60℃），以破坏过量的乙酸酐（不要加得太快，以免三醋酸纤维沉淀出来）。维持 60℃ 15min 后，搅拌下慢慢加入 6.25mL 水，再以较快速度加入

50mL 水，白色、松散的三醋酸纤维素即沉淀出来。将沉出的三醋酸纤维素在瓷漏斗吸滤后，分散于 75mL 水中，倾去上层水并反复洗至中性。再滤出三醋酸纤维素，用瓶盖将水压干，于 105℃干燥，产量约 1.75g。它溶于 9∶1（体积比）二氯甲烷-甲醇混合溶剂中，不溶于丙酮及沸腾的 1∶1（体积比）苯-甲醇混合物。

**2. 2.5 醋酸纤维素的制备**

将另一半糊状物于 60℃，搅拌下慢慢倒入 12.5mL 70%的乙酸（已预热至 60℃）及 0.035mL（1～2 滴）浓硫酸的混合物中，于 60℃水浴加热 2h，使三醋酸纤维素部分皂化，得 2.5 醋酸纤维素。之后加水、洗涤、吸滤等操作与三醋酸纤维素制备的相同。产量约 1.5g，它溶于丙酮及 1∶1 苯-甲醇混合溶剂。

## 五、注意事项

1. 本实验所用棉花以及得到的酰化纤维素虽然质量不多，但体积较大，故亦可按其 1/2 的量进行操作。

2. 制备三醋酸纤维素时，浓硫酸不可直接滴在棉花上。待冰醋酸、乙酸酐将棉花浸润后或直接加入冰醋酸滴入。

## 六、思考题

1. 试计算本实验中纤维素羟基与乙酸酐的物质的量比。乙酸酐过量多少？破坏这些乙酸酐需用多少水？

2. 计算本实验的产率，并列出溶解度实验结果。

# 实验四 苯乙烯-顺丁烯二酸酐共聚物的合成

## 一、实验目的

通过苯乙烯-顺丁烯二酸酐共聚物的合成，了解共聚合的原理及其特点。

## 二、实验原理

本实验制备的苯乙烯-顺丁烯二酸酐共聚物是采用苯乙烯与顺丁烯二酸酐（马来酸酐），在甲苯（或乙苯）溶剂中以过氧化苯甲酰为引发剂进行溶液聚合，因为生成的苯乙烯-顺丁烯二酸酐共聚物不溶于溶剂，因而又称为沉淀聚合。顺丁烯二酸酐自身很难聚合，但与苯乙烯很容易进行共聚，而且总是形成 1∶1 的交替共聚物。其反应式如下：

$$n\,CH_2{=}CH(C_6H_5) + n\,\underset{O=C-O-C=O}{CH{=}CH} \longrightarrow \left[ CH_2-CH(C_6H_5)-\underset{O=C-O-C=O}{CH-CH} \right]_n$$

## 三、仪器和试剂

1. 仪器：四口瓶，回流冷凝管，电动搅拌器，恒温水浴，温度计，滴液漏斗。

2. 试剂：马来酸酐，苯乙烯，过氧化苯甲酰，二甲苯。

## 四、实验步骤

1. 在装有搅拌器、回流冷凝管、温度计和滴液漏斗的 250mL 四口瓶中加入 12g 马来酸酐和 100mL 二甲苯，加热至 80℃使其全部溶解。

2. 将 13g 苯乙烯、0.25～0.35g 过氧化苯甲酰和 50mL 二甲苯混合摇匀后自滴液漏斗加入反应瓶中，温度不超过 90℃，30～40min 滴完。

3. 从出现白色沉淀聚合物时算起，在 100～105℃下，反应 2h 左右，即可停止反应。

4. 将产物冷却至室温，过滤（回收二甲苯），用石油醚洗涤，干燥，即得白色粉末状苯乙烯-顺丁烯二酸酐共聚物。

## 五、注意事项

1. 本实验的温度控制是实验成败的关键。

2. 反应液的滴加速度不能太快。

# 实验五　聚乙烯醇缩甲醛的制备与分析

## 一、实验目的

1. 了解聚乙烯醇缩甲醛化学反应的原理。

2. 熟悉聚合物中官能团反应的原理。

3. 利用聚合物化学反应制备聚乙烯醇缩甲醛。

## 二、实验原理

聚乙烯醇缩甲醛（PVF）胶黏剂的商品名为 107 胶，俗称白胶水，从 20 世纪 80 年代初期开始一直在建筑工程、鞋业、啤酒（粘标签）、纸品等行业得到广泛的应用。水溶性 PVA 应用范围正在逐步扩大，但由于其分子中含有大量羟基，其亲水性较强。如果用于黏合复合纸，则存在耐折度、弹性、耐水性较差等问题。如果与淀粉同用，则天气变化易形成胶冻和霉变，并且 PVA 存在着季节性问题（在 4℃时就会冻结）和原料来源紧缺等。这样，使 PVA 的生产和使用受到了很大的限制。随着社会的发展，人们对胶黏剂的要求日益提高，针对 PVA 存在的缺点，不少厂家是通过加入某些化合物，使之与 PVA 的羟基发生反应生成新的化学键或与 PVA 进行物理交联生成氢键来提高其抗水性、抗霉性、抗冻性和耐湿性等，常见的产品就是 107 胶。这种 107 胶有一些良好的性能，例如黏结性、增稠性、流平性等。但建材行业标准 JC 438—61 对它做出了 7 项规定，其中黏度要求大于 1.0Pa·s，剥离强度大于等于 10N。黏度大于 1.0Pa·s 的 107 胶很稠，如果不采取改性措施，聚乙烯醇的用量在 8%～10%的范围内是很难满足该要求的，而聚乙烯醇大于 10%是市场价格所不允许的，更重要的是给某些用途的使用带来不方便。180°剥离强度大于等于 10N 的规定与未改性之前的情况相差甚远，都在 6N 以下。107 胶存在着黏结强度低和低温凝胶性两种固有不足，因而对其进行改性是必要的。

聚乙烯醇缩甲醛是利用聚乙烯醇与甲醛在盐酸催化作用下而制得的。其反应式如下：

$$\sim\!\sim CH_2-\underset{\displaystyle OH}{\underset{|}{CH}}-CH_2-\underset{\displaystyle OH}{\underset{|}{CH}}\sim\!\sim + HCHO \xrightarrow{HCl} \sim\!\sim CH_2-\underset{|}{CH}-CH_2-\underset{|}{CH}\sim\!\sim + H_2O$$

$$\qquad\qquad\qquad\qquad\qquad\qquad\qquad\qquad\qquad O-CH_2-O$$

（聚乙烯醇）　　　　　　　　　　　　　　　　（聚乙烯醇缩甲醛）

聚乙烯醇缩醛化机理如下：

$$CH_2O + H^+ \longrightarrow CH_2OH^+$$

$$\sim\!\sim CH_2-CH-CH_2-CH\sim\!\sim + CH_2OH^+ \underset{极慢}{\overset{缓慢}{\rightleftharpoons}} \sim\!\sim CH_2-\underset{\displaystyle OCH_2^+}{\underset{|}{CH}}-CH_2-\underset{\displaystyle OH}{\underset{|}{CH}}\sim\!\sim + H_2O$$

聚乙烯醇是水溶性的高聚物，如果用甲醛将它进行部分缩醛化，随着缩醛化度的增加，水溶性越差，作为维尼纶用的聚乙烯醇缩甲醛，其缩醛化度控制在35%左右，它不溶于水，是性能优良的合成纤维。

本实验是要合成水溶性的聚乙烯醇缩甲醛，即胶水。反应过程中需要控制较低的缩醛化度以保持产物的水溶性，若反应过于猛烈，则会造成局部缩醛化度过高，导致不溶于水的物质存在，影响胶水质量。因此在反应过程中，特别应注意要严格控制催化剂用量、反应温度、反应时间及反应物比例等因素。

聚乙烯醇缩甲醛随缩醛化度的不同，性质和用途各有所不同，它能溶于甲酸、乙酸、二氧六环、氯代烃（二氯乙烷、氯仿、二氯甲烷）、乙醇-甲苯混合物（30∶70）、乙醇-甲苯混合物（40∶60）以及60%的含水乙醇中。缩醛化度为75%～85%的聚乙烯醇缩甲醛，其重要的用途是制造绝缘漆和黏合剂。

## 三、仪器和试剂

1.仪器：机械搅拌器，1000mL烧瓶，布氏漏斗，水蒸气蒸馏装置，锥形瓶，酸式滴定管。

2.试剂：聚乙烯醇，98%硫酸，35%～38%甲醛水溶液，麝香草酚酞液，0.5mol/L亚硫酸钠溶液，0.05mol/L硫酸。

## 四、实验步骤

**方法一：**

在250mL烧杯中，加入90mL去离子水、11g聚乙烯醇，在搅拌下升温溶解。待聚乙烯醇完全溶解后，于90℃左右加入2mL甲醛（40%的工业甲醛）搅拌15min。再加入1∶4盐酸0.5mL，控制反应体系pH值在1～3，保持反应温度在90℃左右，继续搅拌，反应体系逐渐变稠，当体系中出现气泡或者有絮状物产生，立即迅速加入1.5mL 8%的NaOH溶液，调节体系的pH值为8～9。然后冷却降温出料，获得无色透明黏稠的液体。

**方法二：**

**1. 聚乙烯醇的溶解**

2g聚乙烯醇溶于170g 40%的硫酸。方法如下：取30～50mL的水，在70～80℃将聚乙烯醇调成浆，用剩下的计算量水稀释所需的98%的硫酸，然后于30℃将两者混合。

**2. 聚乙烯醇缩甲醛的制备**

在装有机械搅拌器的1000mL烧瓶或在配有磁力搅拌器的250mL锥形瓶中，加入上述聚乙烯醇的硫酸溶液，然后加入35%～38%的甲醛水溶液，在室温下搅拌反应2h，仔细观察反应过程的变化。在搅拌下加入约 200mL 水，析出沉淀。使用布氏漏斗过滤，水洗至滤液中无 $SO_4^{2-}$ 。置于表面皿上，在常压下以 40℃初步干燥，再于真空下彻底干燥，计算产率。

**3. 聚乙烯醇缩甲醛的分析**

安装水蒸气蒸馏装置，将 1.00g 聚乙烯醇缩甲醛加入圆底烧瓶中，加入 40%的硫酸 150g，进行水蒸气蒸馏，用锥形瓶收集馏出液 250mL，此时聚乙烯醇缩甲醛已全部溶解。吸取 25.00mL 馏出液，加麝香草酚酞液两滴，用稀碱调节至中性。加入 20mL 0.5mol/L 亚硫酸钠溶液，混合后静置 10 min，再加入一滴麝香草酚酞液，以 0.05mol/L 硫酸滴定至终点，记录硫酸用量（$V_2$）。以 30mL 0.5mol/L 亚硫酸钠溶液做空白实验，记录硫酸用量（$V_1$），计算样品中甲醛的百分含量和聚乙烯醇缩甲醛的缩醛化度。

计算式如下：

$$w_{CH_2O}=\frac{(V_1-V_2)\times M\times 30\times a}{W\times 1000\times b}$$

式中，$M$ 为硫酸溶液的物质的量浓度；$W$ 为试样质量；$a$ 和 $b$ 分别为容量瓶和吸取分析溶液的体积。

## 五、注意事项

1. 加盐酸和加甲醛都需要迅速加入。

2. 在反应过程中经常检查 pH 值，当 pH 值大于 3 时，要及时补加 HCl，把 pH 值调下来，保证反应正向进行。

3. 由于甲醛挥发和盐酸部分挥发，反应要在通风橱中进行。

4. 终止反应要迅速，不能让缩醛化度过高而变成维尼纶。

5. 反应后所得的胶水要倒在指定的地方，不能倒在水池中，防止堵塞。

## 六、思考题

1. 试讨论缩醛化反应机理及催化剂的作用。

2. 为什么缩醛化度增加，水溶性下降，当达到一定的缩醛化度以后，产物完全不溶于水？

3. 产物最终为什么要把 pH 值调到 8～9？试讨论缩醛对酸和碱的稳定性。

4. 试分析影响聚乙烯醇缩甲醛性质的因素有哪些？

# 实验六 聚乙烯醇缩丁醛的制备

## 一、实验目的

了解聚合物中官能团反应及缩聚反应的知识。

## 二、实验原理

聚乙烯醇缩丁醛树脂是粘接力大、制造透明安全玻璃的一种原料，是利用聚乙烯醇与正丁醛在盐酸催化作用下而制得的。其反应式如下：

$$\text{-}\!\!\left[CH_2-\underset{OH}{CH}-CH_2-\underset{OH}{CH}\right]\!\!_n\text{-} + C_3H_7CHO \longrightarrow \text{-}\!\!\left[CH_2-\underset{|}{CH}-CH_2-\underset{|}{CH}\right]\!\!_n\text{-} \quad (O-\underset{C_3H_7}{CH}-O)$$

## 三、仪器和试剂

1. 仪器：四口瓶，搅拌器，温度计，冷凝管，移液管，恒温水浴。
2. 试剂：聚乙烯醇，正丁醛，20%HCl，95%乙醇。

## 四、实验步骤

在装有搅拌器、冷凝管和温度计的250mL四口瓶中加入10%的PVA水溶液100mL，测pH值，若pH>7，用20%的HCl调节中性（几滴即可）。移取5.8g（7mL）正丁醛于反应瓶中，搅拌，溶解15min，加入2.4mL 20%的HCl。加酸后变白，开始很稠，慢慢黏度降低。反应温度控制在8～10℃反应1h，10～15℃约1h，15～20℃约0.5 h，然后逐渐升温至50～55℃，反应时间约3h，冷却至室温。用布氏漏斗抽滤，水洗至中性（未反应的正丁醛难溶于冰水，除去困难，可改用30～40℃温水处理，或用低浓度的乙醇溶液洗涤），抽干，在真空烘箱中干燥，温度控制在40℃左右，产物为白色粉末，可溶于酯类和乙醇中，亦溶于苯和乙醇的混合液中，缩醛化度约为40%。实验聚乙烯醇缩丁醛的溶解度，并同聚乙烯醇比较。

## 五、思考题

试分析影响聚乙烯醇缩丁醛性质的因素有哪些？

# 实验七 环氧氯丙烷交联淀粉的制备

## 一、实验目的

1. 通过交联淀粉的制备来掌握高分子交联反应中的一些基本操作技术。
2. 通过交联淀粉的制备来了解天然高分子交联改性反应的特点以及产品的性质。

## 二、实验原理

交联淀粉是含有两个或两个以上官能团的化学试剂，即交联剂（如甲醛、环氧氯丙烷等）同淀粉分子的羟基作用生成的衍生物。颗粒中淀粉分子间由氢键结合成颗粒结构，在热水中受热，氢键强度减弱，颗粒吸水膨胀，黏度上升，达到最高值，表示膨胀颗粒已经达到了最大的水合作用。继续加热，氢键破裂，颗粒破裂，黏度下降。交联化学键的强度远高于氢键，能增强颗粒结构的强度，抑制颗粒膨胀、破裂和黏度下降。

交联淀粉的生产工艺主要取决于交联剂，大多数反应在悬浮液中进行，反应温度控制在30～35℃，介质为碱性。在碱性介质下，以环氧氯丙烷为交联剂制备交联淀粉的反应式如下：

$$\mathrm{St{-}OH} + \overset{\quad\ \ O}{\mathrm{CH_2{-}CH}}{-}\mathrm{CH_2Cl} \xrightarrow{OH^-} \mathrm{St{-}O{-}CH_2{-}\underset{OH}{CH}{-}CH_2Cl}$$

$$\xrightarrow{OH^-} \mathrm{St{-}O{-}CH_2{-}}\overset{\quad\ \ O}{\mathrm{CH{-}CH_2}}$$

$$\mathrm{St{-}OH} + \mathrm{St{-}O{-}CH_2{-}}\overset{\quad\ \ O}{\mathrm{CH{-}CH_2}} \xrightarrow{OH^-} \mathrm{St{-}O{-}CH_2{-}\underset{OH}{CH}{-}CH_2{-}O{-}St}$$

交联淀粉主要性能体现在其耐酸性、耐碱性和耐剪切力，冷冻稳定性和冻融稳定性好，并且具有糊化温度高、膨胀性小、黏度大和耐高温等性质。随交联程度增加，淀粉分子间交联化学键数量增加。约 100 个 AGU（脱水葡萄糖单元）有一个交联键时，则交联完全抑制颗粒在沸水中膨胀，不糊化。交联淀粉的许多性能优于淀粉。交联淀粉提高了糊化温度和黏度，比淀粉糊稳定程度有很大的提高。淀粉糊黏度受剪切力影响降低很多，而经低度交联便能提高稳定性。交联淀粉的耐酸、碱的稳定性也大大优于淀粉。近几年研究很多的水不溶性淀粉基吸附剂通常是用环氧氯丙烷交联淀粉为原料来制备的。

本实验以环氧氯丙烷为交联剂，在碱性介质下制备交联玉米淀粉，通过沉降法测定交联淀粉的交联度。

## 三、仪器和试剂

1. 仪器：三口烧瓶，磨口冷凝管，温度计，烧杯，TP310 型台式精密酸度计，磁力加热搅拌器，超级恒温水浴，电子天平，移液管，精密电动搅拌器，循环水式真空泵，离心沉降机。

2. 试剂：玉米淀粉，无水乙醇，氯化钠，环氧氯丙烷，氢氧化钠，盐酸。

## 四、实验步骤

1. 25g 玉米淀粉配成 40%的淀粉乳液，放入三口烧瓶中，加入 3g NaCl，开始用机械搅拌器以 60r/min 的速度搅拌，混合均匀后，用 1mol/L 的 NaOH 调节 pH 值至 10.0，加入 10mL 环氧氯丙烷，于 30℃下反应 3h，即得交联淀粉。

2. 用 2%的盐酸调节 pH 值至 6.0～6.8，得中性溶液，过滤，分别以水、乙醇洗涤，干燥。

3. 交联度的测定。准确称取 0.5g 绝对干燥的样品于 100mL 烧杯中，用移液管加 25mL 蒸馏水制成浓度 2%的淀粉溶液。将烧杯置于 82～85℃水浴中，稍加搅拌，保温 2min，取出冷却至室温。用 2 支刻度离心管分别倒入 10mL 淀粉糊溶液，对称装入离心沉降机内，开动离心沉降机，缓慢加速至 4000r/min。用秒表计时，运转 2min，停止。取出离心管，将上清液倒入另一支同样体积的离心管中，读出的体积（mL）即为沉降体积。对同一样品进行两次平行测定。

## 五、思考题

1. 反应混合液中所添加的氯化钠起什么作用？

2. 交联淀粉还有其他的结构表征方法吗？

# 实验八　线型聚苯乙烯的磺化

## 一、实验目的

1. 了解线型聚苯乙烯的磺化反应历程。

2. 了解线型聚苯乙烯磺化反应的实施方法及磺化度的测定方法。

## 二、实验原理

磺化聚苯乙烯（sulphonated polystyrene，SPS）在 20 世纪 40 年代率先由印度学者 Asish Ranjan Mukherjee 和 Chitte Rahd 提出合成方法并成功合成。后经各国科学工作者不断研究发展，合成技术日臻完善。纯净的 SPS 是淡棕色薄片状硬固体，在水、甲醇、乙醇、丙醇中可全部溶解，但不溶解于苯、四氯化碳、氯仿和甲基乙基酮。浓度为 1%以上的水溶液较黏并在溶液中表现出典型的聚电解质性质。SPS 一方面具有憎水的有机长链，同时又具有水溶性的磺酸基，能溶于水合低级醇。还能溶解各种水垢且不会沉淀，对金属有一定的腐蚀性，但腐蚀性较低。低磺化度的 SPS 还具有一定的乳化性能，可广泛用于工业水处理、油田化学及各类清洗剂产品等领域。

线型聚苯乙烯的侧基是苯基，其对位仍具有较高的反应活性，在亲电试剂的作用下可发生亲电取代反应，即首先由亲电试剂进攻苯基，生成活性中间体碳正离子，然后失去一个质子生成苯基磺酸。但线型聚苯乙烯高分子不同于小分子苯，由于受磺化剂扩散速率、局部浓度等物理因素和概率效应、邻近基团效应等化学因素的影响，磺化速率要低一些，磺化度也难以达到 100%。

线型磺化聚苯乙烯主要合成方法有两种：一种是以聚苯乙烯（PS）为原料，将其溶解于适当溶剂中，通过滴加发烟硫酸、$SO_3$、$ClSO_3H$ 等强磺化剂，在催化剂和一定温度下进行反应；另一种是将苯乙烯单体磺化后，由磺化苯乙烯聚合得到磺化聚苯乙烯。前一种方法以廉价易得的通用树脂 PS 为原料，产物分离过程简单。本实验采用乙酰基磺酸（$CH_3COOSO_3H$）对线型聚苯乙烯进行磺化，与常用的磺化剂浓硫酸相比，乙酰基磺酸的反应性能比较温和，磺化所需温度比较低，而浓硫酸所需温度较高，易导致交联或降解等副反应。一般来说，线型聚苯乙烯的磺化反应由于磺酸基的引入使聚苯乙烯侧基更庞大，而且磺酸基之间有缔合作用，因此其玻璃化温度随磺化度的增加而提高。

## 三、仪器和试剂

1. 仪器：500mL 磨口四口烧瓶一个，50mL 滴液漏斗一个，0～100℃温度计两支，冷凝管一个，磁力搅拌器一台，恒温加热装置一套，真空烘箱一台，分析天平一台，水泵一台，碱式滴定管一支，1L、150mL 烧杯各一只，100mL 量筒一个，锥形瓶一个，布氏漏斗一个，研钵一个。

2. 试剂：线型聚苯乙烯（自制），二氯乙烷，乙酸酐，浓硫酸，苯-甲醇混合液，氢氧化钠-甲醇标准溶液，酚酞。

## 四、实验步骤

### 1. 磺化剂的制备

在 150mL 烧杯中，加入 39.5mL 二氯乙烷，再加入 8.2g（0.08mol）乙酸酐，将溶液冷却至 10℃以下，在搅拌下逐步加入 95%的浓硫酸 4.9g（0.05mol），即可得到透明的乙酰基磺酸磺化剂。

$$(CH_3CO)_2O + H_2SO_4 \longrightarrow CH_3COOSO_3H + CH_3COOH$$

### 2. 磺化

接好实验装置，在 500mL 四口烧瓶中加入 20g 聚苯乙烯和 100mL 二氯乙烷，加热使其溶解，将温度升至 65℃，慢慢滴加磺化剂，滴加速度控制在 0.5～1.0mL/min，滴加完以后，在 65℃下搅拌反应 90～120min，得浅棕色液体。然后将此反应液在搅拌下慢慢滴入盛有 700mL 沸水的烧杯中，则磺化聚苯乙烯以小颗粒形态析出，用热的去离子水反复洗涤至反应液呈中性。过滤，干燥，研细后在真空烘箱中干燥至恒重。

$$\sim CH_2CH(C_6H_5)\sim + CH_3COOSO_3H \xrightarrow{\text{二氯乙烷}} \sim CH_2CH(C_6H_4SO_3H)\sim$$

### 3. 滴定

称取 1～2g 干燥的磺化聚苯乙烯样品，溶于苯-甲醇（体积比 80∶20）混合液中，配成约 5%的溶液。用约 0.1mol/L 的 NaOH-$CH_3OH$ 标准溶液滴定，酚酞为指示剂，直到溶液呈微红色。在滴定过程中不能有聚合物自溶液中析出。如出现此情况，应配制更稀的聚合物溶液滴定。

## 五、结果与讨论

1. 记录反应配方和反应现象。

2. 根据 NaOH-$CH_3OH$ 标准溶液消耗体积计算磺化度。磺化度是指 100 个苯乙烯链节单元中所含的磺酸基个数。磺化度（%）的计算公式如下：

$$\text{磺化度} = \frac{Vc \times 0.001}{(m - Vc \times 81/1000)\ /104} \times 100\%$$

式中，$V$ 为 NaOH-$CH_3OH$ 标准溶液的体积；$c$ 为 NaOH-$CH_3OH$ 标准溶液的物质的量浓度；$m$ 为磺化聚苯乙烯的质量；104 为聚苯乙烯链节分子量；81 为磺酸基化学式量。

## 六、思考题

1. 试由测得的磺化度分析聚合物发生化学反应的特点。

2. 采用哪些物理和化学方法可判定聚苯乙烯已被磺化？为什么？

# 实验九　高吸水性树脂的制备

## 一、实验目的

1. 了解高吸水性树脂的基本功能及其用途。
2. 了解合成聚合物类高吸水性树脂制备的基本方法。
3. 了解反向悬浮聚合制备亲水性聚合物的方法。

## 二、实验原理

吸水树脂是指不溶于水、在水中溶胀的具有交联结构的高分子。吸水量达平衡时，以干粉为基准的吸水率倍数与单体性质、交联密度以及水质情况（如是否含有无机盐以及无机盐浓度）等因素有关。根据吸水量和用途的不同，大致可分为两大类：一类吸水量仅为干树脂量的百分之数十者，吸水后具有一定的机械强度，它们称为水凝胶，可用作接触眼镜、医用修复材料、渗透膜等；另一类吸水量可达干树脂量的数十倍，甚至高达3000倍，称为高吸水性树脂。高吸水性树脂用途十分广泛，在石化、化工、建筑、农业、医疗以及日常生活中有着广泛的应用，如用作吸水材料、堵水材料，用于蔬菜栽培、吸水尿布、妇女卫生用品等。

制备高吸水性树脂，通常是将一些水溶性高分子（如聚丙烯酸、聚乙烯醇、聚丙烯酰胺、聚氧化乙烯等）进行轻微的交联而得到。根据原料来源、亲水基团引入方式、交联方式的不同，高吸水性树脂有许多品种。目前，习惯上按其制备时的原料来源分为淀粉类、纤维素类和合成聚合物类三大类，前两者是在天然高分子中引入亲水基团制成的，后者则是由亲水性单体的聚合或合成高分子化合物的化学改性制得的。

一般来说，高吸水性树脂在结构上应具有以下特点。

1. 分子中具有强亲水性基团，如羧基、羟基等。与水接触时，聚合物分子能与水分子迅速形成氢键或其他化学键，对水等强极性物质有一定的吸附能力。

2. 聚合物通常为交联型结构，在溶剂中不溶，吸水后能迅速溶胀。由于水被包裹在呈凝胶状的分子网络中，不易流失和挥发。

3. 聚合物应具有一定的立体结构和较高的分子量，吸水后能保持一定的机械强度。

高吸水性树脂的其他特性如下。

（1）高吸水性　能吸收自身质量数百倍或上千倍的无离子水。

（2）高吸水速率　每克高吸水性树脂能在30s内就吸足数百克的无离子水。

（3）高保水性　吸水后的凝胶在外加压力下，水也不容易从中挤出来。

（4）高膨胀性　吸水后的高吸水性树脂凝胶体体积随即膨胀数百倍。

（5）吸氨性　低交联型聚丙烯酸盐型高吸水性树脂，其分子结构中含有羧基阴离子，遇氨可将其吸收，有明显的去臭作用。

（6）安全性　无毒、无刺激。

合成聚合物类高吸水性树脂目前主要有聚丙烯酸盐和聚乙烯醇两大系列。根据所用原料、制备工艺和亲水基团引入方式的不同，衍生出许多品种。其合成路线主要有两条途径：

第一条途径是由亲水性单体或水溶性单体与交联剂共聚，必要时加入含有长碳链的憎水性单体以提高其机械强度，调整单体的比例和交联剂的用量以获得不同吸水率的产品，这类单体通常经由自由基聚合制备；第二条途径是将已合成的水溶性高分子进行化学交联使之转变成交联结构，不溶于水而仅溶胀。本实验采用第一条合成路线，用水溶性单体丙烯酸以反向悬浮聚合方法制备高吸水性树脂。

通常，悬浮聚合是采用水作为分散介质，在搅拌和分散剂的双重作用下，单体被分散成细小的颗粒进行的聚合。由于丙烯酸是水溶性单体，不能以水作为聚合介质，因此聚合必须在有机溶剂中进行，即反向悬浮聚合。

将丙烯酸与二烯类单体在引发剂作用下进行聚合，可得交联型聚丙烯酸。再用氢氧化钠等强碱性物质进行皂化处理，将—COOH 转变为—COONa，即得到聚丙烯酸盐类高吸水性树脂。

$$
\begin{array}{c} H_2C{=}CH \\ \quad | \\ \quad COOH \end{array}
+ CH_2{=}CH{-}R{-}CH{=}CH_2
\xrightarrow{(NH_4)_2S_2O_8}
\begin{array}{l}
\sim\sim CH_2{-}\underset{\displaystyle COOH}{\underset{|}{CH}}{-}CH_2{-}CH{-}CH_2{-}\underset{\displaystyle COOH}{\underset{|}{CH}}{-}CH_2{-}CH\sim\sim \\
\qquad\qquad\qquad\qquad\;\; R \qquad\qquad\qquad\quad\;\; R \\
\sim\sim CH_2{-}\underset{\displaystyle COOH}{\underset{|}{CH}}{-}CH_2{-}CH{-}CH_2{-}\underset{\displaystyle COOH}{\underset{|}{CH}}{-}CH_2{-}CH\sim\sim
\end{array}
$$

$$
\xrightarrow{NaOH}
\begin{array}{l}
\sim\sim CH_2{-}\underset{\displaystyle COONa}{\underset{|}{CH}}{-}CH_2{-}CH{-}CH_2{-}\underset{\displaystyle COONa}{\underset{|}{CH}}{-}CH_2{-}CH\sim\sim \\
\qquad\qquad\qquad\qquad\;\; R \qquad\qquad\qquad\quad\;\; R \\
\sim\sim CH_2{-}\underset{\displaystyle COONa}{\underset{|}{CH}}{-}CH_2{-}CH{-}CH_2{-}\underset{\displaystyle COONa}{\underset{|}{CH}}{-}CH_2{-}CH\sim\sim
\end{array}
$$

丙烯酸在聚合过程中由于强烈的氢键作用，自动加速效应十分严重，聚合后期极易发生凝胶，故工业上常采用将丙烯酸先皂化再聚合的方法。

## 三、仪器和试剂

1. 仪器：250mL 磨口三口烧瓶一个，冷凝管一支，100℃温度计一支，电动搅拌器一套，150mL 布氏漏斗一只，20mL 烧杯一个，50mL 烧杯一个，抽滤瓶，恒温水浴槽，150mm 培养皿一只，100cm×100cm 布袋三只，干燥器，真空装置一套。

2. 试剂：丙烯酸（聚合级），三乙二醇双丙烯酸甲酯，过硫酸铵，Span80（失水山梨醇脂肪酸酯 80），环己烷，氢氧化钠-乙醇溶液。

## 四、实验步骤

### 1. 树脂制备

（1）称取 Span80 2.5g 置于烧杯中，加入环己烷 150g，搅拌使之溶解。

（2）称取丙烯酸 50g、三乙二醇双丙烯酸甲酯 5g 置于烧杯中，加入过硫酸铵 0.25g，搅拌使之溶解。

（3）安装好聚合反应装置，加入环己烷溶液，开动搅拌，升温至 70℃。停止搅拌，将单体混合溶液加入三口烧瓶中。重新开动搅拌，调节搅拌速度，使单体分散成大小适当的液滴。

（4）保温反应 2h。然后升温至 90℃，继续反应 1h。

（5）撤去热源，在搅拌下自然冷却至室温。

（6）用布氏漏斗抽滤，然后用无水乙醇淋洗 3 次，每次用乙醇 50mL。最后抽干，铺在培养皿中，置于80℃烘箱中烘至恒重。放于干燥器中保存。

(7) 取上述干燥的树脂30g，置于三口烧瓶中，加入氢氧化钠-乙醇溶液200mL。装上冷凝器和温度计，在室温下静置1h，然后开动搅拌，升温至溶液开始回流，注意回流不要太剧烈。在回流下保持2h。

(8) 撤去电源，在搅拌下自然冷却至室温。用布氏漏斗抽滤，用无水乙醇淋洗3次，每次用乙醇50mL。最后抽干，铺在培养皿中，置于85℃中烘至恒重，所得到的高吸水性树脂放于干燥器中保存。

**2. 吸水率测定**

(1) 取一只布袋于自来水中浸透，沥取滴水，并用滤纸将表面水分吸干。称重，记下湿布袋的质量 $m_1$。

(2) 称取上述已烘干的高吸水性树脂2g左右，放入另一只同样布料和大小的布袋中，将布袋口部扎紧。

(3) 将500mL烧杯中装满自来水，将装有高吸水性树脂的布袋置于水中，静置0.5h。取出，沥干水分。当布袋外无水滴后，再用滤纸将布袋表面擦干，称重，记为 $m_2$。

(4) 高吸水性树脂的吸水率 $S$（g水/g树脂）由下式计算：

$$S=\frac{m_2-m_1-m}{m}\times 100\%$$

式中，$m$ 为吸水树脂试样的质量，g。

(5) 用同样方法测定高吸水性树脂对去离子水的吸水率。

## 五、结果与讨论

1. 比较高吸水性树脂对自来水与去离子水的吸水率？

2. 如果实验中所用的三乙二醇双丙烯酸甲酯的用量加大，试分析高吸水性树脂的吸水率将会发生如何变化？

3. 讨论高吸水性树脂的吸水机理。

# 实验十 聚甲基丙烯酸甲酯的解聚反应

## 一、实验目的

1. 了解甲基丙烯酸甲酯的自由基解聚反应历程。

2. 了解由聚甲基丙烯酸甲酯通过解聚回收单体的实施方法。

## 二、实验原理

解聚反应是聚合反应的逆反应。聚合物在受热时，主链发生断裂，形成自由基，之后聚合物的链节以单体形式逐一从自由基端脱除，进行解聚。解聚反应在聚合上限温度时容易进行。聚甲基丙烯酸甲酯的主链上带有季碳原子，无叔氢原子，受热时难以发生链转移，而且聚甲基丙烯酸甲酯的聚合热（−56.5kJ/mol）和聚合上限温度（164℃）较低，因此以单体脱除形式进行解聚反应。其反应式如下：

$$\sim\sim CH_2-\underset{COOCH_3}{\overset{CH_3}{C}}-CH_2-\underset{COOCH_3}{\overset{CH_3}{C}}\cdot \longrightarrow \sim\sim CH_2-\underset{COOCH_3}{\overset{CH_3}{C}}\cdot + CH_2=\underset{COOCH_3}{\overset{CH_3}{C}}$$

在 270℃以上，聚甲基丙烯酸甲酯可以完全解聚为单体，330℃时解聚半衰期为 30min，温度较高时则伴有无规断链。利用热解聚原理，可以由废有机玻璃回收单体。但聚甲基丙烯酸甲酯不同于聚缩醛，聚缩醛不经稳定化处理就没有使用价值，而聚甲基丙烯酸甲酯在不含任何稳定剂或加入稳定用的共聚单体时，仍具有足够的稳定性。

## 三、仪器和试剂

1. 仪器：250mL 蒸馏瓶一个，硅油浴一套，直角弯管一个，冷阱两只，真空装置一套。

2. 试剂：聚甲基丙烯酸甲酯树脂，干冰-甲醇。

## 四、实验步骤

1. 将 60g 聚甲基丙烯酸甲酯树脂放入 250mL 蒸馏瓶中，然后将蒸馏瓶用直角弯管与两个冷阱相连，用干冰-甲醇作冷浴使冷阱温度维持在−8℃。

2. 将装置抽真空到 13.33Pa，把蒸馏瓶放在硅油浴上加热，快速升温至 330℃，维持此温度进行降解反应，直至蒸馏瓶内仅存少量残余物为止。

3. 待冷阱中单体全部液化后撤去硅油浴，关闭真空，收集单体并称量，计算产率。

4. 测定产物折射率（文献值 $n=1.414$），产物若不立即使用，可置于冰箱中或加入 0.2g 对苯二酚放置待用。

## 五、结果与讨论

根据所得产物质量计算聚甲基丙烯酸甲酯解聚反应的产率。

## 六、思考题

1. 既然解聚反应是聚合反应的逆反应，可否加入引发剂使聚甲基丙烯酸甲酯反增长，从而在较低的温度下得到单体？

2. 此解聚反应过程中有哪些可能的副反应？

# 实验十一　聚丙烯酰胺的交联

## 一、实验目的

1. 了解和掌握聚合物的交联方法。

2. 了解交联聚丙烯酰胺的性质。

## 二、实验原理

聚丙烯酰胺及其衍生物是一类用途广泛的水溶性高分子，可用作絮凝剂、纸张增强剂、降滤失剂等，已被应用于水处理、造纸、石油开采等领域。其交联型聚合物由于具有吸水、保水、溶胀等性能，可以用作土壤保水剂、油田堵水剂、“尿不湿”材料。

聚合物的交联有化学交联和物理交联两种类型，大分子链之间通过化学键连接在一起称为化学交联；由氢键、极性基团的物理力结合在一起，则称为物理交联。本实验介绍聚丙烯酰胺的化学交联。

线型高分子通过化学交联形成网状结构的聚合物，对聚合物的性能有很大影响。如降低线型聚合物的溶解性，提高聚合物制品的形状稳定性、热稳定性和玻璃化温度等。

聚合物的交联应用十分广泛。如橡胶制品，交联后可防止大分子之间的滑移，消除不可逆形变，提高弹性；塑料制品在成型加工过程中加入交联剂，可以提高制品的形状稳定性和强度；聚合物膜用作金属的防腐层，交联后体积收缩，紧紧贴在金属表面，可提高防腐效果；此外，黏合剂、涂料等也要用到聚合物的交联反应。在油气田开采过程中，通过聚合物的交联，是应用聚合物进行油气井调剖堵水的重要步骤。

不同的线型高分子交联有不同的交联剂。聚丙烯酰胺是油田广泛应用的一种高分子化合物，在用作堵水剂、调剖剂、压裂液方面需形成交联网状结构。能使聚丙烯酰胺发生交联反应的物质有甲醛、乙醛、乙二醛等。实际应用中多用甲醛。

在 pH<3、加热条件下，聚丙烯酰胺与甲醛发生如下交联反应：

$$
\begin{array}{c}
\sim\!\sim CH_2-\underset{|}{CH}\sim\!\sim \\
m\quad C{=}O \\
| \\
NH_2 \\
\\
NH_2 \\
| \\
n\quad C{=}O \\
\overset{|}{\sim\!\sim CH_2-CH}\sim\!\sim
\end{array}
+HCHO \xrightarrow{H^+}
\begin{array}{c}
\sim\!(CH_2-\underset{|}{CH})_m\!\sim \\
C{=}O \\
| \\
NH \\
/ \\
H_2C \\
\backslash \\
NH \\
| \\
C{=}O \\
\overset{|}{\sim\!(CH_2-CH)_n\!\sim}
\end{array}
+H_2O
$$

交联后的聚丙烯酰胺形成弹性的凝胶，不溶于溶剂水中。

## 三、仪器和试剂

1.仪器：恒温水浴，旋转黏度计，三口烧瓶，球形冷凝管，液封器，温度计，烧杯，量筒。

2.试剂：甲醛溶液，盐酸，聚丙烯酰胺。

## 四、实验步骤

1.配制 4%～6%的聚丙烯酰胺溶液 20mL（可以用自己合成的聚丙烯酰胺，需提前 1～2 天配制）。

2.在旋转黏度计上选用适当的测量模式和转速测试该溶液的表观黏度。

3.将 100mL 三口烧瓶置于恒温水浴中，安装好温度计和冷凝管，加入已配好的聚丙烯酰胺溶液。用 1mol/L 的盐酸调节 pH 值在 3.0 左右。

4.加入 10～12mL 甲醛溶液，升温至 60℃，恒温反应 2h，至体系出现稳定的挑挂现象（即用玻璃棒能够将已经交联的体系直接挑挂起来形成一团整体，同时体系表面有良好的收敛性，体系有较好的弹性，不会出现用玻璃棒挑取丙烯酰胺溶液时出现很长的丝状现象）为止。

5.观察反应过程中体系黏度的变化情况，与反应前有何不同。

## 五、思考与讨论

1. 聚合物的化学反应有哪些特点？
2. 交联后聚丙烯酰胺能否溶于水？为什么？
3. 影响交联反应的因素有哪些？

# 实验十二　聚乙烯醇的制备

## 一、实验目的

1. 了解高分子化学反应的基本原理及特点。
2. 了解聚醋酸乙烯酯醇解反应的原理、特点及影响醇解反应的因素。
3. 掌握聚乙烯醇的制备方法。

## 二、实验原理

由于“乙烯醇”易异构化为乙醛，不能通过理论单体“乙烯醇”的聚合来制备聚乙烯醇（PVA），只能通过聚醋酸乙烯酯（PVAc）的醇解或水解反应来制备，而醇解法制成的PVA 精制容易，纯度较高，主产物的性能较好，因此工业生产通常采用醇解法。

聚醋酸乙烯酯的醇解可以在酸性或碱性条件下进行。酸性条件下的醇解反应由于痕量酸很难从 PVA 中除去，而残留的酸会加速 PVA 的脱水作用，使产物变黄或不溶于水，因此目前多采用碱性醇解法制备 PVA。碱性条件下的醇解反应又有湿法和干法之分。聚醋酸乙烯酯的醇解反应实际上是甲醇与高分子 PVAc 之间的醇-酯交换反应，该醇解反应的机理与低分子的酯交换反应相同。

本实验采用甲醇为醇解剂，氢氧化钠为催化剂，醇解条件较工业上的温和，产物中有副产物乙酸钠。PVAc 醇解主要有湿法和干法两种。

湿法醇解中，氢氧化钠是以水溶液的形式（约 350g/L）加入的，VAc-MeOH 体系的含水量为1%～2%。该方法的特点是醇解反应速率快，设备生产能力大，但副反应较多，碱催化剂耗量也较多，醇解残液的回收比较复杂。

干法醇解中，碱以甲醇溶液的形式加入。反应体系中含水量控制在 0.1%～0.3%以下。该方法的最大特点是副反应少。醇解残液的回收比较简单，但反应速率较慢，物料在醇解机中的停留时间较长。

本实验的主反应为：

$$\sim\sim CH_2-\underset{\underset{OCOCH_3}{|}}{CH}\sim\sim + CH_3OH \xrightarrow{NaOH} \sim\sim CH_2-\underset{\underset{OH}{|}}{CH}\sim\sim + CH_3COOCH_3$$

除主反应以外，还存在如下的副反应：

$$CH_3COOCH_3 + NaOH \longrightarrow CH_3COONa + CH_3OH$$

$$\sim\sim CH_2-\underset{\underset{OCOCH_3}{|}}{CH}\sim\sim + NaOH \longrightarrow \sim\sim CH_2-\underset{\underset{OH}{|}}{CH}\sim\sim + CH_3COONa$$

当反应体系含水量较大时，这两个副反应明显增加，消耗大量的氢氧化钠，从而降低对主反应的催化效能，使醇解反应不完全。为了避免这些副反应，对物料的含水量应严格控制在5%以下。

PVAc的醇解反应生成的PVA不溶于甲醇中，以絮状物析出。PVA可作为悬浮聚合和分散聚合的稳定剂，也可以用来制备维纶。不同的用途对醇解度的要求不同，用作纤维的PVA，其醇解度要大于99.8%，为了制备不同醇解度的PVA，应该选择合适的工艺条件。

(1) 甲醇的用量（或PVAc的浓度）对醇解度的影响很大，随聚合物浓度的增加，醇解度会下降；但聚合物浓度过低，则溶剂的用量增大，溶剂损失和回收工作量很大，成本增加。工业生产中聚合物的含量为22%。

(2) 氢氧化钠的用量为PVAc的0.12倍，碱用量过高，对醇解速率和醇解度的影响不大，但体系中乙醇钠的含量增加，影响产品质量。

(3) 提高反应温度可以加速醇解反应，缩短反应时间，但副反应也明显加快，消耗更多的碱量，使PVA产品中残存的乙酸根增多，影响产品的质量。工业生产的醇解反应温度为45～48℃。

PVAc溶于甲醇，而PVA不溶于甲醇，随反应的进行，体系由均相逐渐转变为非均相，各种反应条件都会影响该转变发生的时间，进一步影响到随后的醇解速率和醇解度的高低。为使反应顺利进行，当体系刚出现胶冻时，必须强力搅拌，将胶冻分散均匀。

## 三、仪器和试剂

1. 仪器：集热式磁力搅拌器，恒温水浴，三口烧瓶，球形回流冷凝管，直形冷凝管，温度计，布氏漏斗，抽滤瓶，真空泵，烧杯，电动搅拌器。

2. 试剂：聚醋酸乙烯酯，氢氧化钠，甲醇，石油醚。

## 四、实验步骤

1. 在通风橱中，将装有搅拌器和冷凝管的250mL三颈瓶中，加入60mL甲醇，在电动搅拌器的搅拌下缓慢加入PVAc碎片10g，缓慢升温，控制溶液温度使其稍有回流，加以搅拌直至完全溶解，配成25%的PVAc甲醇溶液，静置3h以上备用。

2. 将装有磁力搅拌子、温度计和球形冷凝管的250mL三口烧瓶固定在集热式含磁力搅拌器的恒温水浴中，向其中加入60g 25%的PVAc甲醇溶液，在温度为30℃下搅拌并缓慢加入15mL 3%的NaOH-$CH_3OH$溶液，水浴温度控制在32℃左右，反应约1.5h，体系出现胶冻。

3. 调节搅拌器转速，进行强力搅拌，打碎胶冻，继续反应30min左右，再加入3%的NaOH-$CH_3OH$溶液，恒温在32℃条件下保温30min，然后再次升温至60℃条件下恒温反应60min。

4. 停止反应，立即将冷凝管快速更换成直形冷凝管，继续在60℃下减压蒸馏20min，除去大部分甲醇，继续在搅拌下将混合液倒入60mL石油醚中，形成颗粒状产物，待产物逐渐变硬并冷却至室温后进行抽滤，并用30mL甲醇洗涤，抽干后将产物进行真空干燥即得到产品。

5. 在条件允许的实验室，取微量产品，进行核磁共振实验，测定其氢谱，计算醇解度。

## 五、注意事项

1. 投料时要将 PVAc 剪碎后一次性投入三口烧瓶中，搅拌时注意不要让 PVAc 黏结成团。

2. 必须强烈搅拌把胶冻打碎，才能使醇解反应进行完全，否则胶冻内包住的 PVAc 并未醇解完全，使实验失败，所以搅拌要安装牢固。在实验中要注意观察现象，当胶冻出现后，要及时提高搅拌转速。

3. 发现凝胶块及时停止加料，靠机械力量把它打碎。

## 六、思考与讨论

1. 碱催化醇解和酸催化醇解有什么不同？

2. 试解释氢氧化钠作为催化剂的基本原理和在整个反应中的作用。

3. 影响 PVA 醇解度的因素有哪些？如何才能获得高醇解度的产品？

4. 醇解过程中，体系由均相转变为非均相，它对随后的醇解有何影响？

# 实验十三　羧甲基纤维素的合成

## 一、实验目的

了解纤维素的化学改性、纤维素衍生物的种类及其应用。

## 二、实验原理

羧甲基纤维素是纤维素的羧甲基团取代产物。根据其分子量或取代程度，可以是完全溶解的或不可溶的多聚体，后者可作为弱酸型阳离子交换剂，用以分离中性或碱性蛋白质等。羧甲基纤维素可形成高黏度的胶体、溶液，有黏着、增稠、流动、乳化分散、赋形、保水、保护胶体、薄膜成型、耐酸、耐盐、悬浊等特性，且生理无害，因此在食品、医药、日化、石油、造纸、纺织、建筑等领域生产中得到广泛应用。

天然纤维素由于分子间和分子内存在很强的氢键作用，难以溶解和熔融，加工成型性能差，限制了使用。天然纤维素经过化学改性后，引入的基团可以破坏这些氢键作用，使得纤维素衍生物能够进行纺丝、成膜和成型等加工工艺，因此在高分子工业发展初期占据非常重要的地位。纤维素的衍生物按取代基的种类可分为醚化纤维素（纤维素的羟基与卤代烃或环氧化物等醚化试剂反应而形成醚键）和酯化纤维素（纤维素的羟基与羧酸或无机酸反应形成酯键）。羧甲基纤维素是一种醚化纤维素，它是经氯乙酸和纤维素在碱存在下进行反应而制备的。

由于氢键作用，纤维素分子有很强的结晶能力，难以与小分子化合物发生化学反应，直接反应往往得到取代不均一的产品，通常纤维素需在低温下用 NaOH 溶液进行处理，破坏纤维素分子间和分子内的氢键，使之转变成反应活性较高的碱纤维素，即纤维素与碱、水形成的络合物。低温处理有利于纤维素与碱结合，并可抑制纤维素的水解，碱纤维素的组成将影响到醚化反应和醚化产物的性能。纤维素的吸碱过程并非是单纯的物理吸附过程，葡萄糖单元的羟基能与碱形成醇盐。除碱液浓度和温度外，某些添加剂也会影响到碱纤维素的形成，如低级脂肪醇的加入会增加纤维素的吸碱量。

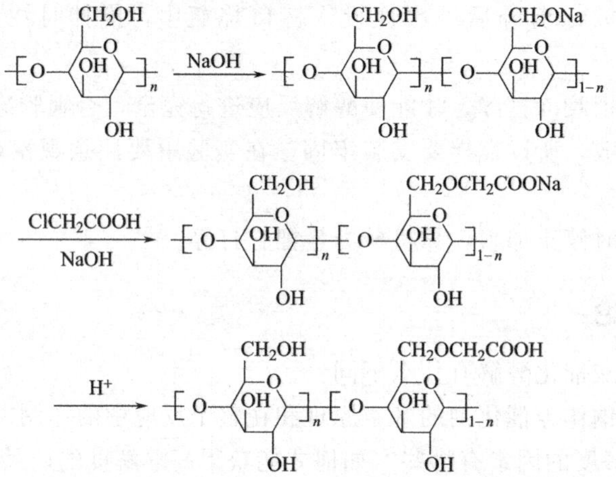

$$[\text{Cell}(CH_2OH)(OH)_2]_n \xrightarrow{NaOH} [\text{Cell}(CH_2OH)(OH)_2]_n[\text{Cell}(CH_2ONa)(OH)_2]_{1-n}$$

$$\xrightarrow[NaOH]{ClCH_2COOH} [\text{Cell}(CH_2OH)(OH)_2]_n[\text{Cell}(CH_2OCH_2COONa)(OH)_2]_{1-n}$$

$$\xrightarrow{H^+} [\text{Cell}(CH_2OH)(OH)_2]_n[\text{Cell}(CH_2OCH_2COOH)(OH)_2]_{1-n}$$

醚化剂与碱纤维素的反应是多相反应，醚化反应取决于醚化剂在碱水溶液中的溶解和扩散渗透速率，同时还存在纤维素降解和醚化剂水解等副反应。碘代烷作为醚化剂，虽然反应活性高，但是扩散慢、溶解性差；高级氯代烷也存在同样问题。硫酸二甲酯溶解性好，但是反应效率低，只能制备低取代的甲基纤维素。

碱液浓度和碱纤维素的组成对醚化反应影响很大，原则上碱纤维素的碱量不应超过活化纤维素羟基的必要量，尽可能降低纤维素的含水量也是必要的。

醚化反应结束后，用适量的酸中和未反应的碱以终止反应，经分离、精制和干燥后得到所需产品。

羧甲基纤维素是一种聚电解质，能够溶于冷水和热水中，广泛应用于涂料、食品、造纸和日化等领域。

## 三、仪器和试剂

1. 仪器：恒温水浴，电动搅拌器，回流冷凝管，温度计，三口烧瓶，酸式滴定管，锥形瓶，通氮装置，真空抽滤装置，研钵。

2. 试剂：95%异丙醇，甲醇，氯乙酸，氢氧化钠，微晶纤维素或纤维素粉，盐酸，0.1mol/L NaOH标准溶液，0.1mol/L HCl标准溶液，酚酞指示剂（10g/L），$AgNO_3$溶液，pH试纸。

## 四、实验步骤

### 1. 纤维素的醚化

将50mL 95%的异丙醇和8.2mL 45%的NaOH水溶液加入装有机械搅拌器的三口烧瓶中，并开动搅拌，缓慢加入5g微晶纤维素，于30℃剧烈搅拌40min，即可完成纤维素的碱化，将氯乙酸溶于异丙醇中，配制成50%的溶液，向三口烧瓶中加入8.6mL该溶液。充分混合后，升温至75℃反应40min，冷却至室温，用1mol/L的稀盐酸中和至pH值为4，用甲醇反复洗涤除去无机盐和未反应的氯乙酸（向反应体系中加入100mL甲醇，过滤，用少量甲醇洗涤滤饼）。干燥，粉碎，称重，计算取代度。

**2. 取代度的测定**

用70%的甲醇溶液配制1mol/L的$HCl/CH_3OH$溶液，取0.5g醚化纤维素浸于20mL上述溶液中，搅拌3h，使纤维素的羧甲基钠完全酸化，抽滤，用蒸馏水洗至溶液无氯离子。用过量的NaOH标准溶液溶解，得到透明溶液，以酚酞作为指示剂，用盐酸标准溶液滴定至终点，计算取代度，并与重量法进行比较。

$$取代度=\frac{0.162A}{1-0.058A}$$

式中，$A$为每克羧甲基纤维素消耗的NaOH毫克数。

## 五、思考题

1. 纤维素中葡萄糖单元有三个羟基，哪一个最容易与碱形成醇盐？碱浓度过大对纤维素醚化反应有何影响？

2. 二级和三级氯代烃为什么不能作为纤维素的醚化剂？

3. 取代度计算公式是如何得到的？

## 六、注意事项

1. 本实验最好采用机械搅拌，利用恒温水浴槽加热，搅拌的速度要快些，使纤维素很好地溶解。但不要搅拌得太快，避免将纤维素搅拌至瓶壁影响最终产率。

2. 加入纤维素时，不要一次性地倒入三口瓶中，应缓慢地加入，使其能充分地溶解。且要小心加入，不要粘在瓶壁，应使纤维素全部加入瓶内。

# 第五部分 常用高分子的表征方法及特殊聚合反应

## 实验一 红外光谱法分析聚合物的结构

### 一、实验目的

1. 掌握傅里叶红外光谱法的基本原理。
2. 熟悉傅里叶红外光谱仪的操作流程。
3. 学会利用傅里叶红外光谱仪进行不同形态聚合物的结构分析。
4. 通过查阅文献和谱图数据库，对实验得出的谱图进行解析。

### 二、实验原理

当一定频率的红外线通过分子时，其能量就会被分子中具有相同振动频率的化学键所吸收，如果分子中没有与入射光振动频率相同的化学键，则该频率的红外线就不会被吸收。而分子中化学键的振动频率是受该化学键周围原子的构成、空间位置等因素影响的。因此根据高聚物对连续红外线（波长为 0.7～1000μm）产生吸收的谱图，可以分析出高分子所含的化学基团及其吸收峰位移的情况，从而判断高分子的化学结构、高分子的链结构。另外，根据高分子红外吸收光谱图中反映某种链结构的吸收峰信号的强弱，结合合成中反应机理的推测，可以做出共聚高分子序列结构的简单半定量推测。

**1. 红外分光光度法**

利用物质对红外线区电磁辐射的选择性吸收的特性来进行结构分析、定性和定量分析的方法，又称为红外吸收光谱法。

红外线是指波长在 0.75～1000μm 范围内的电磁波。红外线区划分为以下三个区域：远红外区，0.75～2.5μm；中红外区，2.5～25μm；远红外区，25～1000μm。常用的区域是中红外区，2.5～25μm。

中红外区的频率常用波数 $\bar{\nu}$ 表示，波长用 $\lambda$ 表示，标准红外光谱图标有频率和波长两种刻度。波长（μm）和波数（$cm^{-1}$）的关系是：

$$\bar{\nu}=\frac{10^4}{\lambda}$$

例如，2.5～25μm 对应于 4000～400$cm^{-1}$。

**2. 红外吸收过程**

红外吸收包括分子振动和转动能级的跃迁（振转光谱）。

**3. 红外光谱产生的条件**

满足以下两个条件。

（1）分子吸收红外辐射的频率恰等于分子振动频率的整数倍，即 $\nu_L = \Delta V \nu$。

（2）分子在振动和转动过程中的偶极矩的变化不为零，即 $\Delta\mu \neq 0$，分子产生红外活性振动。

① 红外活性振动　分子振动产生偶极矩的变化，从而产生红外吸收的性质。非对称分子有偶极矩，也有红外活性。

② 红外非活性振动　分子振动不产生偶极矩的变化，不产生红外吸收的性质。对称分子没有偶极矩，辐射不能引起共振，无红外活性。如 $N_2$、$O_2$、$Cl_2$ 等。

**4. 由红外光谱得到的结构信息**

（1）吸收峰的位置（吸收频率）。

（2）吸收峰的强度：很强吸收带 vs（$T<10\%$）；强吸收带 s（$10\%<T<40\%$）；中强吸收带 m（$40\%<T<90\%$）；弱吸收带 w（$T>90\%$）。

（3）吸收峰的形状：尖峰、宽峰、肩峰。

**5. 红外光谱的作用**

（1）可以确定化合物的类别。

（2）确定官能团，如—CO—、—C═C—、—C≡C—。

（3）推测分子结构（简单化合物）。

（4）定量分析。

## 三、仪器和试剂

1. 仪器：傅里叶变换红外光谱仪（FTIR），压片机，制样模具，玛瑙研钵。

2. 试剂：溴化钾（光谱纯），待分析聚合物及其单体（本实验选用聚丙烯酰胺和丙烯酰胺）。

## 四、实验步骤

1. 在实验老师指导下打开红外光谱仪所用计算机、红外光谱仪电源、光源等，按照预定程序进行设备自检。

2. 取经过干燥恒重的 KBr 晶体颗粒，在研钵中研磨至成为失去晶体光泽的白色粉末，然后小心倒入模具中，摇晃均匀，使 KBr 粉末均一地覆盖住模具底部，装配好模具后，放入压片机中。

3. 手动加压，保持压力在 7～8MPa，时间在 1min 以上，解除压力，并从模具中取出压制成的白色透明或半透明 KBr 试片，并转移到红外光谱仪的样品窗的样品架上。

4. 调整样品架位置，使光路正好通过 KBr 试片，盖好样品窗。

5. 扫描该 KBr 试片的光谱图，并以之作为即将扫描样品的参比背景。

6. 取经过新精制的丙烯酰胺样品和 KBr 晶体颗粒按质量比 1∶20 的比例，在研钵中研磨至失去晶体现象并形成均匀的微细粉末，然后小心倒入模具中，摇晃均匀，使混合物粉末充分且尽量均一地覆盖住模具底部，装配好模具后，放入压片机中。

7.按步骤3、4的相同方法制样后，将样品置于光谱仪样品架上，并盖好样品窗。

8.以步骤5中获得的空白KBr试片的红外光谱图作为背景，扫描该试片的光谱图。

9.以同样的方法对提纯并干燥的聚丙烯酰胺制样，并扫描其红外光谱图。

10. 将以上光谱图打印，并结合有关文献和谱图数据库进行特征吸收峰的分析，从而判断出其化学结构。

## 五、注意事项

1.傅里叶红外光谱仪属于精密仪器设备，使用过程中一定要小心谨慎，避免损坏仪器。

2.压片机使用过程中禁止将手放置到模具放置区。

3.玛瑙研钵使用中应轻拿轻放，避免损坏。

## 六、思考与讨论

1.在制备样品与KBr混合物试片时，样品的量过多或过少会有什么影响？

2.聚合物红外光谱分析中，为什么一定要对合成的聚合物进行反复提纯并真空干燥？

3.试对照聚合物和单体的红外光谱图进行解析，并比较其谱图中有何异同？其中的一些关键特征峰说明了什么？

# 实验二　端基分析法测定聚酯的分子量

## 一、实验目的

1.掌握用端基分析法测定聚合物分子量的原理及实验方法。

2.了解端基分析法的应用范围。

3.用端基分析法测定聚酯样品的分子量。

## 二、实验原理

某些聚合物分子链的末端含有确定的可供用化学方法测定的基团，或者存在着能够经过一定的反应转化成为可以用化学方法测定的基团。端基分析法是测定聚合物分子量的一种化学方法。凡是聚合物的化学结构明确、每个高分子链的末端具有可供化学分析的基团，原则上均可用端基分析法测其分子量。一般的缩聚物（如聚酰胺、聚酯等）是由具有可反应基团的单体缩合而成的，每个高分子链的末端仍有反应性基团，而且缩聚物分子量通常不是很大，因此端基分析法应用很广。对于线型聚合物而言，样品分子量越大，单位质量中所含的可供分析的端基越少，分析误差也就越大，因此端基分析法适合于分子量较小的聚合物，测定相对分子质量上限一般在$1\times10^2\sim2\times10^4$之内。

端基分析法测定聚合物的分子量时，必须知道聚合物的化学结构。端基分析的目的除了测定分子量以外，如果与其他的分子量的测定方法相配合，还可用于判断高分子的化学结构，如支化等，由此也可以对聚合机理进行分析。

采用端基分析法测定分子量时，首先必须对样品进行纯化，除去杂质、单体及不带可分析基团的环状物。由于聚合过程往往要加入各种助剂，有时会给提纯带来困难，这也是端基分析法的主要缺点。因此最好能了解杂质类型，以便选择最佳的提纯方法。对于端基数量与类型，除了根据聚合机理确定以外，还需注意在生产过程中是否为了某种目的而对端基封闭或转化处理。另外，在进行滴定时采用的溶剂应既能溶解聚合物又能溶解滴定试剂。端基分析的方法除了可以灵活应用各种传统化学分析方法以外，也可采用电导滴定、电位滴定及红外光谱、元素分析等仪器分析方法。

聚酯是二元醇或多元醇和二元酸或多元酸缩聚而成的高分子化合物的总称，包括聚酯树脂、聚酯纤维、聚酯橡胶等。以本实验测定的线型聚酯的样品为例，它是由二元酸和二元醇缩合而成的，每根大分子链的一端为羟基，另一端为羧基。因此可以通过测定一定质量的聚酯样品中的羧基或羟基的数目而求得其分子量。羧基的测定可采用酸碱滴定法进行，而羟基的测定可采用乙酰化的方法，即加入过量的乙酸酐使大分子链末端的羟基转变为乙酰基。然后使剩余的乙酸酐水解变为乙酸，用 NaOH 标准溶液滴定可求得过剩的乙酸酐。从乙酸酐耗量即可计算出样品中所含羟基的数目。其反应式如下：

$$\sim\!\sim CH_2OH + \underset{H_3C-C(=O)}{\overset{H_3C-C(=O)}{}}{\!\!>\!O} \longrightarrow \sim\!\sim CH_2O-\underset{\|\atop O}{C}-CH_3 + CH_3COOH$$

由于每一个大分子链端所含有的基团数是确定的，所以根据一定质量的聚合物中含有的端基数目即可计算出聚合物的数均分子量，计算公式如下：

$$M_n = \frac{nW}{E}$$

式中　$M_n$——聚合物的数均分子量；

$n$——每一个分子中所含端基的数目；

$W$——聚合物质量，g；

$E$——在一定质量（$W$）的聚合物中所含端基的克数，g。

在测定聚酯的分子量时，一般首先根据羧基和羟基的数目分别计算出聚合物的分子量。然后取其平均值。在某些特殊情况下，如果测得的两种基团的数量相差甚远，则应对其原因进行分析。

由于聚酯的分子链中间部位不存在羧基或羟基，根据数均分子量的计算式可知，$n=1$，即：

$$M_n = \frac{W}{E}$$

由以上原理可知，有些基团可以采用最简单的酸碱滴定法进行分析，如聚酯的羧基、聚酰胺的羧基和氨基；而有些不能直接分析的基团也可以通过转化变为可分析基团，但转化过程必须明确和安全，同时由于像缩聚类聚合物往往容易分解，因此转化时应注意不使聚合物降解。对于大多数的烯烃加聚物一般分子量较大且无可供分析基团，而不能采用端基分析法测定其分子量，但在特殊需要时也可以通过在聚合过程中采用带有特殊基团的引发剂、终止剂、链转移剂等在聚合物中引入可分析基团，甚至同位素等。

## 三、仪器和试剂

1. 仪器：分析天平，磨口锥形瓶，滴定管，球形冷凝管，集热式磁力搅拌器。

2. 试剂：聚酯，乙酸酐的吡啶溶液，三氯甲烷，氢氧化钠，无水乙醇，酚酞，二甲苯。

## 四、实验步骤

**1. 羧基的测定**

(1) 准确称取一定量的分析纯氢氧化钠，将其配制成0.1mol/L的NaOH的乙醇溶液备用。

(2) 用分析天平准确称取0.5g聚酯样品，精确到0.1mg，置于250mL磨口锥形瓶中，加入10mL三氯甲烷，向溶液中加入磁力搅拌子，常温下在集热式磁力搅拌器缓慢搅拌下使其溶解后，以酚酞作为指示剂，用0.1mol/L乙醇溶液滴定至接近终点。

(3) 立即向锥形瓶上部空间充入一定量的高纯氮气，立即盖紧磨口塞，继续缓慢搅拌3～5min，然后再缓慢滴定至终点，即颜色在3min内全部消失为止。

(4) 同时做空白实验，根据测定结果进行计算。

**2. 羟基的测定**

(1) 准确称取1g聚酯，精确到0.1mg，置于250mL干燥的锥形瓶内，用移液管加入10mL预先配制好的乙酸酐的吡啶溶液（或称乙酰化试剂，体积比为1∶10）。

(2) 在锥形瓶内加入磁力搅拌子，瓶上装好球形回流冷凝管，连接好冷凝水。

(3) 将锥形瓶安装在集热式磁力搅拌器的水浴内，然后，加热恒温在(75±2)℃，并缓慢地搅拌，反应约1h。

(4) 稍冷后由冷凝管上口加入10～20mL二甲苯，用15mL纯水冲洗冷凝管壁至锥形瓶，并将锥形瓶置于冷水中，待完全冷却后，上部空间充入一定量的高纯氮气。

(5) 以酚酞为指示剂，用0.1mol/L的NaOH标准溶液滴定至终点。

(6) 同时做空白实验，根据测定结果进行计算。

## 五、注意事项

1. 在某些特殊情况下，可能聚酯的分子两端被同一种官能团所封闭，表现出测定的两种基团的数量相差很远，此时则可根据封闭分子两端的基团数计算分子量。

2. 大分子链端羧基的反应速率稍低于低分子物，因此在滴定羧基时，需等待5min后，如果红色不消失才算滴定到终点。但时间等待太长，空气中的二氧化碳也会与NaOH起作用而使酚酞褪色。因此在实验过程中需要充入一定量的高纯氮气，避免空气中的二氧化碳溶入体系。

3. 加入二甲苯在体系中能够形成互不相容的两相，能够更加有利于观察反应终点，同时也有利于阻止空气中二氧化碳溶入体系。

## 六、思考与讨论

1. 试推导由羧基和羟基计算聚合物分子量的公式。

2. 用端基分析法测定分子量时，对聚合物有什么要求？此分析法应用范围如何？

3. 滴定羧基时，为什么采用NaOH的乙醇溶液而不采用水溶液？

4. 在乙醇化试剂中，吡啶的作用是什么？
5. 为什么端基分析法只适合分析相对分子质量在 $10^4$ 以下的聚合物？

# 实验三　黏度法测定高聚物的分子量

黏度法测定分子量是一个比较简单和精确的方法，该法在聚合物生产和研究中得到广泛应用。黏度法是一种测定分子量的相对方法，所测得的分子量称为黏均分子量。用黏度法测定聚合物分子量的基础公式是 Mark-Houwink 方程，因此该法仅用于已有 Mark-Houwink 方程的聚合物的分子量的测定，而该方程是通过其他分子量测定方法标定的。

## 一、实验目的

1. 掌握黏度法测定聚合物分子量的实验方法，包括恒温槽、黏度计的安装、使用等。
2. 了解黏度法测定聚合物分子量的实验原理及测定结果的数据处理方法。

## 二、实验原理

分子量是表征化合物特征的基本参数之一，在高聚物的研究中，分子量是一个不可缺少的重要数据。它不仅反映了高聚物分子的大小，而且直接关系到高聚物的物理性能。一般情况，高聚物的分子量大小不一（相对分子质量常在 $10^3 \sim 10^7$ 之间），通常所测的高聚物分子量是一个统计平均值。

测定高聚物分子量的方法很多，其中以黏度法最常用。因为黏度法设备简单、操作方便、适用范围广（相对分子质量为 $10^4 \sim 10^7$）、有相当好的精确度。

测定黏度的方法主要有毛细管法（测定液体在毛细管里的流出时间）、落球法（测定圆球在液体里的下落速度）和旋筒法（测定液体与同心轴圆柱体相对转动的情况）等。而测定高聚物溶液的黏度以毛细管法最方便，本实验采用乌氏黏度计测量高聚物稀溶液的黏度。

但黏度法不是测定分子量的绝对方法，因为在此法中所用的黏度与分子量的经验公式要用其他方法来确定。因高聚物、溶剂、分子量范围、温度等不同，就有不同的经验公式。

高聚物在稀溶液中的黏度是它在流动过程中所存在的内摩擦的反映，这种流动过程中的内摩擦主要有：溶剂分子间的内摩擦，高聚物分子与溶剂分子间的内摩擦，以及高聚物分子间的内摩擦。

其中，溶剂分子之间的内摩擦又称为纯溶剂的黏度，以 $\eta_0$ 表示；三种内摩擦的总和称为高聚物分子之间的内摩擦，以 $\eta$ 表示。

实践证明，在同一温度下，高聚物溶液的黏度一般要比纯溶剂的黏度大些，即有 $\eta > \eta_0$，黏度增加的分数 $\eta_{sp}$ 称为增比黏度。

$$\eta_{sp} = \frac{\eta - \eta_0}{\eta_0} = \eta_r - 1$$

$$\eta_r = \frac{\eta}{\eta_0}$$

式中，$\eta_r$ 为相对黏度，它指明溶液黏度对溶剂黏度的相对值。

$\eta_{sp}$ 则反映出扣除了溶剂分子之间的内摩擦后，纯溶剂与高聚物分子之间，以及高聚物分子之间的内摩擦效应。

$\eta_{sp}$ 随溶液浓度 $c$ 而变化，$\eta_{sp}$ 与 $c$ 的比值 $\frac{\eta_{sp}}{c}$ 称为比浓黏度。$\frac{\eta_{sp}}{c}$ 仍随 $c$ 而变化，但当 $c\to 0$，也就是溶液无限稀时，有一极限值，即：

$$\lim_{c\to 0}\frac{\eta_{sp}}{c}=[\eta]$$

式中，$[\eta]$ 为特性黏度，它主要反映无限稀溶液中高聚物分子与溶剂分子之间的内摩擦。因在无限稀溶液中，高聚物分子相距较远，它们之间的相互作用可忽略不计。

根据实验，在足够稀的溶液中有：

$$\frac{\eta_{sp}}{c}=[\eta]+k[\eta]^2c$$

$$\frac{\ln\eta_r}{c}=[\eta]-\beta[\eta]^2c$$

将上面式子作图，外推至 $c=0$，即可求出 $[\eta]$。

当高聚物、溶剂、温度等确定以后，其值只与高聚物的分子量 $M$ 有关。目前常用半经验的麦克非线性方程来求得：

$$[\eta]=KM^{\alpha}$$

式中，$M$ 为高聚物分子量的平均值；$K$ 为比例常数；$\alpha$ 为与高聚物在溶液中的形态有关的经验参数。

当液体在毛细管黏度计内因重力作用而流出时，遵守泊塞勒（Poiseuille）定律：

$$\eta=\frac{\pi\rho ghr^4t}{8lv}-\frac{m\rho v}{8\pi lt}$$

式中，$\rho$ 为液体的密度；$l$ 为毛细管长度；$r$ 为毛细管半径；$t$ 为流出时间；$h$ 为流经毛细管液体的平均液柱高度；$g$ 为重力加速度；$v$ 为流经毛细管的液体体积；$m$ 为与仪器的几何形状有关的常数，$r/l\ll 1$ 时，可取 $m=1$。

对某一指定的黏度计而言，令 $\alpha=\frac{\pi ghr^4}{8lv}$，$\beta=\frac{mv}{8\pi l}$，则上式可写为：

$$\frac{\eta}{\rho}=\alpha t-\frac{\beta}{t}$$

式中，$\beta<1$，当 $t>100\text{s}$ 时，等式右边第二项可以忽略。溶液很稀时，$\rho\approx\rho_0$。这样，通过测定溶液和溶剂的流出时间 $t$ 和 $t_0$，就可求得：

$$\eta_r=\frac{\eta}{\eta_0}=\frac{t}{t_0}$$

只要配制几个不同浓度的溶液，分别测定溶液和溶剂的黏度，计算出 $\eta_{sp}/c$ 或 $\ln\eta_r/c$，在同一张图中对 $c$ 作图，再外推至 $c\to 0$，其共同的截距即为 $[\eta]$，查出 $K$、$\alpha$ 值后，就可利用 Mark-Houwink 方程计算出聚合物的黏均分子量 $\overline{M_\eta}$。

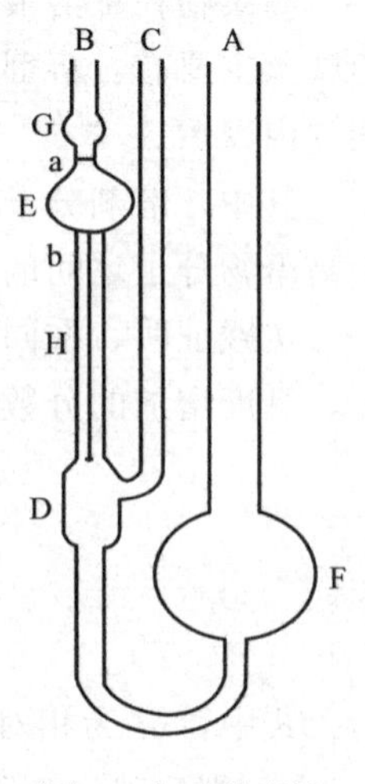

图 1　乌氏黏度计

实验采用乌氏黏度计（图 1），由奥氏黏度计改良而得。当把液体吸到 G 球后，放开 C 管，使其通大气，因而 D 球内液体下降，形成毛细管内为气承液柱，使液体流出毛细管时沿管壁流下，避免产生湍流的可能，同时B管中的流动压力与A管中液面高度无关。因而不像奥氏黏度计那样，每次测定，溶液体积必须严格相同。黏度计由于不小心被倾斜所引起的误差亦不如奥氏黏度计大，故能在黏度计内多次稀释，进行不同浓度的溶液黏度测定，所以又称为乌氏黏度计。

温度对液体的黏度影响很大，所以黏度计应放在恒温水浴槽中进行测定，温差应维持在±0.1℃，恒温槽为一个玻璃缸，内配有电加热器、搅拌器、接触温度计等，通过继电器控制温度。安装时将电加热器、搅拌器和温度计放在一起，黏度计放在离它们较远的地方。

为了使不同批次的实验结果可以进行比较，按1987年颁布的国家标准《合成树脂常温稀溶液黏度试验方法》规定，对不同容积，应选用不同的标准黏度计，使溶液流出时间为100～130s，动能校正系数≤$2\times10^{-2}$。此时，可不需要进行动能校正计算。

## 三、仪器和试剂

1.仪器：恒温槽装置一套（玻璃缸、加热棒、导电表、继电器、精密温度计等），乌氏黏度计，$2^{\#}$细菌漏斗，10mL针筒，10mL刻度吸管，25mL容量瓶，50mL碘量瓶，广口瓶，可读出1/10 s的秒表，吸耳球，医用胶管，黏度计夹等。

2.试剂：待测高聚物。

## 四、实验步骤

1.把乌氏黏度计固定在铁架上，放入恒温槽中，恒温水浸没至黏度计的a线以上。从恒温槽中的容量瓶内吸取15mL蒸馏水，从乌氏黏度计的A管注入，再恒温15min。

2.恒温15min后，用手按住C管，吸耳球放在B管口，把溶液吸至G球，然后放开。

3.当溶液降至a线时，即按下秒表计时，至溶液降至b线时，按下秒表结束实验。

4.重复测定三次，每两次间的时间相差不得超过0.5s，否则重测。

5.同理，用移液管吸取15mL已配好的0.5g/100mL的聚乙烯醇溶液，从黏度计A管注入，再滴加2滴正丁醇，恒温20min。

6.恒温20min后，用手按住C管，吸耳球放在B管口，把溶液吸至G球，然后放开。

7.当溶液降至a线时，即按下秒表计时，至溶液降至b线时，按下秒表结束实验。

8.重复测定三次，每两次间的时间相差不得超过1s，否则重测。

9.测定完浓度0.5g/100mL的溶液后，用移液管吸取恒温槽中的容量瓶内的蒸馏水5mL从A管加入，按住C管，用吸耳球由B管口反复压吸溶液，使混合均匀。

10.测定方法如上。

11.依次加蒸馏水5mL、10mL。

## 五、实验数据和处理

### 1.数据记录

**实验日期：__________　恒温槽恒温温度：____℃**

| 序号 | 蒸馏水 | 15mL聚乙烯醇(0.5g/100mL) | 加水5mL | 加水10mL |
|---|---|---|---|---|
| | $t_0$/s | $t_1$/s | $t_2$/s | $t_3$/s |
| 1 | | | | |

续表

| 序号 | 蒸馏水 | 15mL 聚乙烯醇(0.5g/100mL) | 加水 5mL | 加水 10mL |
|---|---|---|---|---|
| | $t_0$/s | $t_1$/s | $t_2$/s | $t_3$/s |
| 2 | | | | |
| 3 | | | | |
| 平均值 | | | | |

**2. 作图计算**

以 $\eta_{sp}/c$ 为纵坐标、$c$ 为横坐标作图。将所得直线外推到与纵坐标相交，其截距即为 $(\eta_{sp}/c')_{c\to0}$。将溶液真实浓度 $c$ 代替 $c'$ 值，即得特性黏度 $[\eta]=(\eta_{sp}/c')_{c\to0}$，将 $[\eta]$ 值带入 Mark-Houwink 公式，算出聚合物的平均分子量。

## 六、注意事项

1. 黏度计和待测溶液是否纯净是决定实验的关键之一，由于黏度计毛细管很细，即使很小的杂物（如灰尘、纤维等）都会引起堵塞或影响液体的流动，因此黏度计必须洗干净。一般可用良溶剂洗几次，再用挥发性溶剂洗涤。当有凝胶生成时，先用浓硝酸洗两次，以分解凝胶，然后再用自来水、蒸馏水、乙醇或丙酮顺次洗涤，放入烘箱内在 800℃ 烘干。移液管和容量瓶亦可用同样的方法洗净。

2. 黏度计质脆易断，在洗涤和安装时必须特别小心，以免损坏。

3. 高聚物在溶剂中溶解缓慢，配制溶液时必须保证其完全溶解，否则会影响溶液起始浓度，而导致结果偏低。

4. 本实验中溶液的稀释是直接在黏度计中进行的，所用溶剂必须先在与溶液所处同一恒温槽中恒温，然后用移液管准确量取并充分混合均匀方可测定。

5. 测定时黏度计要垂直放置，否则影响结果的准确性。

## 七、思考题

1. 与其他测定分子量的方法相比较，黏度法有什么优点？
2. 乌氏黏度计中支管 C 的作用是什么？
3. 使用乌氏黏度计时要注意什么问题？

# 实验四　水质稳定剂——低分子量聚丙烯酸（钠盐）的合成

## 一、实验目的

1. 掌握低分子量聚丙烯酸（钠盐）的合成方法。
2. 用端基滴定法测定聚丙烯酸的分子量。

## 二、实验原理

聚丙烯酸是水质稳定剂的主要原料之一。

丙烯酸单体极易聚合，可以通过本体聚合、溶液聚合、乳液聚合和悬浮聚合等聚合方法得到聚丙烯酸，它符合一般的自由基聚合规律。

本实验用控制引发剂用量和应用调聚剂异丙醇，合成低分子量的聚丙烯酸，并用端基滴定法测定其分子量。

$$nCH_2{=\!=}CH{-}COOH \xrightarrow{\text{引发剂}} {-\!\!\!\left[CH_2{-}\underset{\displaystyle COOH}{\underset{|}{CH}}\right]\!\!\!-}_n$$

## 三、仪器和试剂

1. 仪器：四口烧瓶，回流冷凝管，电动搅拌器，恒温水浴，温度计，滴液漏斗，pH 计。

2. 试剂：丙烯酸，过硫酸铵，异丙醇，氢氧化钠标准溶液。

## 四、实验步骤

1. 在装有搅拌器、回流冷凝管、滴液漏斗和温度计的 250mL 四口烧瓶中，加入 100mL 蒸馏水和 1g 过硫酸铵。待过硫酸铵溶解后，加入 5g 丙烯酸单体和 8g 异丙醇。开动搅拌器，加热使反应瓶内温度达到 65～70℃。

2. 将 40g 丙烯酸单体和 2g 过硫酸铵在 40mL 水中溶解，由滴液漏斗渐渐滴入瓶内，由于聚合过程中放热，瓶内温度有所升高，反应液逐渐回流。滴完丙烯酸和过硫酸铵溶液约需 0.5h。

3. 在 94℃继续回流 1h，反应即可完成。聚丙烯酸相对分子质量在 500～4000 之间。

4. 如要得到聚丙烯酸钠盐，应在已制成的聚丙烯酸水溶液中，加入浓氢氧化钠溶液（浓度为 30%），边搅拌边进行中和，使溶液的 pH 值达到 10～12 范围内即停止，即制得聚丙烯酸钠盐。

## 五、注意事项

1. 聚丙烯酸样品需经薄膜蒸发器干燥处理或在石油醚中沉淀，沉淀物晾干后在 50℃烘干，然后再于 50℃真空烘箱中烘干。

2. 样品加入盐酸溶液后的浓度，对滴定情况很有影响。

## 六、思考题

1. 连锁聚合合成高聚物的方法有几种？本实验采用的聚合方法是什么？

2. 如何控制聚丙烯酸的低分子量？

3. 端基滴定测定聚丙烯酸分子量的原理是什么？

4. 本实验中需要注意的操作有哪些？

# 实验五　醋酸乙烯酯的分散聚合

## 一、实验目的

1. 了解分散聚合的基本概念和特点。

2. 掌握聚醋酸乙烯酯乳胶的制备方法。

## 二、实验原理

分散聚合是烯类单体除悬浮聚合和乳液聚合之外的又一种非均相自由基聚合方法。分散聚合可以看成是介于悬浮聚合和乳液聚合之间的聚合，其特点如下。

(1) 可以水或非水溶剂为介质。在以水为介质时，单体必须是不溶于水或在水中溶解度非常小的单体。

(2) 单体在水中的分散是靠剧烈搅拌实现的，加于体系中的保护胶体起着防止分散相凝聚的作用。

(3) 常用的保护胶体为聚乙烯醇和甲基丙烯酸盐的共聚物。

(4) 适量的乳化剂起着提高产物稳定性的作用。

分散聚合与悬浮聚合的不同之处如下。

(1) 在分散聚合中保护胶体的用量较大，因此，单体液滴分散得很细，所得的聚合物粒径为 0.5～10μm，比悬浮聚合所得的聚合物颗粒小得多，但比乳液聚合制得的乳胶颗粒大。

(2) 由于保护胶体的用量较大，所形成的分散体系相当稳定，外观类似于高分子乳胶，聚合物不容易从体系中分离出来，因而往往直接以聚合物分散液的形式投入使用，常见的木材黏合剂乳胶即是聚醋酸乙烯酯的分散液。

(3) 以水为介质的分散聚合需用水溶性引发剂，例如常用的过硫酸盐。

分散聚合虽然与典型的乳液聚合有很多相似之处，但也有不同。分散聚合不用典型的乳化剂，而是使用保护胶体来稳定单体微粒在介质中的分散，并且分散液中的颗粒也比乳液聚合中的胶乳颗粒大。由于分散聚合既与乳液聚合相似又有差别，它也被称为保护胶体乳液聚合，以与典型的乳液聚合相区别。

本实验进行以水为介质、以聚乙烯醇为保护胶体、以过硫酸铵为引发剂的醋酸乙烯酯的分散聚合（作为以非水溶剂为介质的分散聚合的例子，有以乙烷为介质、以末端含硫醇基团的聚二甲基硅氧烷为分散剂和以有机过氧化物为引发剂的甲基丙烯酸甲酯的分散聚合）。

## 三、仪器和试剂

1. 仪器：标准磨口三颈瓶，球形冷凝管，标准磨口滴液漏斗，Y 形连接管，空心标准塞，温度计，量筒，恒温水浴槽，电动搅拌器一套，烧杯，玻璃搅拌棒，磨口广口试剂瓶。

2. 试剂：醋酸乙烯酯 150g（聚合级），聚乙烯醇 25g（1788，工业纯），过硫酸铵 0.5g（化学纯），OP-10 乳化剂 2g（工业级），碳酸氢钠 0.5g（化学纯），邻苯二甲酸二丁酯 20g（工业级）。

## 四、实验步骤

1. 在装有搅拌器、球形冷凝器的三颈瓶中称入聚乙烯醇 25g，加入去离子水 150g。三颈瓶上多余的一个口塞上标准磨口塞，开动搅拌，并升温至 90℃，使聚乙烯醇全部溶解（约 1h）。然后降温至 75℃。

2. 在烧杯中称取 OP-10 乳化剂 2g，用 10mL 去离子水溶解，加入三颈瓶中。

3. 称取过硫酸铵 0.5g，置于烧杯中，加入去离子水 30g，手工搅拌使其溶解。将此溶液的 1/3 加入三颈瓶中，其余备用。

4.称取醋酸乙烯酯25g加入三颈瓶中，体系立即转变为乳白色。

5.在70～75℃下保温反应1h，装上滴液漏斗，漏斗中加入醋酸乙烯酯125g，开始滴加单体。滴加速度为1～2滴/s，全部单体在2h左右滴完。

6.在滴加单体过程中，每隔30min加入过硫酸铵溶液4mL。单体滴加完后，将剩余过硫酸铵溶液全部加入三颈瓶。

7.在30min内温度升至90℃，保温1h。

8.撤去热源，冷却至50℃，加入0.5g碳酸氢钠溶于10mL水以及20g邻苯二甲酸二丁酯的溶液，继续搅拌15min，出料装瓶。

9.测定所得产物的固体含量。取已知质量的洁净干燥表面皿一块，称取以上制得的聚醋酸乙烯酯乳胶2g左右（$W_1$），送入105℃烘箱中干燥至恒重，称重得$W_2$。固体含量按下式计算：

$$固含量=\frac{W_1-W_2}{W_1}\times 100\%$$

## 五、注意事项

1.聚乙烯醇通常有1788和1799两种规格（17表示聚合度为1700，88和99分别表示醇解度为88%和99%）。用作分散聚合保护胶体时，最好采用1788，所得的产物稳定性较好。

2.聚合过程中，单体滴加速度宜慢不宜快。一般以冷凝器中略有回流为适宜。

3.醋酸乙烯酯的沸点在70～75℃之间比较合适。滴加完后的升温速度应缓慢，过快易结块。

## 六、思考题

1.比较分散聚合与乳液聚合和悬浮聚合的异同之处。

2.实验中单体以滴加的形式加入。若改为一次性加入，估计会引起什么后果？碳酸氢钠和邻苯二甲酸二丁酯在产物中各起什么作用？

# 实验六　引发剂分解速率及引发剂效率的测定

## 一、实验目的

1.掌握测定引发剂分解速率和效率的方法。

2.了解测定原理。

## 二、实验原理

偶氮二异丁腈（AIBN）、过氧化苯甲酰（BPO）等引发剂按一级反应分解，分解速率$R_i$可表示为：

$$R_i=2k_d f[I]$$

式中，$k_d$为引发剂分解速率常数；$f$为引发剂效率；[I]为引发剂浓度。

测定自由基捕捉剂存在下的聚合反应诱导期，可以求得引发速率 $R_i$，计算公式如下：

$$R_i=\frac{\text{捕捉期}}{\text{诱导期}}$$

理由是，引发剂分解产生的能引发单体聚合的自由基，当有自由基捕捉剂存在时，首先与捕捉剂反应，直至所有的捕捉剂分子反应完后才开始引发单体聚合。所以用捕捉剂浓度除以诱导期，就可以求出单位时间捕捉剂所消耗的自由基浓度。这些自由基如不被捕捉剂消耗，就将引发单体聚合。

最常用的自由基捕捉剂是 2,2-二苯基-1-苦味酰肼（DPPH）及 2,2,6,6-四甲基-4-哌啶醇氮氧（TMPO），它们的结构式分别表示如下：

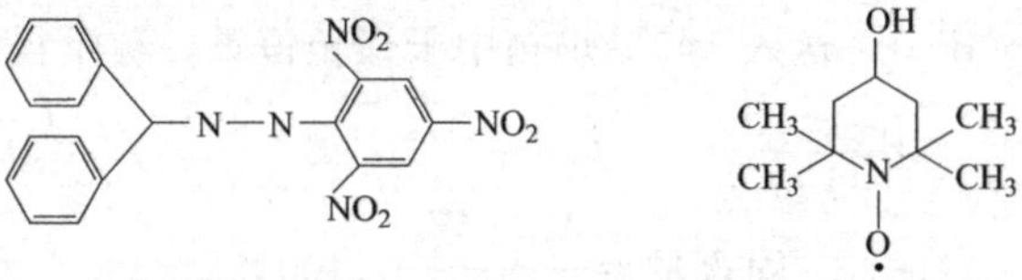

(DPPH)　　(TMPO)

DPPH 呈深紫红色晶体，溶于一般有机溶剂。它本身稳定，不能引发单体聚合，但与自由基反应能使自由基活性消失。

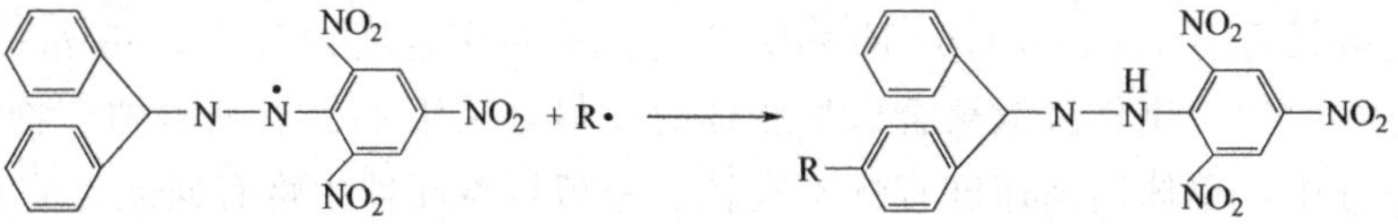

反应比较特别，R 连在苯环上，而不是连在氮原子上。

TMPO 是橙色晶体，它是哌啶醇用双氧水氧化制得，它溶于一般单体和有机溶剂，本身不引发单体聚合，但与自由基偶合成非活性物质：

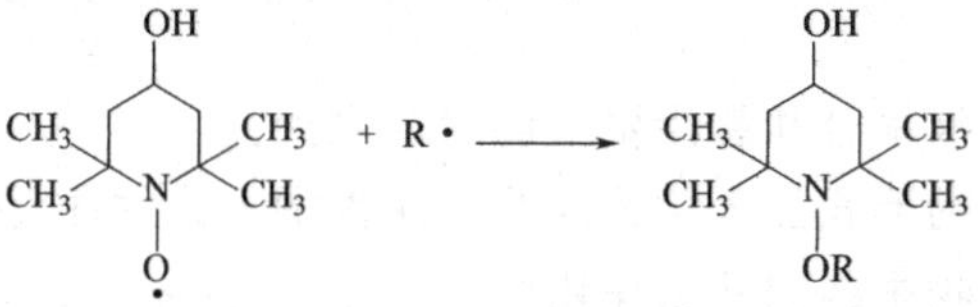

(TMPO)

DPPH、TMPO 与自由基的反应是定量的，所以称为自由基捕捉剂（radical scavenger）。

用它们测定引发速率的方法如下：以 DPPH 为捕捉剂，以 AIBN 为引发剂，在 30℃进行苯乙烯（St）聚合，用膨胀计测定不同［DPPH］时 St 聚合的时间与转化率的关系（图 1）。

从图 1 测得不同浓度 DPPH 时的聚合诱导期，与［DPPH］作图得直线（图 2），直线斜率即为单位时间内 DPPH 减少的浓度，亦即引发速率 $R_i$。

从图 2 求得斜率，即 $R_i=1.164\times10^{-5}$ mol/(L・min) 或 $1.94\times10^{-6}$ mol/(L・s)。

根据引发剂浓度 $R_i=2k_d f$［I］$=R_i/(2k_d$［I］)，30℃时 AIBN 的分解速率常数 $k_d=8.9\times10^{-5}\text{s}^{-1}$，即 0.183mol/L，所以计算得 $f$ 值：

$$f=1.94\times10^{-3}/(2\times8.9\times10^{-8}\times0.183)=0.60$$

## 三、仪器和试剂

1. 仪器：锥形瓶，带盖称量瓶，试管，刻度移液管，膨胀计，恒温槽。

2. 试剂：苯乙烯，AIBN，TMPO，甲苯。

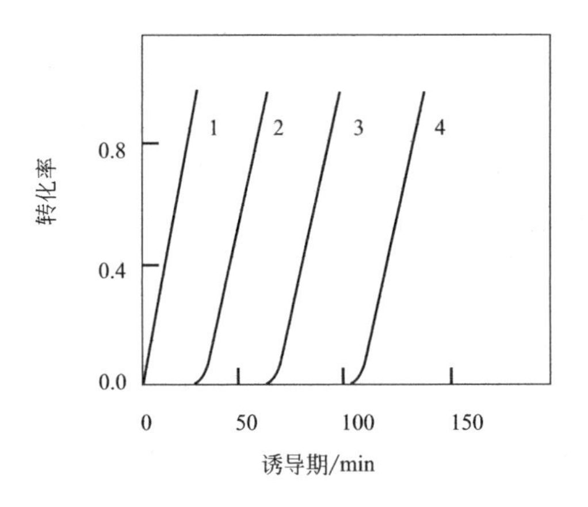


图 1 DPPH 存在下 AIBN 引发 St 聚合的时间与转化率的关系（[AIBN] =0.183mol/L）

1—[DPPH] 为 0；2—[DPPH] 为 $4.46\times10^{-5}$mol/L；3—[DPPH] 为 $8.92\times10^{-5}$mol/L；4—[DPPH] 为 $1.34\times10^{-4}$mol/L

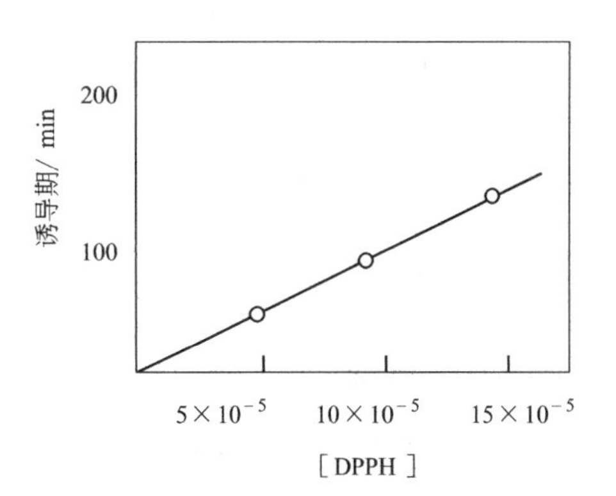


图 2 聚合诱导期与 [DPPH] 的关系

## 四、实验步骤

150mL 带塞锥形瓶中加新蒸苯乙烯 100mL，通氮气 10min，塞紧瓶塞备用。

在一个带盖 30mL 称量瓶中，用 10mL 刻度移液管吸入 20mL 上面通过氮气的苯乙烯。再精确称入约 1mg TMPO 自由基捕捉剂（[TMPO] $=2.92\times10^{-4}$mol/L），盖好瓶盖，得溶液 A。取一个 100mL 带塞锥形瓶。加 50mL 通氮气苯乙烯及 1600mg AIBN（[AIBN] ≈ 0.2mol/L），盖好瓶塞，得溶液 B。剩下的 30mL 苯乙烯为溶液 C。

准备四支 20mL 干净试管，编好号码 1、2、3、4。在膨胀计等一切准备就绪之后，将 A、B、C 三种溶液按表 1 所列毫升数加入 1、2、3、4 号试管。混匀之后，迅速加入相应的 1、2、3、4 号膨胀计，再分别加入恒温槽。记下各膨胀计放入槽内的时间，作为 $t_0$。注意观察，记下各膨胀计液柱上升的最高刻度和液柱开始下降的时间，记为 $t$，$t-t_0$ 即为聚合诱导期。以 $t-t_0$ 对 [TMPO] 作图，直线斜率即为引发速率 $R_i$。再从 $k_d$（30℃，AIBN 的 $k_d=8.9\times10^{-8}s^{-1}$）和 [AIBN] 求引发剂效率 $f$。

**表 1 数据记录**

| 试管号 | 溶液 A/mL | 溶液 B/mL | 纯单体/mL |
|---|---|---|---|
| 1 | 3 | 9 | 5 |
| 2 | 2 | 9 | 6 |
| 3 | 1 | 9 | 7 |
| 4 | 0 | 9 | 8 |

实验完毕，取出膨胀计，将苯乙烯倒入回收瓶，用少量甲苯洗膨胀计底瓶和毛细管，再依次用丙酮和水清洗，烘干。

## 五、注意事项

1. 为减小实验误差，A、B、C 三种溶液不要一起配好，而是随用随配。

2. [TMPO] 为零的样品，由于膨胀计架入恒温槽有一定恒温过程，以及苯乙烯中少量氧气（尽管预先通入氮气，但不能完全排尽）的阻聚作用，直线一般亦不经过原点。图 2 中过原点的直线是扣除了这些影响之后画的。

3. 因为 $R_i$ 是从图 2 的斜率求得的，若上面所讨论的影响对各编号膨胀计都一样，则基本上不影响 $R_i$ 值。

## 六、思考题

1. 本实验中 TMPO 的浓度用 mol/L 表示，若用 mg/L 表示，分别为多少（假定溶液的密度均同纯苯乙烯，$d=0.907$g/mL)？

2. TMPO 是否一定要称取 1.0mg？多些或少些是否有关系？

3. 讨论本实验可能的实验误差。

4. 本实验求引发速率 $R_i$ 的最基本根据是什么？

# 实验七　聚酯反应的动力学

## 一、实验目的

了解缩聚动力学的一般原理及其研究方法，求取缩聚反应速率常数以及反应活化能的频率因子。

## 二、实验原理

等当量的二元酸与二元醇缩合可以生成高分子量的聚酯。当不存在外加催化剂时，单体二元酸兼起催化剂的作用，反应级数为 3，即反应速率与酸的浓度的二次方成正比，又与醇的浓度的一次方成正比。在有外加催化剂存在时，反应级数为 2。

缩聚反应速率可以用反应基团浓度随时间的减小表示。在研究二元酸与二元醇缩聚动力学时，聚合过程可以用测定体系中羧基浓度的方法来跟踪。若以 [A] 表示羧基的浓度，以 [D] 表示羟基的浓度，则无外加催化剂存在下反应速率可用下式表示：

$$-\frac{\mathrm{d}[\mathrm{A}]}{\mathrm{d}t}=k[\mathrm{A}]^2[\mathrm{D}] \tag{1}$$

$$-\frac{\mathrm{d}[\mathrm{A}]}{\mathrm{d}t}=k'[\mathrm{A}][\mathrm{D}] \tag{2}$$

有外加催化剂时，若体系中羧基与羟基等量，则由式（1）、式（2）可分别得到式（3）、式（4）：

$$\frac{1}{(1-P)^2}=2[\mathrm{A}]_{t_0}^2kt+1 \tag{3}$$

$$\frac{1}{(1-P)}=[\mathrm{A}]_{t_0}k't+1 \tag{4}$$

式（3）为无外加催化剂时的缩聚动力学方程，而式（4）为有外加催化剂时的动力学方程，式中反应程度为：

$$P=\frac{[A]_{t0}-[A]_t}{[A]_{t0}}$$

可由实验测得，$[A]_0$ 为羧基或羟基的起始浓度，$[A]_t$ 为反应进行了 $t$ 时间后体系中羧基或羟基的浓度。测定不同反应时间 $t$ 后的 $P$ 值，可根据式（3）或式（4）求出反应速率常数 $k$ 或 $k'$。又根据 Arrhenius 方程：

$$k=A\mathrm{Exp}\left(-\frac{E_a}{RT}\right)$$

可由不同温度 $T$ 下测得的 $k$ 值求得反应活化能 $E_a$ 和频率因子 $A$。

## 三、仪器和试剂

1. 仪器：搅拌器，硅油恒温浴，三口瓶，油水分离器（带刻度，容积约 25mL），回流冷凝管。

2. 试剂：己二酸（或邻苯二甲酸、马来酸），乙二醇（或一缩二乙二醇等），对甲苯磺酸，十氢萘，碱性溴百里酚蓝指示剂，氢氧化钠，甲醇，丙酮，酚酞，氮气。

## 四、实验步骤

将硅油浴置于电磁搅拌器上，安放硅油浴的自动加热控制装置。将一只 500mL 三口瓶（干燥）架入硅油浴中，往瓶内放入搅拌磁芯、20mL 十氢萘和 0.5mol（73.05g）己二酸。开始升温并安装仪器的其余部分，包括一个氮气入口、一支（250℃）温度计和带刻度的油水分离器。往分离器内加入几滴碱性溴百里酚蓝，并以十氢萘将分离器充满。分离器上安装一个回流冷凝管。当三口瓶内反应物温度达到 125℃时，将已经预热至 125℃的 0.5mol 乙二醇加入反应瓶中，再加入 0.1g 对甲苯磺酸。迅速加热至回流温度（约 150℃），并设法保持这一温度至出水量达到理论总水量的 1/4 左右，在此期间每分钟记录一次温度和出水量。

将反应温度升至 165℃左右，并设法保持这一温度至出水量达到总水量的 1/2，并每分钟记录一次时间、温度及出水量。然后停止搅拌，用移液管从反应瓶中快速取出 1～2g 反应物放在一只称好皮重的锥形瓶中，留作羧基浓度的滴定。

将反应温度升至约 175℃，并恒温直至出水量达到总水量的 3/4，同样每分钟记下温度及出水量。然后停止搅拌，做第二次取样。

再将反应温度升至 185℃，并恒温至出水速度显著减小，此期间要坚持记录，在出水速度很慢后出水量的记录间隔可以适当加长，但仍要十分注意保持反应温度的恒定。取样后再将温度升至约 195℃使反应进行完全，结束反应前要做最后一次取样分析。

分析时先准确称出样品的质量，然后加入 10mL 丙酮使样品稀释，然后用 0.5mol/L KOH-甲醇滴定至酚酞的终点，计算反应液中羧基的浓度，滴定值应与由出水量计算所得的结果相吻合。

根据实验结果计算各恒定温度下的反应速率常数和当时所达到的理论平均聚合度，并计算活化能 $E_a$ 和频率因子 $A$。

## 五、注意事项

1. 本实验宜安排两个学生合作进行，也可以将全班学生分成四组，每组只测一个温度下

的 $k$ 值，全班同学共同完成 $E_a$ 和 $A$ 的测定。

2.浓度单位采用 mmol/g 比较方便。

3.最后一次取样也应在当时反应温度下进行。若冷却后再取样，则因反应液分层而无法进行。

## 六、思考题

1.链式聚合与逐步聚合的主要区别有哪些?

2.在推导缩聚动力学式（3）和式（4）的过程中，依据的假设是什么？为什么有些缩聚体系中式（3）和式（4）不适用？

3.聚酯和聚酰胺在缩聚动力学上有何不同？

# 实验八 丙烯酰胺的水溶液聚合及其共聚物的水解

## 一、实验目的

1.了解丙烯酰胺溶液聚合过程，加深对聚合反应中放热过程的认识，利用大分子反应使聚丙烯酰胺转变成部分水解聚丙烯酰胺。

2.掌握聚丙烯酰胺水解度的测定方法。

## 二、实验原理

丙烯酰胺可以通过溶液聚合、悬浮聚合和乳液聚合进行自由基聚合反应。其反应式如下：

$$nCH_2{=}CH{-}CONH_2 \longrightarrow {-}\!\!\left[CH_2{-}\underset{\underset{NH_2}{|}}{\underset{C=O}{\underset{|}{CH}}}\right]_n\!\!{-}$$

各方法所得产品各有所长，但丙烯酰胺的水溶液聚合方法由于具有成本低、溶液无污染、产品分子量较高等优点，因此是生产聚丙烯酰胺的主要方法。由于水的价廉和链转移常数小，它是丙烯酰胺溶液聚合的最佳溶剂。

部分水解聚丙烯酰胺可采用共聚法和后水解法制备，本实验采用后水解法制备部分水解聚丙烯酰胺：

$$CH_2{-}\underset{\underset{NH_2}{|}}{\underset{C=O}{\underset{|}{CH}}}{-}CH_2{-}\underset{\underset{NH_2}{|}}{\underset{C=O}{\underset{|}{CH}}}{-} \longrightarrow CH_2{-}\underset{\underset{O^-\ Na^+}{|}}{\underset{C=O}{\underset{|}{CH}}}{-}CH_2{-}\underset{\underset{NH_2}{|}}{\underset{C=O}{\underset{|}{CH}}}{-}$$

由于大分子链上官能团之间的相互作用，后水解法制得的水解物其羧钠基沿大分子链的分布比共聚物更均匀。

## 三、仪器和试剂

1.仪器：夹套反应器，温度传感器，数字式温度显示仪，恒温水浴，0.2mL、1.0mL、

0.5mL吸量管各一支，氢氧化钠，六偏磷酸钠，尿素，电磁搅拌器，鼓风干燥箱，量筒，塑料袋，筛网一块。

2.试剂：丙烯酰胺水溶液（15%），过硫酸钾水溶液（0.1mol/L），亚硫酸氢钠水溶液（0.1mol/L），甲基丙烯酸，*N*,*N*-二甲胺乙酯（DMAEMA）水溶液（0.1mol/L）。

## 四、实验步骤

### 1.聚合

向反应器中加入100mL丙烯酰胺水溶液，把氮气导管插入反应器底部，再以4L/min的速度通氮气2min，而后加入1mL $K_2S_2O_8$溶液、0.3mL $NaHSO_3$溶液、0.7mL DMAEMA溶液；待加完后，再通片刻，使其混合均匀；将反应器瓶口封闭，插入温度传感器，将其放入40℃恒温水浴中聚合。

（1）观察诱导期时间。

（2）由数字式温度显示器监视聚合体内温度变化，一旦温度开始升高时，每2min记录一次温度，最终绘制温度-时间曲线。

（3）反应1.5h后结束反应，观察产物的外观。

### 2.水解

将聚丙烯酰胺胶体用搅碎机搅碎，称取该胶体40g，将其加入聚乙烯塑料袋中，分别称取NaOH 2.0g、分散剂1.0g、防交联剂0.5g溶于10mL蒸馏水中，充分搅拌，待其溶解后，将其倒入聚乙烯塑料袋中，用手反复搓揉塑料袋，使水解剂与聚丙烯酰胺充分混合均匀。将袋口封住，置于100℃干燥箱水解1h后取出晾置，再撕成小块放在筛网上，再置于100℃烘箱干燥1～1.5h，取出在室温下放置15～20min，经粉碎机粉碎成粉末产品。

### 3.水解度的测定

用差减法称取30mg左右的试样，精确至±0.0001g。

将内有100mL蒸馏水的锥形瓶放在电磁搅拌器上，打开电源，调节搅拌磁子转速使液面旋涡深度达1cm左右，将试样缓慢加入锥形瓶中，待其充分溶解后，可用于水解度测定。

向锥形瓶中分别加入甲基橙和靛蓝二磺酸钠指示剂各一滴，试样溶液呈黄绿色。用0.1mol/L盐酸标准溶液滴定试样溶液，溶液由黄绿色变成浅灰色即为滴定终点，记下消耗盐酸溶液的毫升数。

试样水解度按下式计算：

$$DH=\frac{C\times V\times 71\times 100}{1000m\times s-23C\times V}$$

式中，$C$为盐酸标准溶液浓度，mol/L；$V$为试样溶液消耗的盐酸标准溶液毫升数，mL；$m$为试样的质量，g；$s$为试样的固含量,%。

## 五、思考题

1.水解过程中，为什么要将塑料袋口封住？如打开会有什么结果？

2.影响丙烯酰胺聚合诱导期长短的主要因素有哪些？

3.试分析部分水解的聚丙烯酰胺可以进行哪些聚合物的化学反应？

# 实验九 苯乙烯的原子转移自由基聚合

## 一、实验目的

1.通过苯乙烯的原子转移自由基聚合实验，进一步了解单分散可控聚合物的制备基本原理。

2.熟悉功能高分子的基本制备方法，同时了解可控聚合的影响因素。

## 二、实验原理

原子转移自由基聚合（atomtransfer radical polymerization，ATRP）是1995年首先由王锦山和Matyjaszewski等报道的一种新型自由基活性聚合（或称为可控聚合）方法。它以卤代化合物为引发剂，过渡金属化合物配以适当的配体为催化剂，使可进行自由基聚合的单体进行具有活性特征的聚合。它的基本原理是：利用卤原子在聚合物增长链与催化剂之间的转移，使反应体系处于一个休眠自由基和活性自由基互变的化学平衡中，降低了活性自由基的浓度，使固有的终止反应大为减少，从而使聚合反应具有活性特征，可以得到一般自由基聚合难以得到的窄分布、分子量与理论分子量相近的聚合物，为自由基活性聚合开辟了一条崭新的途径。

理论上，ATRP聚合的数均聚合度应为：

$$x_n=\frac{\Delta[\mathrm{M}]}{[\mathrm{R-X}]} \tag{1}$$

式中，[R—X] 为引发剂浓度。

ATRP聚合的速率方程符合一般自由基聚合的速率方程，则有：

$$R_{\mathrm{p}}=\frac{-\mathrm{d}[\mathrm{M}]}{\mathrm{d}t}=k_{\mathrm{p}}[\mathrm{P}\cdot][\mathrm{M}]$$

令

$$k_{\mathrm{p}}^{\mathrm{app}}=k_{\mathrm{p}}[\mathrm{P}\cdot] \tag{2}$$

则 $R_{\mathrm{p}}=-\mathrm{d}[\mathrm{M}]/\mathrm{d}t=k_{\mathrm{p}}^{\mathrm{app}}[\mathrm{M}]$，将此式积分得：

$$\ln\frac{[\mathrm{M}]_0}{[\mathrm{M}]}=k_{\mathrm{p}}^{\mathrm{app}}t$$

由此式可见，$k_{\mathrm{p}}^{\mathrm{app}}$ 可由 $\ln[\mathrm{M}]_0/[\mathrm{M}]$ 对 $t$ 作图求得，进而可由式（2）求得活性自由基浓度 [P·]。

## 三、仪器和试剂

1.仪器：四口瓶（100mL），球形冷凝管，水浴锅，搅拌电机与搅拌棒，温度计（100℃），量筒，布氏漏斗，抽滤瓶，氮气瓶。

2.试剂：苯乙烯（使用前减压蒸馏脱除阻聚剂），氯化苄，氯化亚铜，2,2′-联吡啶，甲苯，二苯醚，四氢呋喃，甲醇。

## 四、实验步骤

在100mL四口瓶中加入50mL蒸馏水、2mL 5%的聚乙烯醇和10g NaCl，待全部溶解后在冰盐浴冷却下真空脱气、充氮，反复三次。然后在氮气保护下装上搅拌器、冷凝器和温度计。

在 50mL 两口瓶中加入苯乙烯（St）、氯化苄（PhCH2Cl）、氯化亚铜（CuCl）和联吡啶（bpy），混合均匀后在冰盐浴冷却下真空脱气、充氮，反复三次。然后将其快速倒入上述 100mL 的四口瓶中，开动搅拌，调整油珠直径为 0.4～0.6mm，升温至 95℃在氮气保护下反应。改变反应时间，再进行实验，反应结束后将反应物倒入甲醇中沉淀出聚合物，水洗，过滤，真空干燥。

## 五、数据处理

1.计算转化率，用重量法测定。

2.测定聚合物的分子量和分子量分布，用高效液相色谱仪测定，聚苯乙烯为标样，四氢呋喃为流动相。

## 六、思考题

1.活性聚合反应的特征是什么？

2.以 ATRP 为例，介绍自由基聚合反应获得“活性”/可控特征的原因。

# 附　录

## 附录 1　酸值的测定

酸值是指1g聚合物样品的溶液滴定时所消耗的KOH或NaOH的质量（mg）。测定方法是将聚合物溶于一些惰性溶剂中（如甲醇、乙醇、丙酮、苯和氯仿等），以酚酞为指示剂，用0.1mol/L的KOH或NaOH溶液滴定。

其具体操作如下：准确称取适量样品，放入100mL锥形瓶中，用移液管加入20mL溶剂，轻轻摇动锥形瓶使样品完全溶解。然后加入2～3滴0.1%的酚酞-乙醇溶液，用KOH或NaOH标准溶液滴定至浅粉红色（颜色保持15～30s不褪）。用同样的方法进行空白滴定，重复两次，结果按下式计算：

$$酸值=\frac{(V-V_0)\ M\times 56.11}{W}$$

式中　$V$，$V_0$——样品滴定、空白滴定所消耗的KOH或NaOH的标准溶液体积，mL；

$M$——KOH或NaOH标准溶液的浓度，mol/L；

$W$——样品质量，g。

注意：若用NaOH滴定，则计算时将上式中的56.11改为40。

## 附录 2　羟值的测定

羟值是指滴定1g含羟基的样品所消耗的KOH（或NaOH）的质量（mg）。羟基能与酸酐发生酯化反应，反应式为：

$$ROH+(R'CO)_2O\longrightarrow RCOR'+R'COOH$$

用KOH或NaOH溶液滴定在此反应过程中所消耗的酸酐的量即可求出羟值。常用的酸酐有乙酸酐和邻苯二甲酸酐。

具体操作如下：在一只洁净、干燥的棕色瓶中，加入100mL新蒸吡啶和15mL新蒸乙酸酐混合均匀后备用。

将样品真空干燥，称取约2g样品（精确到1mg），放入100mL磨口锥形瓶中，用移液管准确移取10mL配好的乙酸酐-吡啶混合液，放入瓶中，并用2mL吡啶冲洗瓶口。放几粒沸石，接上磨口空气冷凝管，在平板电炉上加热回流20min，冷却至室温，依次用10mL吡啶和10mL蒸馏水冲洗冷凝管内壁和磨口，加入3～5滴1%的酚酞-乙醇指示剂，用1mol/L KOH标准溶液滴定。用同样操作做空白实验。羟值按下式计算：

$$羟值=\frac{(V_0-V)\ N\times 56.11}{W}$$

式中　$V, V_0$——样品滴定和空白滴定所消耗的 KOH 的量，mL；

$N$——NaOH 的物质的量浓度，mol/L；

$W$——样品质量，g。

对于端羟基聚合物，测得其羟值可用来计算其数均分子量。对于双端羟基的聚醚，其数均分子量 $M_n$ 可表示为：

$$M_n=\frac{2\times 56.11\times 100}{\text{羟值}}$$

注意：1. 吡啶有毒，操作需在通风橱内进行。

2. 若用 NaOH 滴定，则计算时将上式中 56.11 改为 40。

# 附录 3　环氧值的测定

环氧值是指每 100g 环氧树脂中含环氧基的当量数。它是衡量环氧树脂质量的重要指标，是计算固化剂用量的依据。树脂的分子量越高，环氧值相应越低，一般低分子量环氧树脂的环氧值在 0.48～0.57mol/100g 之间。另外，还可用环氧基百分含量（每 100g 树脂中含有的环氧基克数）和环氧当量（一个环氧基的环氧树脂克数）来表示，三者之间的相互关系如下：

环氧值＝环氧基百分含量/环氧基分子量＝1/环氧当量

因为环氧树脂中的环氧基在盐酸的有机溶液中能被 HCl 开环，所以测定所消耗的 HCl 的量，即可算出环氧值。其反应式为：

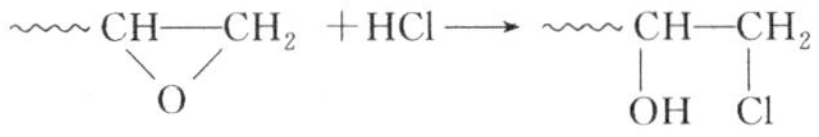

$$\sim\sim CH\!-\!CH_2\ (\text{环氧，O 桥接}) + HCl \longrightarrow \sim\sim \underset{OH}{CH}-\underset{Cl}{CH_2}$$

过量的 HCl 用 NaOH-乙醇标准溶液回滴。

对于相对分子质量小于 1500 的环氧树脂，其环氧值的测定用盐酸-丙酮法测定，分子量高的用盐酸-吡啶法。

具体操作如下：准确称取 1g 左右环氧树脂，放入 150mL 的磨口锥形瓶中，用移液管加入 25mL 盐酸-丙酮溶液，加塞摇动至树脂完全溶解，放置 1h，加入酚酞指示剂 3 滴，用 NaOH-乙醇溶液滴定至浅粉红色，同时按上述条件做空白实验两次。

$$\text{环氧值 EPV}=\frac{(V_0-V_1)\ N}{10W}$$

式中　$V_0, V_1$——空白滴定和样品滴定所消耗的 NaOH 的量，mL；

$N$——NaOH 溶液的物质的量浓度，mol/L；

$W$——树脂质量，g。

注意：1. 盐酸-丙酮溶液：2mL 浓盐酸溶于 80mL 丙酮中，混合均匀。

2. NaOH-乙醇标准溶液：将 4g NaOH 溶于 100mL 乙醇中，用邻苯二甲酸氢钾标准溶液标定，酚酞作为指示剂。

# 附录 4　缩醛度的测定

缩醛度是指参加缩醛反应的羟基的百分含量，缩醛基和盐酸羟胺反应放出 HCl，用 NaOH 滴定所释放出来的盐酸，根据 NaOH 的用量来求得缩醛度。

反应式为：

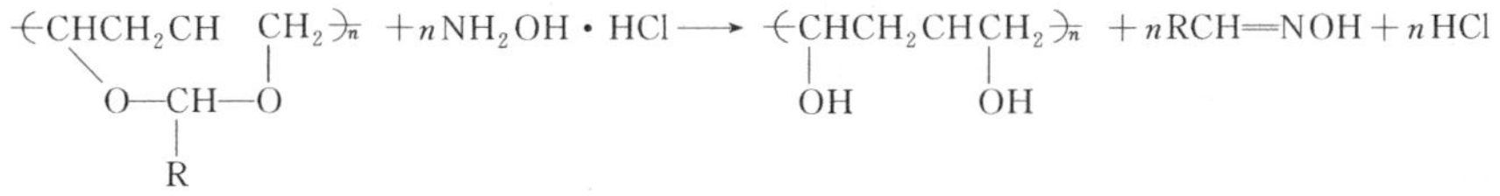

$$\text{-}\!\!\left(CHCH_2CH\ \ CH_2\right)\!_n\ (\text{O—CH(R)—O 桥接}) + nNH_2OH\cdot HCl \longrightarrow \text{-}\!\!\left(\underset{OH}{CH}CH_2\underset{OH}{CH}CH_2\right)\!_n + nRCH{=}NOH + nHCl$$

$$HCL + NaOH \longrightarrow NaCl + H_2O$$

准确称取干燥至恒重的聚乙烯醇缩丁醛（PVB）样品1g（精确到1mg），放置于250mL的磨口锥形瓶中，加入50mL乙醇、25mL 7%的盐酸羟胺溶液，装上回流冷凝管后回流3h，冷却至室温后，将冷凝管用20mL乙醇仔细冲洗后取下。加入3滴甲基橙指示剂，用0.5mol/L的NaOH溶液滴定至黄色，同时做空白实验。

计算式如下：

$$缩醛度=\frac{(V-V_0)\ N\times 0.088}{W}\times 100\%$$

式中 $V_0$, $V$——空白滴定和样品滴定所消耗的NaOH的量，mL；

$N$——NaOH溶液的物质的量浓度，mol/L；

$W$——树脂质量，g。

# 附录5 醇解度的测定

醇解度是指分子链上的羟基与醇解前分子链上乙酰基总数的比值。用NaOH溶液水解剩余的酯基，根据所消耗的NaOH的量，计算出醇解度。其反应式如下：

$$\sim\sim CH_2-\underset{\underset{\displaystyle O=CCH_3}{|}}{\underset{O}{|}}{CH}\sim\sim + NaOH \longrightarrow \sim\sim CH_2-\underset{OH}{\underset{|}{CH}}\sim\sim + CH_3COONa$$

$$NaOH + HCl \longrightarrow NaCl + H_2O$$

具体操作如下：准确称取干燥至恒重的聚乙烯醇（PVA）样品1g，置于250mL锥形瓶中，加入80mL蒸馏水，回流至全部溶解，冷却后加入25mL 0.5mol/L的NaOH溶液，在水浴上回流1h，再冷却至室温，用10mL蒸馏水冲洗冷凝装置，加入几滴甲基橙指示剂，用0.5mol/L的HCl溶液滴定至黄色，重复两次，同时做空白实验。

计算式如下：

$$乙酰氧基含量=\frac{(V_0-V)\ N\times 0.043}{W}\times 100\%$$

$$醇解度=\frac{W-(V_0-V)\ N\times 0.086}{W-(V_0-V)\ N\times 0.042}\times 100\%$$

式中 $V_0$, $V$——空白滴定和样品滴定所消耗的HCl的量，mL；

$N$——HCl溶液的物质的量浓度，mol/L；

$W$——样品质量，g。

# 附录6 结合丙烯腈含量的测定

浓硫酸在硒粉催化剂的作用下，具有强氧化能力，能使树脂中的丙烯腈分解而生成硫酸铵。反应式如下：

$$2CH_2=CH-CN + 13H_2SO_4 \xrightarrow[\triangle]{K_2SO_4+Se} (NH_4)_2SO_4 + 12SO_2 + 6CO_2 + 12H_2O$$

以氢氧化钠赶出铵盐中的氨，然后用硫酸溶液吸收；

$$(NH_4)_2SO_4 + 2NaOH \longrightarrow 2NH_3 + Na_2SO_4 + 2H_2O$$

$$NH_3 + Na_2SO_4 \longrightarrow (NH_4)_2SO_4$$

再以标准的碱溶液滴定过量的酸，通过计算求出结合丙烯腈的含量。

$$H_2SO_4 + 2NaOH \longrightarrow Na_2SO_4 + 2H_2O$$

## 1. 仪器和试剂

(1) 仪器：500mL圆底烧瓶，分液漏斗，滴液捕集瓶，冷凝管（400mL），蒸馏仪器。

(2) 试剂：0.25mol/L 硫酸或 0.5mol/L 盐酸溶液，0.5mol/L 氢氧化钠溶液，40%氢氧化钠溶液，固体硫酸钾，硒粉。

### 2. 操作步骤

称取 0.1～0.2g（准确至 0.0002g）试样，放入烧瓶中，往瓶中加入 2.5g 硫酸钾、少量的硒粉，然后加入 10mL 浓硫酸。用玻璃漏斗盖在烧瓶中的口上，再把烧瓶倾斜地固定在铁架台上。用煤气灯加热(在通风橱中进行)，待瓶内溶液透明为止，则试样分解完全。

待分解液冷却后，用蒸馏水冲洗漏斗和瓶颈，使溶液体积达 150～200mL。此后，把带有分液漏斗和滴液捕集器的塞子塞上，液滴捕集器的另一端与冷凝器连接，冷凝管的出口端插入接收瓶内。

在接收瓶内加入 15mL 0.25mol/L 的硫酸和 2～3 滴甲基红指示剂以吸收氨气。

为了蒸出氨气，经分液漏斗向圆底烧瓶内加入 50mL 40%的氢氧化钠溶液。冷凝管通入冷却水后，开始加热蒸馏。

蒸馏约进行 40min，当蒸馏液用酚酞指示剂检验无色时，接收瓶里液体达 120mL 左右，即可停止。经冷凝管一端用蒸馏水洗涤其内壁及接管，用 0.5mol/L 氢氧化钠溶液滴定过量的硫酸。

以同样步骤和试剂进行空白实验。

### 3. 实验结果计算

树脂中结合丙烯腈含量 $X$（质量分数）按下式计算：

$$X=\frac{(V_2-V_1)\times N_1\times 0.053}{m}\times 100\%$$

式中 $N_1$——氢氧化钠溶液的物质的量浓度，mol/L；

$V_2$——空白实验消耗氢氧化钠溶液的量，mL；

$V_1$——试样测定消耗氢氧化钠溶液的量，mL；

$m$——样品质量，g；

0.053——丙烯腈的毫摩尔质量，g/mmol。

## 附录 7 聚合物中双键含量的测定

在 ABS 或高抗冲聚苯乙烯（HIPS）等树脂中，丁二烯不论以 1,4 加成还是以 1,2 加成参与聚合，每个丁二烯在聚合后都产生一个双键，如果能定量地测得这些双键的含量，也就测得了其中丁二烯的含量。

利用氯化碘（ICl）能够和双键起定量加成反应的性质，可测定样品中丁二烯的含量。采用过量的氯化碘与样品中的丁二烯起反应，以碘量法测定过剩的氯化碘的量；同时对氯化碘在同样的条件下做空白实验。通过两次所消耗的硫代硫酸钠（$Na_2S_2O_3$）的体积之差，就可计算出丁二烯的含量。其反应式如下：

$$\mathrm{{>}C{=}C{<}} + \mathrm{ICl} \longrightarrow \mathrm{{>}C(I){-}C(Cl){<}}$$

$$\mathrm{ICl+KI \longrightarrow KCl+I_2}$$

$$\mathrm{I_2+2Na_2S_2O_3 \longrightarrow 2NaI+Na_2S_4O_6}$$

对于交联的样品，以此法测得的丁二烯含量往往偏低，这是因为接枝和交联要损失一部分双键，另外，溶剂不可能溶解交联物，若溶胀得不充分，则不能保证氯化碘与所有的双键都定量地发生加成反应。为了避免这种情况发生，称取的样品颗粒要细，溶剂溶胀，以及与氯化碘反应要充分。氯化碘用量是双键含量的 5 倍，且反应温度最好不低于 25℃。

具体操作如下：准确称取 0.05～0.1g 颗粒细小的 ABS 树脂，放在 500mL 磨口锥形瓶中，加入 30mL 氯仿使之溶解（如果样品发生交联，不溶解，则需在 65℃ 水浴上回流 6h）。然后用移液管移取 25mL 0.1mol/L 氯化碘的冰醋酸溶液于磨口锥形瓶中，用磁力搅拌器搅拌 10～15min，加入 20mL 乙醇、15mL

水及 20mL 15%的 KI 溶液，用 0.1mol/L $Na_2S_2O_3$ 溶液进行滴定，直至体系变为乳白色即为终点。在同样条件下做空白实验。由两次所消耗的 $Na_2S_2O_3$ 溶液的体积及其浓度和样品质量，即可求出丁二烯的含量。

计算式如下：

$$丁二烯的含量=\frac{c(V_0-V_1)\times 0.0271}{m}\times 100\%$$

式中，$V_0$ 为滴定空白溶液所消耗的 $Na_2S_2O_3$ 溶液的体积，mL；$V_1$ 为滴定样品溶液所消耗的 $Na_2S_2O_3$ 溶液的体积，mL；$m$ 为样品质量，g；$c$ 为 $Na_2S_2O_3$ 溶液的物质的量浓度，mol/L。

注意：不要将待分析样品沾在器壁上，以致反应不完全，造成结果偏低；KI 溶液宜新配制，变黄的不可使用。

# 附录 8 氯含量的测定

含有氯元素的聚合物样品在镍坩埚中被 NaOH 和 $KNO_3$ 分解，使氯转化为离子。将被分解后的样品溶在水中，用 $AgNO_3$ 标准溶液沉淀 $Cl^-$，再用 KSCN 标准溶液滴定剩余 $Ag^+$，从而计算出氯含量。

具体操作如下：准确称取干燥至恒重的样品 0.2g（精确至 1mg），放入镍坩埚中，加入 2g NaOH 和 1g $KNO_3$，仔细将其拌匀，然后在其表面再覆盖 0.5g $KNO_3$。盖好坩埚盖，将坩埚置于泥三角上，在煤气灯上加热。加热时，用坩埚钳压紧坩埚盖，并注意控制加热温度，若黑烟冒出很剧烈，可撤去煤气灯，稍停后再继续加热。加热约 10min，这时可揭开坩埚盖，看样品是否完全分解，若还有未分解的黑色物质附在坩埚壁或盖上，可将坩埚倾斜，使未分解的部分接近火源。撤离火源，钳住坩埚慢慢转动，使熔融物在坩埚内壁均匀凝固。坩埚盖上放数粒 $KNO_3$，直接在火上加热，使其附有一层透明液体。

冷却后，将坩埚连同盖子一起投入装有 150mL 蒸馏水的烧杯中，在烧杯上盖一块表面皿，加热。待坩埚内固体全部溶解后，取出坩埚及盖子，用蒸馏水冲洗数次，使溶液总量在 200mL 左右。

在上述水溶液中加几滴酚酞指示剂，用 1∶1 的 $HNO_3$ 中和后再过量 3～5mL。加入 2mL 硝基苯，在充分搅拌下慢慢加入 20mL 0.1mol/L 的 $AgNO_3$ 标准溶液，再加入 1mL 30% 的铁铵矾 [$FeNH_4(SO_4)_2\cdot 12H_2O$] 指示剂，在搅拌下用 0.1mol/L 的 KSCN 标准溶液滴定，至出现微砖红色。氯含量的计算式如下：

$$氯含量=\frac{(c_1V_1-c_2V_2)\times 35.46}{100m}\times 100\%$$

式中，$c_1$ 为 $AgNO_3$ 标准溶液的物质的量浓度，mol/L；$V_1$ 为加入的 $AgNO_3$ 标准溶液的体积，mL；$c_2$ 为 KSCN 标准溶液的物质的量浓度，mol/L；$V_2$ 为滴定时所消耗的 KSCN 标准溶液的体积，mL；$m$ 为样品质量，g。

# 附录 9 常见聚合物的英文名称及缩写

| 聚合物名称 | 聚合物英文名称 | 英文缩写 |
|---|---|---|
| 聚烯烃 | polyolefins | PO |
| 聚甲醛 | polyoxymethylene | POM |
| 聚乙烯(低密度) | low density polyethylene | LDPE |
| 氯化聚乙烯 | chlorinated polyethylene | CPE |
| 聚丙烯 | polypropylene | PP |
| 聚异丁烯 | polyisobutylene | PIB |
| 聚苯乙烯 | polystyrene | PS |
| 高抗冲聚苯乙烯 | high impact polystyrene | HIPS |
| 聚氯乙烯 | polyvinylchloride | PVC |
| 氯化聚氯乙烯 | chlorinated polyvinylchloride | CPVC |

续表

| 聚合物名称 | 聚合物英文名称 | 英文缩写 |
|---|---|---|
| 聚四氟乙烯 | polytetrafluoroethene | PTFE |
| 聚偏氟乙烯 | polyvinylidenefluoride | |
| 聚三氟氯乙烯 | polytrifluoro-chloro-ethylene | PTFCE |
| 聚六氟丙烯 | polyhexafluoropropylene | PFP |
| 聚偏二氯乙烯 | polyvinylidenechloride | PVDC |
| 聚乙烯醇 | polyvinylalcohol | PVA |
| 聚乙烯醇缩甲醛 | polyvinyl formal | PVFM |
| 聚乙烯醇缩丁醛 | polyvinyl butyal | PVB |
| 聚丙烯腈 | polyacrylnitrile | PAN |
| 聚丙烯酸 | polyacrylic acid | PAA |
| 聚丙烯酸甲酯 | polymethylacrylate | PMA |
| 聚丙烯酸乙酯 | polyethylacrylate | PEA |
| 聚丙烯酸丁酯 | polybutylacrylate | PBA |
| 聚丙烯酸羟乙酯 | polyhydroxyethylacrylate | PHEA |
| 聚丙烯酸缩水甘油酯 | polyglycidylacrylate | PGA |
| 聚甲基丙烯酸 | polymethacrylecacid | PMAA |
| 聚甲基丙烯酸甲酯 | polymethylmethacrylate | PMMA |
| 聚甲基丙烯酸乙酯 | polyethylmethacrylate | PEMA |
| 聚甲基丙烯酸正丁酯 | polyn-butulmethacrylate | PNBMA |
| 聚丙烯酰胺 | polyacrylamide | PAAM |
| 聚 *N*-异丙基丙烯酰胺 | polyn-iopropulacrylamide | PNIPAM |
| 聚乙烯基吡咯烷酮 | polyvinylpurrolidone | PVP |
| 天然橡胶 | natural rubber | NR |
| 丁二烯橡胶 | butadiene rubber | BR |
| 异戊橡胶 | lsoprene rubber | IR |
| 聚异戊二烯(顺式) | cis-polyisoprene | CPI |
| 聚异戊二烯(反式) | trans-polyisoprene | TPI |
| 丁腈橡胶 | nitril-butadiene rubber | NBR(ABR) |
| 丁苯橡胶 | styrene-butadiene rubber | SBR(PBS) |
| 氯丁橡胶 | chloroprene rubber | CR |
| 乙丙橡胶 | ethylene-propylene copolymer | EPR |
| ABS 树脂 | acrylonitri-butadiene-styrene copolymer | ABS |
| 聚对苯二甲酸乙二醇酯 | polyethyleneterephthalate | PET |
| 聚碳酸酯 | polycarbonate | PC |
| 不饱和树脂 | unsaturated polyester | UP |
| 聚酰胺 | polyamide | PA |
| 聚酰胺 6 | polyamide-6 | PA6 |
| 聚酰胺 610 | polyamide-610 | PA610 |
| 聚酰胺 66 | polyamide-66 | PA66 |
| 聚氨酯 | polyurethane | AU(PUR) |
| 环氧树脂 | epoxy resin | EP |
| 脲醛树脂 | purea-formaldehyde resins | UF |
| 三聚氰胺树脂 | melamine resin | |
| 三聚氰胺-甲醛树脂 | melamine-formaldehyde resins | MF |
| 酚醛树脂 | phenol-fomaldehyde resins | PF |

续表

| 聚合物名称 | 聚合物英文名称 | 英文缩写 |
| --- | --- | --- |
| 聚硅氧烷 | polysilicone(polysiloxane) | |
| 聚甲基硅氧烷 | polymethyl siloxane | |
| 聚二甲基硅氧烷 | polydimethylsilixane | |
| 聚苯醚 | polyphenyleneoxide | PPO |
| 聚苯硫醚 | polyphenylenesulfide | PPS |
| 聚砜 | polysulfone | PSF |
| 聚芳砜 | polyarylsulfone | PASU |
| 聚酰亚胺 | polyimide | PIB |
| 聚苯并咪唑 | polybenzimidazole | PBI |
| 聚氧化乙烯 | polyethyleneoxide | PEO |
| 聚氧化丙烯 | polypropyleneoxide | PPO |
| 醋酸纤维素 | cellulose acetate | CA |
| 硝酸纤维素 | cellulose nitrate | CN |
| 羧甲基纤维素 | carboxymethyl cellulose | CMC |
| 甲基纤维素 | methyl cellulose | MC |
| 乙基纤维素 | ethylcellulose | EC |
| 丙酸纤维素 | cellulose propionate | CP |
| 丁基纤维素 | butyl cellulose | BC |
| 羟乙基纤维素 | hydroxyethyl cellulose | HEC |
| 醋酸丁酸纤维素 | cellulose acetate butyrate | CAB |
| 醋酸丙酸纤维素 | cellulose acetate propionate | CAP |
| 通用塑料 | universal plastics | UP |
| 高密度聚乙烯 | high density polyethylene | HDPE |
| 中密度聚乙烯 | middle density polyethylene | MDPE |
| 低密度聚乙烯 | low density polyethylene | LDPE |
| 超高分子量聚乙烯 | ultra high molecule weight polyethylene | UHMWPE |
| 过氯乙烯 | chlorinated polyvinyl chloride | CPVC |
| 聚异氰酸酯 | polyisocyanate | |
| 聚醋酸乙烯酯 | polyvinyl acetate | PVAc |
| 聚氨基甲酸酯 | polyurethane | PUT |
| 乙烯-醋酸乙烯酯共聚物 | polyethylene-vinyl acetate | EVA |
| 聚乙二醇 | polyethylene glycol | PEG |
| 聚酰亚胺 | polyimides | PI |
| 聚对苯二甲酸乙二醇酯 | polyethylene terephthalate | PET |
| 聚对苯二甲酸丁二醇酯 | polybutylene terephthalate | PBT |
| 聚对二甲苯 | polyparaxylene | |
| 丙烯腈-丁二烯-苯乙烯共聚物 | acrylonitrile-butadiene-styrene | ABS |
| 丙烯腈-丙烯酸-苯乙烯共聚物 | acrylonitrile-acrylic-styrene | AAS |
| 聚异丁烯 | polyisobutylene rubber | |
| 聚丁二烯 | polybutadiene rubber | |
| 聚硫橡胶 | polysulfide rubber | |
| 氯磺化聚乙烯 | chlorosulphonated polyethylene | |
| 呋喃树脂 | furan resin | |

# 附录10 常见试剂的英文名称及相关物理性质

| 试剂 | 英文名称 | 相对分子质量 | 介电常数 | 沸点/℃ | 密度/(g/cm$^3$) | 折射率 |
| --- | --- | --- | --- | --- | --- | --- |
| 乙酸 | acetic acid | 60.05 | 6.15 | 117.9 | 1.048 | 1.3716 |
| 乙腈 | acetonitrile | 41.05 | 36 | 81.6 | 0.786 | 1.3442 |
| 丙酮 | acetone | 58.08 | 21.45 | 56.2 | 0.791 | 1.3588 |
| 苯 | benzene | 78.11 | 2.284 | 80.1 | 0.879 | 1.5011 |
| 苯甲醇 | benzyl alcohol | 108.14 | 13.5 | 205.4 | 1.045 | 1.5404 |
| 正丁醇 | *n*-butyl alcohol | 74.12 | 17.4 | 117.9 | 0.81 | 1.3992 |
| 丁酸 | butyric acid | 88.12 | 2.97 | 168.5 | 0.958 | 1.3980 |
| 正丁胺 | *n*-butylamine | 73.14 | 5.3 | 77.8 | 0.741 | 1.4031 |
| 二硫化碳 | carbon disulfide | 76.14 | 2.65 | 46.3 | 1.263 | 1.6280 |
| 四氯化碳 | carbon tetrachloride | 153.82 | 2.205 | 76.8 | 1.549 | 1.4601 |
| 氯乙酸 | chloroacetic acid | 94.5 | 20 | 187.8 | 1.403 | 1.4351 |
| 氯苯 | chlorobenzene | 112.56 | 5.59 | 131.68 | 1.106 | 1.5241 |
| 氯仿 | chloroform | 119.38 | 4.785 | 61.2 | 1.489 | 1.4458 |
| 乙醚 | diethyl ether | 74.12 | 4.24 | 34.5 | 0.714 | 1.3527 |
| *N*,*N*-二甲基甲酰胺 | *N*,*N*-dimethylformamide | 73.1 | 37.6 | 153 | 0.949 | 1.4292 |
| 二氯乙烷 | dichloroethane | 99 | 10.45 | 83.5 | 1.253 | 1.4447 |
| 环己烷 | cyclohexane | 84 | 101 | 81 | 0.779 | 1.426 |
| 1,4-丁二醇 | 1,4-butanediol | 90.12 | 31.1 | 228 | 1.017 | 1.4445 |
| 1,4-二氧六环 | 1,4-dioxane | 88.11 | 3.25 | 101.3 | 1.034 | 1.4224 |
| 丙醚 | di-*n*-propyl ether | 102.18 | 3.4 | 90.1 | 0.749 | 1.3809 |
| 乙醇 | ethanol | 46.07 | 25 | 78.3 | 0.789 | 1.3616 |
| 乙醇胺 | ethanolamine | 61.08 | 37.7 | 171.1 | 1.016 | 1.4539 |
| 乙酸乙酯 | ethyl acetate | 88.011 | 6.4 | 76.8 | 0.901 | 1.3724 |
| 乙二胺 | ethylene diamine | 60.11 | 12.9 | 116.5 | 1.9 | 1.4568 |
| 乙二醇 | ethylene glycol | 62.07 | 38.66 | 197.9 | 1.114 | 1.4318 |
| 甲酸 | methanoic acid | 46.03 | 58.1 | 100.7 | 1.22 | 1.3714 |
| 甲酰胺 | methane amide | 45.04 | 111.5 | 210 | 1.133 | 1.4475 |
| 甘油 | glycerol | 92.1 | 41.14 | 290 | 1.261 | 1.1740 |
| 正己烷 | *n*-hexane | 86.18 | 1.89 | 68.74 | 0.659 | 1.3749 |
| 正己醇 | *n*-hexyl alcohol | 102.18 | 13.75 | 157.5 | 0.82 | 1.4174 |
| 异戊醇 | isoamyl alcohol | 88.15 | 14.7 | 132 | 0.809 | 1.4967 |
| 甲醇 | methyl alcohol | 32.04 | 32.35 | 64.5 | 0.791 | 1.3286 |
| 甲乙酮 | methyl ethyl ketone | 72.11 | 18.51 | 79.6 | 0.805 | 1.3785 |
| 二甲亚砜 | dimethyl sulfoxide | 78.13 | 46.7 | 189 | 1.104 | 1.4783 |
| 硝基苯 | nitrobenzene | 123.11 | 35.96 | 210.9 | 1.203 | 1.5524 |
| 硝基甲烷 | nitromethane | 61.04 | 38.2 | 100 | 1.13 | 1.3819 |
| 吡啶 | pyridine | 79.1 | 13.3 | 115.58 | 0.9832 | 1.5094 |
| 四氢呋喃 | tetrahydrofuran | 72.11 | 7.35 | 66 | 0.8818 | 1.4070 |
| 甲苯 | methylbenzene | 92.14 | 2.335 | 110.62 | 0.8669 | 1.4969 |
| 三氯乙酸 | trichloroacetic acid | 163.39 | 4.5 | 197.55 | 1.62 | 1.4603(61℃) |
| 三乙醇胺 | triethanolamine | 149.19 | — | 360 | 1.1242 | — |
| 三氟乙酸 | trifluoroacetic acid | 114.02 | 8.22(17℃) | 72.4 | 1.5351 | — |
| 水 | | 18.04 | 80.37 | 100 | 0.997 | 1.3325 |

# 附录11 常用引发剂的相关数据

| 引发剂 | 反应温度/℃ | 溶剂 | 溶剂分解速率常数/$s^{-1}$ | 半衰期$t_{1/2}$/h | 分解活化能/(kJ/mol) | 储存温度/℃ | 一般使用温度/℃ |
|---|---|---|---|---|---|---|---|
| 过氧化苯甲酰 | 49.4<br>61.0<br>74.8<br>100.0 | 苯乙烯 | $5.28\times10^{-7}$<br>$2.58\times10^{-7}$<br>$1.83\times10^{-6}$<br>$4.58\times10^{-6}$ | 364.5<br>74.6<br>10.5<br>0.42 | 124.3 | 25 | 60～100 |
| 过氧化苯甲酰 | 60.0<br>80.0<br>85.0 | 苯 | $2.0\times10^{-6}$<br>$2.5\times10^{-6}$<br>$8.9\times10^{-6}$ | 96.0<br>7.7<br>2.2 | | | |
| 过氧化二(2-甲基苯甲酰) | 50.0<br>70.0<br>80.0 | 苯乙酮 | $6.0\times10^{-6}$<br>$9.02\times10^{-6}$<br>$2.15\times10^{-6}$ | 3.2<br>2.1<br>0.09 | 113.8 | 5 | |
| 过氧化二(2,4-二氯苯甲酰) | 34.8<br>61.0<br>74.0<br>100.0 | 苯乙烯 | $3.88\times10^{-5}$<br>$7.78\times10^{-5}$<br>$2.78\times10^{-4}$<br>$4.17\times10^{-3}$ | 49.6<br>2.5<br>0.69<br>0.046 | 17.6 | 20 | 30～80 |
| 过氧化二月桂酸 | 50.0<br>60.0<br>70.0 | 苯 | $2.19\times10^{-5}$<br>$9.17\times10^{-5}$<br>$2.86\times10^{-5}$ | 88<br>21<br>6.7 | 127.2 | 25 | 60～120 |
| 过氧化二碳酸二环乙酯 | 50.0 | 苯 | $5.4\times10^{-5}$ | 3.6 | | 5 | |
| 过氧化二碳酸二己丙酯 | 40.0<br>54.0 | 苯 | $6.39\times10^{-6}$<br>$5.0\times10^{-6}$ | 30.1<br>3.85 | 117.6 | 10 | |
| 过氧化叔戊酸叔丁酯 | 50.0<br>70.0<br>85.0 | 苯 | $9.77\times10^{-6}$<br>$1.24\times10^{-4}$<br>$7.64\times10^{-4}$ | 19.7<br>1.6<br>0.25 | 119.7 | 0 | |
| 过氧化苯甲酸叔丁酯 | 100<br>115<br>130 | 苯 | $1.07\times10^{-6}$<br>$6.22\times10^{-5}$<br>$3.5\times10^{-4}$ | 18<br>3.1<br>0.6 | 145.2 | 20 | |
| 叔丁基过氧化氢 | 154.5<br>172.3<br>182.6 | | $4.29\times10^{-6}$<br>$1.09\times10^{-6}$<br>$3.1\times10^{-5}$ | 44.8<br>17.7<br>6.2 | 170.7 | 25 | 常与还原剂一起使用，20～60 |
| 异丙苯过氧化氢 | 125<br>139<br>182 | | $9.0\times10^{-6}$<br>$3.0\times10^{-6}$<br>$6.5\times10^{-5}$ | 21<br>64<br>3.0 | 101.3 | 25 | |
| 过氧化二异丙苯 | 115<br>130<br>145 | | $1.56\times10^{-6}$<br>$1.05\times10^{-5}$<br>$6.86\times10^{-4}$ | 12.3<br>1.8<br>0.3 | 170.3 | 25 | 120～150 |
| 偶氮二异丁腈 | 40<br>80<br>90<br>100 | 甲苯 | $4.0\times10^{-5}$<br>$1.55\times10^{-4}$<br>$4.86\times10^{-4}$<br>$1.60\times10^{-3}$ | 4.8<br>1.2<br>0.4<br>0.1 | 121.3 | 10 | 50～90 |
| 偶氮二异庚腈 | 69.8<br>80.2 | 苯 | $1.98\times10^{-4}$<br>$7.1\times10^{-4}$ | 0.97<br>0.27 | 121.3 | 0 | 20～80 |
| 过硫酸钾 | 50<br>60<br>70 | 0.1mol/L KOH | $9.1\times10^{-7}$<br>$3.16\times10^{-6}$<br>$2.33\times10^{-6}$ | 212<br>61<br>8.3 | 140 | 25 | 与还原剂一起使用，50 |

# 附录12 常用加热、冷却、干燥介质

## 1. 常用的加热介质

常用的加热介质的沸点

| 液体名称 | 沸点/℃ | 液体名称 | 沸点/℃ |
|---|---|---|---|
| 水 | 100 | 乙二醇 | 197 |
| 甲苯 | 111 | 间四酚 | 202 |
| 正丁醇 | 118 | 四氢化萘 | 206 |
| 氯苯 | 133 | 萘 | 218 |
| 间二甲苯 | 139 | 正癸醇 | 231 |
| 环己烷 | 156 | 甲基萘 | 242 |
| 己基苯基醚 | 160 | 一缩二乙二醇 | 245 |
| 对异丙基苯 | 176 | 联苯 | 255 |
| 邻二氯苯 | 179 | 二苯基甲烷 | 265 |
| 苯酚 | 181 | 甲基萘基醚 | 275 |
| 十氢化萘 | 190 | 二缩三乙二醇 | 282 |
| 邻苯二甲酸二甲酯 | 282 | 六氯苯 | 310 |
| 邻羟基联苯 | 285 | 邻三联苯 | 330 |
| 丙三醇 | 290 | 蒽 | 354 |
| 二苯酮 | 305 | 邻苯二甲酸二异辛酯 | 370 |
| 对羟基联苯 | 308 | 蒽醌 | 380 |

## 2. 常用的冷却介质

常用的冷却介质和配制

| 冷却剂组成 | 冷却温度/℃ | 冷却剂组成 | 冷却温度/℃ |
|---|---|---|---|
| 冰＋水 | 0 | 冰(100份)＋氯化铵(13份)＋硝酸钠(37.5份) | －30.7 |
| 冰(100份)＋氯化铵(25份) | －15 | 冰(100份)＋碳酸钠(3份) | －46 |
| 冰(100份)＋硝酸钠(50份) | －18 | 冰(100份)＋$CaCl_2 \cdot 6H_2O$(143份) | －55 |
| 冰(100份)＋氯化钠(33份) | －21 | 干冰＋乙醇 | －78 |
| 冰(100份)＋氯化铵(40份)＋氯化钠(20份) | －25 | 干冰＋丙酮 | －78 |
| 冰(100份)＋$CaCl_2 \cdot 6H_2O$(100份) | －29 | 液氨 | －196(沸点) |

## 3. 常用的干燥介质

常用的干燥介质

| 干燥剂 | 酸碱性 | 与水作用产物 | 适用物质 | | 不适合的物质 | 特点 |
|---|---|---|---|---|---|---|
| | | | 气体 | 液体 | | |
| $P_2O_5$ | 酸性 | $HPO_3$<br>$H_2PO_4$<br>$H_4P_2O_7$ | 氢、氧、氮<br>二氧化碳<br>一氧化碳<br>二氧化硫<br>甲烷、乙烯 | 烃、卤代烃<br>二硫化碳 | 碱、酮易聚物质 | 脱水效率高 |

续表

| 干燥剂 | 酸碱性 | 与水作用产物 | 适用物质 | | 不适合的物质 | 特点 |
|---|---|---|---|---|---|---|
| | | | 气体 | 液体 | | |
| $CaH_2$ | 碱性 | $H_2$ $Ca(OH)_2$ | 碱性及中性物质 | 碱性及中性物质 | 对碱敏感物质 | 效率高作用慢 |
| Na | 碱性 | $H_2$ NaOH | | 烃类、芳香族 | 对碱敏感物质 | 效率高作用慢 |
| CaO 或 BaO | 碱性 | $Ca(OH)_2$<br>$Ba(OH)_2$ | 氨、胺类 | 烃类、芳香族 | 对碱敏感物质 | 效率高作用慢 |
| KOH 或 NaOH | 碱性 | 溶液 | 氨、胺类 | 碱 | | 快速有效限于胺类 |
| $CaSO_4$ | 中性 | 含结晶水 | | 普通物质 | 乙醇、胺、酯 | 效率高作用快 |
| $CuSO_4$ | 中性 | 含结晶水 | | 醚、乙醇 | | 效率高价格贵 |
| $K_2CO_3$ | 碱性 | 含结晶水 | | 碱、卤代物<br>酯、腈、酮 | 酸性有机物 | 效率一般 |
| $H_2SO_4$ | 酸性 | $H_3O^+$<br>$HSO_4^-$ | 氢、氯、氮<br>二氧化碳<br>一氧化碳<br>甲烷 | 卤代烃<br>饱和烃 | 碱、酮乙醇、<br>酚弱碱性物质 | 效率高 |
| $CaCl_2$ | 中性 | 含结晶水 | 氢、氮<br>二氧化碳<br>一氧化碳<br>二氧化硫<br>甲烷、乙烯 | 醚、酯 | 酮、胺、<br>酚脂肪酸乙烯 | 脱水量大作用<br>快效率不高易分离 |
| $MgSO_4$ | 中性 | 含结晶水 | | 普通物质 | | 效率高<br>作用快 |
| $Na_2SO_4$ | 中性 | 含结晶水 | | 普通物质 | | 脱水量大<br>价格低<br>作用慢<br>效率低 |

# 附录13　聚合物的某些物理性质

## 1. 高聚物的特性黏数与相对分子质量关系 $[\eta]=KM^{\alpha}$ 参数表

| 高聚物 | 溶剂 | 温度/℃ | $K$ /($\times10^{-3}$mL/g) | $\alpha$ | 相对分子质量 $M$ /$\times10^4$ | 测试方法 |
|---|---|---|---|---|---|---|
| 聚乙烯(低压) | α-氯萘 | 125 | 43 | 0.67 | 5100 | 光散射 |
| | 十氢萘 | 135 | 67.7 | 0.67 | 3～100 | 光散射 |
| | 1,2,3,4-四氢萘 | 120 | 23.6 | 0.78 | 5～100 | 光散射 |
| | 苯 | 25 | 83 | 0.53 | 0.05～126 | 渗透压;冰点下降 |
| | | 30 | 61 | 0.56 | 0.05～126 | 渗透压;冰点下降 |
| | 四氯化碳 | 30 | 29 | 0.68 | 0.05～126 | 渗透压;冰点下降 |
| | 环己烷 | 25 | 40 | 0.72 | 14～34 | 渗透压 |
| | | 30 | 26.5 | 0.69 | 0.05～126 | 渗透压;冰点下降 |
| | 甲苯 | 25 | 87 | 0.56 | 14～34 | 渗透压 |
| | | 30 | 20 | 0.67 | 5～146 | 渗透压 |
| | 苯 | 25 | 41.7 | 0.60 | 0.1～1 | 冰点下降 |
| | | 25 | 9.18 | 0.743 | 3～70 | 光散射 |

续表

| 高聚物 | 溶剂 | 温度/℃ | K /(×10$^{-3}$mL/g) | α | 相对分子质量 M /×10$^4$ | 测试方法 |
|---|---|---|---|---|---|---|
| 聚苯乙烯（无规） | 丁酮 | 25 | 39 | 0.58 | 1～180 | 光散射 |
| | | 30 | 23 | 0.62 | 40～370 | 光散射 |
| | 氯仿 | 25 | 7.16 | 0.76 | 12～280 | 光散射 |
| | | 25 | 11.2 | 0.73 | 7～150 | 渗透压 |
| | | 30 | 4.9 | 0.794 | 19～373 | 渗透压 |
| | 四氢呋喃 | 25 | 12.58 | 0.7115 | 0.5～180 | 光散射 |
| | 甲苯 | 25 | 7.5 | 0.75 | 12～280 | 光散射 |
| | | 25 | 44 | 0.65 | 0.5～4.5 | 渗透压 |
| | | 30 | 9.2 | 0.72 | 4～146 | 光散射 |
| 聚氯乙烯(乳液聚合)50%转化 | 环己酮 | 30 | 12.0 | 0.71 | 40～370 | 光散射 |
| | | 20 | 13.7 | 1 | 7～13 | 渗透压 |
| 聚氯乙烯(乳液聚合)86%转化 | 环己酮 | 20 | 143.0 | 1 | 3.0～12.5 | 渗透压 |
| | | 25 | 8.5 | 0.75 | 4～20 | 光散射 |
| 聚氯乙烯 | 环己酮 | 25 | 12.3 | 0.83 | 2～14 | 渗透压 |
| | | 25 | 208 | 0.56 | 6～22 | 渗透压 |
| | | 25 | 174 | 0.55 | 15～52 | 光散射 |
| | 四氢呋喃 | 20 | 1.63 | 0.92 | 2～17 | 渗透压 |
| | | 25 | 15.0 | 0.77 | 1～12 | 光散射 |
| | | 30 | 63.8 | 0.65 | 3～32 | 光散射 |
| 聚乙烯醇 | 水 | 25 | 20 | 0.76 | 0.6～2.1 | 渗透射 |
| | | 25 | 67 | 0.55 | 2～20 | 光散射 |
| | | 30 | 42.8 | 0.64 | 1～80 | 光散射 |
| 聚醋酸乙烯酯 | 丙酮 | 20 | 15.8 | 0.69 | 19～72 | 光散射 |
| | | 25 | 21.4 | 0.68 | 4～34 | 渗透压 |
| | 苯 | 30 | 22 | 0.65 | 34～102 | 光散射 |
| | | 30 | 56.3 | 0.62 | 3～86 | 渗透压 |
| | 丁酮 | 25 | 13.4 | 0.71 | 25～346 | 光散射 |
| | | 30 | 10.7 | 0.71 | 3～120 | 光散压 |
| | 氯仿 | 25 | 20.3 | 0.72 | 4～34 | 渗透压 |
| | 甲醇 | 25 | 38.0 | 0.59 | 4～22 | 渗透压 |
| 聚丙烯酸丁酯 | 丙酮 | 25 | 6.85 | 0.75 | 5～27 | 光散射 |
| 聚丙烯酸丙酯 | 丁酮 | 30 | 15.0 | 0.687 | 71～181 | 光散射 |
| 聚丙烯酸甲酯 | 丙酮 | 25 | 19.8 | 0.66 | 30～250 | 光散射 |
| | | 30 | 28.2 | 0.52 | 4～45 | 渗透压 |
| | 苯 | 25 | 2.58 | 0.85 | 20～130 | 渗透压 |
| | | 30 | 4.5 | 0.78 | 7～160 | 光散射 |
| | 丁酮 | 20 | 3.5 | 0.81 | 6～240 | 光散射 |
| 聚丙烯腈 | 二甲基甲酰胺 | 25 | 24.3 | 0.75 | 3～25 | 光散射 |
| | | 30 | 33.5 | 0.72 | 16～48 | 光散射 |
| | | 35 | 31.7 | 0.746 | 9～76 | 光散射 |

续表

| 高聚物 | 溶剂 | 温度/℃ | $K$ /($\times10^{-3}$mL/g) | $\alpha$ | 相对分子质量 $M$ /$\times10^4$ | 测试方法 |
|---|---|---|---|---|---|---|
| 聚甲基丙烯酸甲酯 | 丙酮 | 25 | 5.3 | 0.73 | 2～780 | 光散射 |
| | | 30 | 7.7 | 0.70 | 6～263 | 光散射 |
| | 苯 | 25 | 5.5 | 0.76 | 2～740 | 光散射 |
| | | 30 | 5.2 | 0.76 | 6～250 | 光散射 |
| | 丁酮 | 25 | 9.39 | 0.68 | 16～910 | 光散射 |
| | 氯仿 | 20 | 6.0 | 0.79 | 3～780 | 光散射 |
| | | 25 | 4.8 | 0.80 | 8～137 | 光散射 |
| | 甲苯 | 25 | 7.1 | 0.73 | 4～330 | 光散射 |

### 2. 结晶聚合物的密度

结晶聚合物的密度

| 聚合物 | $\rho_c$/(g/cm$^3$) | $\rho_a$/(g/cm$^3$) | 聚合物 | $\rho_c$/(g/cm$^3$) | $\rho_a$/(g/cm$^3$) |
|---|---|---|---|---|---|
| 聚乙烯 | 1.00 | 0.85 | 聚丁二烯 | 1.01 | 0.89 |
| 聚丙烯 | 0.95 | 0.85 | 聚异戊二烯(顺式) | 1.00 | 0.91 |
| 聚丁烯 | 0.95 | 0.86 | 聚异戊二烯(反式) | 1.05 | 0.90 |
| 聚异丁烯 | 0.94 | 0.84 | 聚甲醛 | 1.54 | 1.25 |
| 聚戊烯 | 0.92 | 0.85 | 聚氧化乙烯 | 1.33 | 1.12 |
| 聚苯乙烯 | 1.13 | 1.05 | 聚氧化丙烯 | 1.15 | 1.00 |
| 聚氯乙烯 | 1.52 | 1.39 | 聚正丁醚 | 1.18 | 0.98 |
| 聚偏氟乙烯 | 2.00 | 1.74 | 聚六甲基丙酮 | 1.23 | 1.08 |
| 聚偏氯乙烯 | 1.95 | 1.66 | 聚对苯二甲酸乙二醇酯 | 1.50 | 1.33 |
| 聚三氟氯乙烯 | 2.19 | 1.92 | 尼龙-6 | 1.23 | 1.08 |
| 聚四氟乙烯 | 2.35 | 2.00 | 尼龙-66 | 1.24 | 1.07 |
| 聚乙烯醇 | 1.35 | 1.26 | 尼龙-610 | 1.19 | 1.04 |
| 聚甲基丙烯酸甲酯 | 1.23 | 1.17 | 聚碳酸双酚 A 酯 | 1.31 | 1.20 |

## 附录 14　各种聚合物的 $[\eta]=K_\eta M^\alpha$ 方程式的参数

### 1. 各种聚合物的 $[\eta]=K_\eta M^\alpha$ 方程式的参数

各种聚合物的 $[\eta]=K_\eta M^\alpha$ 方程式的参数

| 聚合物 | 溶剂 | $T$/K | $K_\eta$/($\times10^{-5}$ m$^3$/kg) | $\alpha$ | 聚合物的状态 | 相对分子质量 $M$ /$\times10^3$ | $[\eta]$按 $M$ 校准方法 |
|---|---|---|---|---|---|---|---|
| 直链淀粉 | 二甲基亚砜 | 298 | 1.51 | 0.70 | F | 80～1800 | $M_w$ |
| | 甲酰胺 | 298 | 3.05 | 0.62 | F | 80～1800 | $M_w$ |
| | 0.15mol/L NaOH 水溶液 | 298 | 0.836 | 0.77 | F | 80～1800 | $M_w$ |

续表

| 聚合物 | 溶剂 | T/K | $K_\eta$/($\times10^{-5}$ $m^3$/kg) | α | 聚合物的状态 | 相对分子质量 M /$\times10^3$ | [η]按 M 校准方法 |
|---|---|---|---|---|---|---|---|
| 醋酸纤维素 | 丙酮 | 298 | 1.56 | 0.83 | — | — | — |
| | 二甲基甲酰胺 | 298 | 17.36 | 0.62 | — | — | — |
| | 乙酸甲酯 | 298 | 8.80 | 0.67 | — | — | — |
| | 甲酸甲酯 | 298 | 4.70 | 0.72 | — | — | — |
| | 硝基甲烷 | 298 | 14.57 | 0.63 | — | — | — |
| | 环己酮 | 298 | 19.54 | 0.61 | — | — | — |
| | 甲酸乙酯 | 298 | 6.94 | 0.68 | — | — | — |
| 丁基橡胶 | 苯 | 310 | 13.4 | 0.63 | F | 1.1～500 | $M_n$ |
| | 四氯化碳 | 298 | 10.3 | 0.70 | F | 1.1～500 | $M_n$ |
| | | 310 | 29.7 | 0.60 | F | 1.1～500 | $M_n$ |
| 正丁醇（低聚物） | 苯 | 310 | 2.2 | 0.81 | — | — | $M_n$ |
| 尼龙-610 | 间甲苯酚 | 298 | 1.35 | 0.96 | N | 8～24 | MSD |
| 氯丁橡胶 | 苯 | 298 | 1.46 | 0.73 | F | 21～960 | $M_n$ |
| | | 298 | 0.202 | 0.89 | F | 61～1450 | $M_n$ |
| 丁腈橡胶 | 苯 | 293 | 4.9 | 0.64 | F | 10.0 | $M_n$ |
| 聚丙烯酰胺 | 水 | 298 | 0.631 | 0.80 | F | 10～5000 | MSD |
| | | 303 | 0.631 | 0.80 | F | 20～800 | MSD |
| 聚丙烯酸 | 0.2mol/L NaCl 水溶液 | — | 1.4 | 0.78 | F | 800～1190 | $M_n$ |
| 聚丙烯腈 | 羟基乙腈 | 293 | 4.09 | 0.697 | F | 40～340 | $M_w$ |
| | 二甲基亚砜 | 293 | 3.21 | 0.75 | F | 90～400 | $M_w$ |
| | | 303 | 2.865 | 0.768 | — | — | — |
| | | 323 | 2.83 | 0.758 | F | 90～400 | $M_w$ |
| | 二甲基甲酰胺 | 293 | 3.07 | 0.761 | F | 20～400 | $M_w$ |
| | | 308 | 3.0 | 0.767 | F | 20～400 | $M_w$ |
| | | 323 | 3.07 | 0.764 | F | 30～400 | $M_w$ |
| | 碳酸亚乙酯 | 323 | 2.95 | 0.718 | F | 7～400 | $M_w$ |
| 聚丁二烯 | 苯 | 303 | 3.37 | 0.715 | F | 53～490 | $M_n$ |
| | | 305 | 1.0 | 0.77 | F | 14～1640 | $M_w$ |
| | 甲苯 | 298 | 11.0 | 0.62 | F | 70～400 | $M_n$ |
| | | 303 | 3.05 | 0.725 | F | 53～490 | $M_n$ |
| | 环己烷 | 293 | 3.6 | 0.70 | F | 230～1300 | $M_n$ |
| 聚丙烯酸丁酯 | 丙酮 | 298 | 0.715 | 0.75 | — | 50～300 | $M_w$ |
| 聚丁烯醇 | 水 | 298 | 5.95 | 0.63 | F | 11.6～195 | $M_n$ |
| | | 303 | 6.66 | 0.64 | F | 30～120 | $M_n$ |
| | | 323 | 5.9 | 0.67 | F | 44～1100 | $M_n$ |

续表

| 聚合物 | 溶剂 | $T$/K | $K_\eta$/($\times10^{-5}$ m$^3$/kg) | $\alpha$ | 聚合物的状态 | 相对分子质量 $M$ /$\times10^3$ | [$\eta$]按 $M$ 校准方法 |
|---|---|---|---|---|---|---|---|
| 聚氯乙烯 | 四氢呋喃 | 293 | 0.163 | 0.93 | F | 20～170 | $M_n$ |
| | | 293 | 1.051 | 0.848 | F | 83.2～155.4 | $M_n$ |
| | | 298 | 4.98 | 0.69 | — | 40～400 | $M_w$ |
| | | 303 | 2.19 | 0.54 | — | 50～300 | $M_w$ |
| | | 303 | 1.038 | 0.854 | F | 83.2～155.4 | $M_n$ |
| | 环己酮 | 293 | 1.78 | 0.806 | F | 83.2～155.4 | $M_n$ |
| | | 298 | 0.11 | 1.0 | F | 16.6～138 | $M_w$ |
| | | 303 | 1.74 | 0.802 | F | 83.2～155.4 | $M_n$ |
| | 环戊酮 | 293 | 8.77 | 0.86 | F | 83.2～155.4 | $M_n$ |
| | | 303 | 8.63 | 0.86 | F | 83.2～155.4 | $M_n$ |
| 聚异丁烯 | 甲苯 | 273 | 4.0 | 0.60 | — | 10～1300 | $M_n$ |
| | | 288 | 2.4 | 0.65 | F | 10～1460 | $M_n$ |
| | | 298 | 8.7 | 0.56 | F | 110～340 | $M_n$ |
| | | 303 | 2.0 | 0.67 | — | 50～1460 | $M_n$ |
| | 环己烷 | 298 | 4.05 | 0.72 | F | 110～340 | $M_n$ |
| | | 303 | 2.76 | 0.69 | F | 370～710 | $M_n$ |
| | | 303 | 2.88 | 0.69 | — | 0.5～3200 | $M_n$ |
| 聚异戊二烯 | 苯 | 298 | 5.02 | 0.675 | F | 0.4～1500 | $M_n$ |
| 聚碳酸酯 | 二氯甲烷 | 293 | 1.11 | 0.82 | F | 8～270 | MSD |
| | 四氢呋喃 | 293 | 3.99 | 0.70 | F | 8～270 | MSD |
| 聚甲基丙烯酸 | 甲醇 | 299 | 24.2 | 0.51 | F | 40～200 | $M_n$ |
| | 0.2mol/L NaOH 水溶液 | — | 1.83 | 0.62 | F | 150～1520 | MSD |
| 聚甲基丙烯腈 | 丙酮 | 293 | 9.55 | 0.56 | N | 350～1000 | $M_n$ |
| 聚丙烯酸甲酯 | 氯仿 | 313 | 7.112 | 0.5653 | N | 51～473 | $M_n$ |

## 2. 聚合物在溶剂中的 [$\eta$] ＝$K_\eta M^\alpha$ 方程式的参数（$\alpha$＝0.5）

**聚合物在溶剂中的 [$\eta$] ＝$K_\eta M^\alpha$ 方程式的参数（$\alpha$＝0.5）**

| 聚合物 | 溶剂 | $T$/K | $K_\eta$/($\times10^{-5}$m$^3$/kg) | $M$/$\times10^4$ |
|---|---|---|---|---|
| 直链淀粉 | 0.33mol/L KCl 水溶液 | 298 | 11.5 | 27～220 |
| | 0.5mol/L KCl 水溶液 | 298 | 6.11 | — |
| 乙酸酯淀粉 | 硝基甲烷与丙烷(体积比 43.3∶56.7)的混合物 | 296 | 9.16 | 15～25 |
| 丁基橡胶 | 苯 | 298 | 69.0 | 0.11～50 |
| 杜仲橡胶 | 乙酸正丙酯 | 333 | 23.2 | 10～20 |
| 尼龙-66 | 90%HCOOH 与 2～3mol/L KCl 水溶液的混合物 | 298 | 25.3 | 0.015～5 |
| 聚丁二烯(98%顺式) | 乙酸异丁酯 | 293.5 | 18.5 | 5～50 |

续表

| 聚合物 | 溶剂 | $T$/K | $K_\eta$/($\times10^{-5}$ m$^3$/kg) | $M$/$\times10^4$ |
|---|---|---|---|---|
| 聚丙烯酸叔丁酯 | 乙烷 | 297.2 | 4.9 | — |
| 聚甲基丙烯酸丁酯 | 异丙醇 | 294.5 | 2.95 | 30～260 |
| 聚醋酸乙烯酯 | 3-庚酮 | 302 | 9.29 | 5～83 |
| 聚氯乙烯 | 苯甲醇 | 428.4 | 15.6 | 4～35 |
| 聚1-己烯 | 苯乙醚 | 334.3<br>334.3 | 13.3<br>9.4 | 19.6<br>14.7 |
| 聚甲基丙烯酸己酯 | 异丙醇 | 305.6 | 4.3 | 6～41 |
| 聚二甲基硅氧烷 | 溴环己烷 | 302 | 7.4 | 3.3～106 |
| | 溴环己烷与苯乙醚(体积比6∶7)的混合物 | 309.6 | 7.55 | 4.5～106 |
| | 苯乙醚 | 362.5 | 7.3 | 4.5～106 |
| 聚异丁烯 | 苯乙醚 | 356 | 7.9 | 5.66 |
| | 茴香醚 | 378 | 9.1 | — |
| | 苯 | 297 | 10.7 | 18～188 |
| 聚异戊二烯 | 苯乙醚 | 359 | 9.1 | 5～188 |
| 聚甲基丙烯酸 | 丙酮 | 287.5 | 11.9 | 8～28 |
| 聚甲基丙烯酸甲酯 | 0.002mol/dm$^3$ HCl水溶液 | 303 | 6.6 | 10～90 |
| | 乙腈 | 300.6 | 7.55 | 3～29 |
| | 3-庚酮 | 306.7 | 6.13 | 6.6～171 |
| | 正丙醇 | 357.4 | 6.79 | 6.6～171 |
| | 异丙醇 | 309.9 | 6.4 | — |
| | 间甲苯 | 303 | 4.9 | — |
| | 对甲苯 | 323 | 4.9 | — |
| 聚氯丙烯腈 | 甲乙酮 | 298 | 11.6 | 61～700 |
| | 环己烷 | 319.5 | 10.7 | 61～700 |
| 聚甲基丙烯酸环己酯 | 丁醇 | 295.5 | 4.52 | — |
| 聚丙烯酸乙酯 | 正丙醇 | 312.5 | 7.89 | 30～160 |

### 3. 某些聚合物的 $\theta$ 溶剂和 $\theta$ 温度

**某些聚合物的 $\theta$ 溶剂和 $\theta$ 温度**

| 聚合物 | $\theta$ 溶剂 | $\theta$ 温度/K | |
|---|---|---|---|
| | | 上限 | 下限 |
| 醋酸纤维素 | 丙酮 | 310 | 452 |
| 二醋酸纤维素 | 苯甲醇 | 341 | — |
| 聚丙烯酸钠 | 1.25mol/L NaSCN水溶液 | 303 | — |
| 聚甲基丙烯酸苄酯 | 环戊醇 | 356.5 | — |
| 聚甲基丙烯酸丁酯 | 苯与庚烷(体积比13∶1)的混合物 | 317 | — |
| 聚 $\beta$-乙烯基萘 | 苯基乙醇 | 315 | — |

续表

| 聚合物 | θ溶剂 | θ温度/K | |
|---|---|---|---|
| | | 上限 | 下限 |
| 聚丙烯酸癸酯 | 戊醇 | 268.2 | — |
| | 丁醇 | 321.5 | — |
| | 癸烷 | 253.4 | — |
| | 丙醇 | 343.3 | — |
| 聚二甲基硅氧烷 | 丁酮 | 293 | — |
| 聚异丁烯 | 二异丁酮 | 331.1 | — |
| 聚碳酸酯 | 氯仿 | 293 | — |
| 聚甲基丙烯腈 | 丁酮 | 279 | — |
| 聚甲基丙烯酸甲酯 | 正溴丁烷 | 308 | — |
| | 4-庚酮 | 305 | — |
| | 乙酸异戊酯 | 323 | — |
| | 间二甲苯 | 303 | — |
| | 对二甲苯 | 323 | — |
| | 异丙醇和丁酮(质量比 1：1)的混合物 | 298 | — |
| 聚 α-甲基苯乙烯 | 环己烷 | 310 | — |
| 聚对甲氧基苯乙烯 | 叔丁基苯 | 325.2 | — |
| | 二氯乙烷 | 365.6 | — |
| 聚 1-戊烯 | 苯甲醚 | 358 | — |
| | 二苯基甲烷 | 394 | — |
| | 乙酸异丁酯 | 305.5 | — |
| | 苯乙醚 | 327 | — |
| 无规立构聚丙烯 | 苯醚 | 422 | — |
| | 乙烷 | — | 441 |
| 全同立构聚丙烯 | 庚烷 | — | 483 |
| | 乙醚 | — | 383 |
| 聚苯乙烯 | 戊烷 | — | 397 |
| | 乙酸仲丁酯 | 210 | 442 |
| | 乙酸叔丁酯 | 296 | 357 |
| | 乙酸异丙酯 | 250 | 365 |
| | 乙酸甲酯 | 423 | 370 |
| | 甲苯 | — | 550 |
| | 环己烷 | 307 | 496 |
| | 环己醇 | 359 | — |
| | 环戊烷 | 292.6 | 427.2 |
| 聚四氢呋喃 | 正丁酸乙酯 | — | 471 |
| | 乙酸乙酯与环己烷(质量比 22.7：77.3)的混合物 | 304.8 | — |
| 聚氧杂环丁烷 | 环己烷 | 300 | — |

续表

| 聚合物 | θ溶剂 | θ温度/K | |
|---|---|---|---|
| | | 上限 | 下限 |
| 聚乙烯 | 乙酸正戊酯 | 434 | 519 |
| | 乙酸正丁酯 | 483 | 471 |
| | 硝基苯 | 503 | — |
| 聚甲基丙烯酸乙酯 | 异丙醇 | 309.9 | — |
| 三醋酸纤维素 | 苯甲醇 | 376 | — |
| 乙基纤维素 | 甲醇 | 298 | — |

## 4. 几种梳状聚合物的θ温度

**几种梳状聚合物的θ温度**

| 聚合物 | 溶剂 | θ温度/K | |
|---|---|---|---|
| | | Ⅰ | Ⅱ |
| 聚丙烯酸正烷基酯 | 正己醇 | 307 | 316.2 |
| 聚丙烯酸十六烷酯 | 正戊醇 | 343 | 348.6 |
| 聚甲基丙烯酸正烷基酯 | 正己醇 | 325.2 | 333.2 |
| 聚甲基丙烯酸正十六烷酯 | 正庚醇 | 293.5 | 303.1 |
| 聚甲基丙烯酸正己酯 | 正丙醇 | 293 | 294.3 |

注：Ⅰ由$A_2=0$的条件确定，精确度为±0.5K；Ⅱ由相图决定，精确度为±0.7K。

## 5. 某些聚合物的稀释熵和稀释热

**某些聚合物的稀释熵和稀释热**

| 聚合物 | 溶剂 | 溶剂的体积分数 | $T$/K | $\Delta H_p$/(kJ/mol)[(kcal/mol)] | $\Delta S_p$/[J/(mol·K)][cal/(mol·K)] |
|---|---|---|---|---|---|
| 天然橡胶 | 丙酮 | 0.943 | 285.5 | 17.2(4.12) | 4.03(0.963) |
| | | 0.805 | 298 | 3.3(0.78) | 0.980(0.234) |
| | 乙酸甲酯 | 0.708 | 298 | 1.6(0.38) | 0.465(0.111) |
| | 甲丙酮 | 0.437 | 298 | 0.67(0.16) | 0.167(0.040) |
| | 甲乙酮 | 0.551 | 298 | 1.2(0.28) | 0.348(0.083) |
| | 乙酸乙酯 | 0.943 | 308 | 14.0(3.35) | 2.46(0.587) |
| | | 0.887 | 308 | 9.96(2.38) | 2.05(0.490) |
| | | 0.778 | 308 | 4.65(1.11) | 1.12(0.267) |
| | | 0.691 | 308 | 2.40(0.573) | 0.645(0.154) |
| | | 0.498 | 298 | 1.0(0.24) | 0.276(0.066) |
| | | 0.898 | 310.5 | 10.0(2.40) | 1.71(0.408) |
| | | 0.796 | 310.5 | 4.56(1.09) | 0.921(0.220) |
| | | 0.410 | 310.5 | 0.348(0.083) | 0.1025(0.0245) |
| 聚丁二烯 | 氯仿 | 0.869 | — | 6.37(1.52) | −0.691(−0.165) |
| | | 0.794 | — | 3.72(0.889) | −0.595(−0.142) |
| | | 0.713 | — | 2.23(0.355) | −0.465(−0.111) |
| | | 0.623 | — | 1.27(0.304) | −0.3467(−0.0828) |
| | | 0.525 | — | 0.649(0.155) | 0.243(0.058) |

续表

| 聚合物 | 溶剂 | 溶剂的体积分数 | $T$/K | $\Delta H_p$/(kJ/mol)[(kcal/mol)] | $\Delta S_p$/[J/(mol·K)][cal/(mol·K)] |
|---|---|---|---|---|---|
| 聚异丁烯 | 苯 | 0.786 | 298～313 | 7.70(1.84) | 1.62(0.386) |
| | | 0.682 | 298～313 | 5.23(1.25) | 1.17(0.280) |
| | | 0.580 | 298～313 | 3.33(0.795) | 0.892(0.213) |
| | | 0.479 | 298～313 | 1.81(0.432) | 0.523(0.125) |
| 聚苯乙烯 | 丙酮 | 0.862 | — | 4.05(0.968) | 0.1398(0.0334) |
| | | 0.735 | — | 1.35(0.322) | 0.07220(0.0172) |
| | | 0.618 | — | 0.515(0.123) | 0.038(0.009) |
| | | 0.51 | — | 0.193(0.046) | 0.0201(0.0048) |
| | 甲乙酮 | 0.759 | — | 3.5(0.84) | 0.3287(0.0785) |
| | | 0.647 | — | 1.91(0.456) | 0.2571(0.0614) |
| | | 0.541 | — | 1.06(0.254) | 0.1888(0.0451) |
| | | 0.44 | — | 0.595(0.142) | 0.1323(0.0316) |
| | 环己烷 | 0.744 | — | 6.24(1.49) | 1.58(0.377) |
| | | 0.629 | — | 3.46(0.827) | 0.917(0.219) |
| | | 0.521 | — | 1.85(0.443) | 0.511(0.122) |
| | | 0.421 | — | 0.996(0.238) | 0.2483(0.0766) |

## 6. 各种聚合物溶解度参数

**各种聚合物溶解度参数**

| 聚合物 | $\delta/\times10^{-3}(J/m^3)^{1/2}[\times10^{-3}(cal/m^3)^{1/2}]$ | |
|---|---|---|
| | 平均值 | 最大值 |
| 丁基橡胶 | 16.0(7.84) | 15.8～16.5(7.70～8.05) |
| 三醋酸纤维素 | 22.3(10.9) | — |
| 二硝化纤维素 | 21.7(10.6) | 21.6～21.9(10.56～10.7) |
| 尼龙-66 | 27.8(13.6) | — |
| 天然橡胶 | 16.6(8.1) | 16.2～17.1(7.90～8.35) |
| 氯丁橡胶 | 18.1(8.85) | 16.7～19.2(8.18～9.38) |
| 硝酸纤维素 | 23.5(11.5) | — |
| 聚丙烯腈 | 29.7(14.5) | 26.2～31.5(12.8～15.4) |
| 聚丁二烯 | 17.3(8.44) | 17.0～17.6(8.32～8.60) |
| 聚丙烯酸正丁酯 | 17.8(8.7) | — |
| 聚甲基丙烯酸丁酯 | 17.8(8.7) | — |
| 聚甲基丙烯酸叔丁酯 | 17.0(8.3) | — |
| 聚醋酸乙烯酯 | 19.2(9.4) | — |
| 聚溴乙烯 | 19.5(9.55) | 19.4～19.6(9.5～9.6) |
| 聚偏二氯乙烯 | 25.4(12.4) | 25.0～25.8(12.2～12.6) |
| 聚氯乙烯 | 19.6(9.57) | 19.4～19.8(9.48～9.7) |
| 聚甲基丙烯酸己酯 | 17.6(8.6) | — |
| 聚对苯二甲酸乙二醇酯 | 21.9(10.7) | — |
| 聚衣康酸二戊酯 | 17.7(8.65) | — |
| 聚衣康酸二丁酯 | 18.2(8.90) | — |
| 聚二甲基硅氧烷 | 19.5(9.53) | — |

续表

| 聚合物 | δ/×10⁻³(J/m³)^1/2[×10⁻³(cal/m³)^1/2] | |
|---|---|---|
| | 平均值 | 最大值 |
| 聚氧化二甲基苯乙烯 | 17.6(8.6) | — |
| 聚异丁烯 | 16.3(7.95) | 15.8～16.5(7.70～8.1) |
| 聚丙烯酸甲酯 | 19.8(9.7) | — |
| 聚甲基丙烯酸甲酯 | 19.0(9.3) | 18.6～19.3(9.08～9.45) |
| 聚甲基丙烯酸辛酯 | 17.2(8.4) | — |
| 聚丙烯 | 16.6(8.1) | — |
| 聚环氧丙烷 | 15.4(7.52) | — |
| 聚硫化丙烯 | 19.6(9.6) | — |
| 聚甲基丙烯酸丙酯 | 18.0(8.8) | — |
| 聚苯乙烯 | 18.1(8.83) | 17.5～18.7(8.56～9.15) |
| 聚砜 | 21.5(10.5) | — |
| 聚四氟乙烯 | 12.7(6.2) | — |
| 聚氯丙烯酸酯 | 20.7(10.1) | — |
| 聚丙烯酸乙酯 | 19.0(9.3) | 18.9～19.2(9.2～9.4) |
| 聚乙烯 | 16.2(7.94) | — |
| 聚对苯二甲酸乙二醇酯 | 21.9(10.7) | 16.1～16.6(7.87～8.1) |
| 聚甲基丙烯酸乙酯 | 18.6(9.1) | — |
| 硅橡胶(二甲基硅橡胶) | 14.9(7.3) | — |
| 丁二烯与丙烯腈共聚物(质量比) | | |
| 82∶18 | 17.8(8.7) | — |
| 75∶25 | 19.2(9.38) | 18.9～19.4(9.25～9.50) |
| 70∶30 | 19.7(9.64) | 19.2～20.3(9.38～9.90) |
| 61∶39 | 21.1(10.30) | — |
| 丁二烯与苯乙烯共聚物(质量比) | | |
| 96.4∶36 | — | — |
| 87.5∶12.5 | 17.0(8.31) | 16.6～17.6(8.09～8.60) |
| 85∶15 | 17.4(8.5) | — |
| 71.5∶28.5 | 17.0(8.33) | 16.6～17.5(8.10～8.56) |
| 60∶40 | 17.7(8.67) | — |
| 乙烯与丙烯共聚物 | 16.3(7.95) | 16.2～16.4(7.90～8.0) |
| 氯化橡胶 | 19.2(9.4) | — |
| 三异氰酸苯酯纤维素 | 25.1(12.3) | — |
| 乙基纤维素 | 21.1(10.3) | — |

## 7. 溶剂的三维溶解度参数

**溶剂的三维溶解度参数**

| 溶剂 | $\delta_d$ | $\delta_p$ | $\delta_h$ | 溶剂 | $\delta_d$ | $\delta_p$ | $\delta_h$ |
|---|---|---|---|---|---|---|---|
| 乙酸正戊酯 | 7.66 | 1.6 | 3.3 | 1-辛醇 | 7.88 | 1.5 | 5.6 |
| 苯甲醚 | 8.70 | 2.0 | 3.3 | 1-戊醇 | 7.81 | 2.2 | 6.8 |
| 苯胺 | 9.53 | 2.5 | 5.0 | 吡啶 | 9.25 | 43 | 2.9 |
| 乙酸酐 | 7.50 | 5.4 | 4.7 | 2-吡咯烷酮 | 9.5 | 8.5 | 5.5 |
| 丙酮 | 7.58 | 5.1 | 3.4 | 1,2-丙二醇 | 8.24 | 4.6 | 11.55 |
| 乙腈 | 7.50 | 8.8 | 3.0 | 1-丙醇 | 7.75 | 3.3 | 8.5 |
| 苯乙酮 | 8.55 | 4.2 | 1.8 | 2-丙醇 | 7.70 | 3.0 | 8.0 |

续表

| 溶剂 | $\delta_d$ | $\delta_p$ | $\delta_h$ | 溶剂 | $\delta_d$ | $\delta_p$ | $\delta_h$ |
|---|---|---|---|---|---|---|---|
| 苯甲醛 | 9.15 | 4.2 | 2.6 | 1,2,3-丙三醇 | 8.46 | 5.4 | 14.3 |
| 乙酸丁酯 | 7.67 | 1.8 | 3.1 | 乙酸正丙酯 | 7.61 | 2.2 | 3.7 |
| 乙酸仲丁酯 | 8.2 | — | — | 丙二醇 | 8.24 | 4.6 | 11.4 |
| 乙酸叔丁酯 | 7.20 | 1.8 | 3.2 | 碳酸亚丙酯 | 9.83 | 8.8 | 2.0 |
| 丁基卡必醇 | 7.80 | 3.1 | 3.1 | 甲酸正丙酯 | 7.33 | 2.6 | 5.5 |
| 乳酸正丁酯 | 7.65 | 3.2 | 5.0 | 苯乙烯 | 9.07 | 0.5 | 2.0 |
| 丁基溶纤剂 | 7.77 | 2.2 | 6.2 | 四氢呋喃 | 8.22 | 2.8 | 3.9 |
| 丁酸 | 7.3 | 2.0 | 5.2 | 四氢化萘 | 9.35 | 1.0 | 1.4 |
| γ-丁内酯 | 9.26 | 8.1 | 3.6 | 四甲基脲 | 8.2 | 4.0 | 5.4 |
| 丁腈 | 7.50 | 6.1 | 2.5 | 1,1,2,2-四氯乙烷 | 9.15 | 2.5 | 2.56 |
| 2-丁氧基乙醇 | 7.76 | 3.1 | 5.9 | 四氯乙烯 | 9.25 | 0.0 | 1.44 |
| 2-(2-乙氧基丁氧基)乙醇 | 7.80 | 3.4 | 5.2 | 甲苯 | 8.82 | 0.7 | 8.0 |
| 水 | 6.0 | 15.3 | 16.7 | 磷酸三甲酯 | 8.2 | 7.8 | 5.0 |
| 六亚甲基磷酰胺 | 9.0 | 4.2 | 5.5 | 1,1,1-三氯乙烷 | 8.25 | 2.1 | 1.0 |
| 己烷 | 7.24 | 0.0 | 0.0 | 三氯乙烯 | 8.78 | 1.5 | 2.6 |
| 己醇 | 7.75 | 3.8 | 6.3 | 磷酸三乙酯 | 8.2 | 5.6 | 4.5 |
| 庚烷 | 7.4 | 0.0 | 0.0 | 乙酸 | 7.1 | 3.9 | 6.6 |
| 甘油 | 8.46 | 5.9 | 14.3 | 甲酰胺 | 8.40 | 12.8 | 9.3 |
| 双丙酮醇 | 7.65 | 4.0 | 5.8 | 呋喃 | 8.70 | 0.9 | 2.6 |
| 1,2-二溴乙烷 | 8.10 | 2.5 | 3.8 | 氯苯 | 9.28 | 2.1 | 1.0 |
| 二异丁基酮 | 7.77 | 1.8 | 2.0 | 苯甲醇 | 9.04 | 2.4 | 6.8 |
| 二甲基乙酰胺 | 8.2 | 5.6 | 5.0 | 苯 | 8.95 | 0.5 | 1.0 |
| 二甲基二乙二醇 | 7.70 | 3.0 | 4.5 | 苯甲腈 | 8.50 | 6.5 | 2.5 |
| 二甲基亚砜 | 9.0 | 8.0 | 5.0 | 溴苯 | 9.25 | 2.2 | 2.5 |
| 二甲基砜 | 9.3 | 9.5 | 6.0 | 1-溴化萘 | 9.94 | 1.5 | 2.0 |
| 二甲基甲酰胺 | 8.52 | 6.7 | 5.5 | 1,3-丁二醇 | 8.10 | 4.9 | 10.5 |
| 二噁烷 | 9.30 | 0.9 | 3.6 | 1-丁醇 | 7.81 | 2.8 | 7.7 |
| 二丙酰胺 | 7.50 | 0.7 | 2.0 | 2-丁醇 | 7.72 | 1.9 | 7.4 |
| 二丙二醇 | 7.77 | 9.9 | 9.0 | 丙二酸二乙酯 | 7.57 | 2.3 | 5.3 |
| 邻二氯苯 | 9.35 | 3.1 | 1.6 | 二乙醚 | 7.05 | 1.4 | 2.5 |
| 二氯甲烷 | 8.715 | 3.1 | 3.0 | 草酸二乙酯 | 7.59 | 2.5 | 7.6 |
| 1,2-二氯甲烷 | 8.85 | 2.6 | 2.0 | 二乙基硫醚 | 8.25 | 1.5 | 1.0 |
| 2,2-二氯乙醚 | 9.20 | 4.4 | 1.5 | 乙酸异戊酯 | 7.45 | 1.5 | 3.4 |
| 二乙胺 | 7.30 | 1.1 | 3.0 | 异丁醇 | 7.4 | 2.8 | 7.8 |
| 二乙二醇 | 7.86 | 7.2 | 10.0 | 乙酸异丁酯 | 7.35 | 1.8 | 3.7 |
| 二亚乙基三胺 | 8.15 | 6.5 | 7.0 | 异丁酸异丁酯 | 7.38 | 1.4 | 2.9 |
| 硝基乙烷 | 7.80 | 7.6 | 2.2 | 1-氯丁烷 | 7.95 | 2.7 | 1.0 |
| 乙酸异丙酯 | 7.04 | 3.0 | 3.6 | 氯仿 | 8.65 | 1.5 | 2.8 |
| 异丙苯 | 8.165 | 0.5 | 2.4 | 氯丙醇 | 8.58 | 2.8 | 7.2 |

续表

| 溶剂 | $\delta_d$ | $\delta_p$ | $\delta_h$ | 溶剂 | $\delta_d$ | $\delta_p$ | $\delta_h$ |
|---|---|---|---|---|---|---|---|
| 异丙醚 | 6.69 | 1.0 | 1.9 | 环己烷 | 8.18 | 0.0 | 0.0 |
| 间甲酚 | 8.82 | 2.5 | 6.3 | 环己醇 | 8.5 | 2.0 | 6.6 |
| 二甲苯 | 8.65 | 0.5 | 1.5 | 环己酮 | 8.655 | 4.1 | 2.5 |
| 异亚丙基丙酮 | 7.97 | 3.5 | 3.0 | 环己胺 | 8.45 | 1.5 | 3.2 |
| 甲醇 | 7.42 | 6.0 | 10.9 | 环己基氯 | 8.50 | 2.7 | 1.0 |
| 乙酸甲酯 | 7.56 | 2.9 | 4.9 | 四氯化碳 | 8.65 | 0.0 | 0.0 |
| 2-甲基-2-丁醇 | 7.42 | 2.0 | 6.8 | 表氯醇 | 9.30 | 5.0 | 1.8 |
| 3-甲基-1-丁醇 | 7.49 | 2.4 | 6.8 | 1,2-乙二醇 | 8.25 | 5.8 | 13.05 |
| 二氯甲烷 | 8.91 | 3.1 | 3.0 | 乙醇 | 7.73 | 4.3 | 9.5 |
| 甲基异戊酮 | 7.80 | 2.8 | 2.0 | 乙醇胺 | 8.35 | 7.6 | 10.4 |
| 甲基异丁基甲醇 | 7.47 | 1.6 | 6.0 | 乙酸乙酯 | 7.44 | 2.6 | 4.5 |
| 甲基异丁基酮 | 7.49 | 3.0 | 2.0 | 乙苯 | 8.7 | 0.3 | 0.7 |
| 甲基-2-吡咯烷酮 | 8.75 | 6.0 | 3.5 | 2-乙基丁醇 | 7.70 | 2.1 | 6.6 |
| 2-甲基-1-丙醇 | 7.40 | 2.8 | 7.4 | 2-乙基环己醇 | 7.78 | 1.6 | 5.8 |
| 2-甲基-2-丙醇 | 7.45 | 2.5 | 7.3 | 乙二醇 | 8.25 | 5.4 | 12.7 |
| 甲基溶纤剂 | 7.90 | 4.5 | 8.0 | 乙二酐 | 8.4 | 9.2 | 8.6 |
| 甲基环己烷 | 7.8 | 4.0 | 8.0 | 碳酸亚乙酯 | 9.50 | 10.6 | 2.5 |
| 甲乙酮 | 7.77 | 4.4 | 2.5 | 二氯乙烷 | 9.20 | 2.6 | 2.0 |
| 2-(2-甲氧基乙氧基)乙醇 | 7.90 | 3.8 | 6.2 | 乙基卡必醇 | 7.57 | 5.1 | 3.0 |
| 2-甲氧基乙醇 | 7.9 | 4.5 | 8.0 | 乳酸乙酯 | 7.80 | 3.7 | 6.1 |
| 吗啉 | 9.20 | 2.4 | 4.5 | 乙醚 | 7.05 | 1.4 | 2.5 |
| 甲酸 | 7.0 | 5.8 | 8.1 | 甲酸乙酯 | 7.58 | 3.2 | 5.2 |
| 硝基苯 | 8.60 | 6.0 | 2.0 | 乙基溶纤剂 | 7.85 | 5.2 | 7.2 |
| 硝基甲烷 | 7.70 | 9.2 | 2.5 | 2-乙氧基乙醇 | 7.85 | 4.5 | 7.0 |
| 2-硝基丙烷 | 7.90 | 5.9 | 2.0 | 乙酸-2-乙氧基乙酯 | 7.78 | 2.3 | 5.2 |

## 8. 各种增塑剂的溶解度参数

**各种增塑剂的溶解度参数**

| 增塑剂 | $\delta/\times10^{-3}(J/m^3)^{1/2}$ [$(cal/m^3)^{1/2}$] | 增塑剂 | $\delta/\times10^{-3}(J/m^3)^{1/2}$ [$(cal/m^3)^{1/2}$] |
|---|---|---|---|
| 芳香油 | 16.4(8.0) | 二苯甲基醚 | 20.5(10.0) |
| 油酸正丁酯 | 17.0(8.3) | 马来酸二丁酯 | 18.4(9.0) |
| 硬脂酸丁酯 | 16.2(7.9) | 苯二甲酸二丁酯 | 19.2(9.4) |
| 苯二甲酸二乙酯 | 18.6(9.1) | 壬二酸二-2-乙基己酯 | 17.2(8.4) |
| 苯二甲酸二正庚酯 | 18.4(9.0) | 癸二酸二-2-乙基己酯 | 17.2(8.4) |
| 苯二甲酸二正癸酯 | 18.2(8.9) | 邻苯二甲酸二-2-乙基己酯 | 17.9(8.75) |
| 苯二甲酸二异癸酯 | 17.9(8.75) | 邻苯二甲酸二乙酯 | 20.4(9.95) |
| 己二酸二异辛酯 | 17.4(8.5) | 樟脑 | 15.3(7.5) |
| 苯二甲酸二异辛酯 | 18.0(8.8) | 磷酸甲酚基二苯酯 | 21.7(10.6) |
| 苯二甲酸二正月桂酯 | 18.0(8.8) | 松香酸甲酯 | 16.0(7.8) |
| 苯二甲酸二甲酯 | 21.5(10.5) | 邻硝基联苯 | 22.5(11.0) |
| 己二酸二正辛酯 | 17.6(8.6) | 石蜡 | 15.3(7.5) |
| 马来酸二正辛酯 | 18.0(8.8) | 磷酸三丁酯 | 18.4(9.0) |
| 癸二酸二正辛酯 | 17.8(8.7) | 磷酸三甲酚酯 | 19.8(9.7) |
| 邻苯二甲酸二正辛酯 | 18.2(8.9) | 磷酸三甲苯酯 | 20.1(9.8) |
| 邻苯二甲酸二苯酯 | 26.2(12.8) | 磷酸三苯酯 | 21.3(10.4) |
| 磷酸二苯基-2-乙基己酯 | 19.6(9.6) | 磷酸三氯乙酯 | 22.3(10.9) |
| 己二酸二-2-乙基己酯 | 17.4(8.5) | 磷酸三乙酯 | 19.7(9.65) |

## 9. 高聚物分级用的溶剂和沉淀剂

高聚物分级用的溶剂和沉淀剂

| 高聚物 | 溶剂 | 沉淀剂 |
|---|---|---|
| 聚乙烯 | 甲苯 | 正丙醇 |
| | 二甲苯 | 正丙醇 |
| | 二甲苯 | 三甘醇 |
| 聚氯乙烯 | 环己酮 | 正丁醇 |
| | 环己酮 | 甲醇 |
| | 四氢呋喃 | 丙醇 |
| | 硝基苯 | 甲醇 |
| | 环己烷 | 丙醇 |
| | 四氢呋喃 | 甲醇 |
| 聚苯乙烯 | 丁酮 | 甲醇 |
| | 丁酮 | 丁醇+2%水 |
| | 苯 | 甲醇 |
| | 三氯甲烷 | 甲醇 |
| | 甲苯 | 甲醇 |
| | 苯 | 乙醇 |
| | 甲苯 | 石油醚 |
| 聚乙酸乙酯 | 丙酮 | 水 |
| 聚醋酸乙烯酯 | 苯 | 异丙醇 |
| 聚乙烯醇 | 水 | 丙醇 |
| | 水 | 正丙醇 |
| | 乙醇 | 苯 |
| 聚丙烯腈 | 二甲基甲酰胺 | 庚烷 |
| 聚甲基丙烯酸甲酯 | 丙酮 | 腈 |
| | 丙酮 | 己烷 |
| | 苯 | 甲醇 |
| | 氯仿 | 石油醚 |
| 丁基橡胶 | 苯 | 甲醇 |
| 聚己内酰胺 | 甲酚 | 环己烷 |
| | 甲酚+水 | 汽油 |
| 乙基纤维素 | 乙酸甲酯 | 丙酮-水(1∶3) |
| | 苯-甲醇 | 庚烷 |
| 醋酸纤维素 | 丙酮 | 水 |
| | 丙酮 | 乙醇 |

## 10. 某些聚合物-溶剂体系热力学作用参数 $\chi_1$

某些聚合物-溶剂体系热力学作用参数 $\chi_1$

| 聚合物 | 溶剂 | $T$/K | $\chi_1$ |
|---|---|---|---|
| 乙酸戊酯 | 硝基甲烷 | <323 | 0.16～0.47 |
| 氯丁橡胶 | 苯 | <323 | 0.263 |
| | 十六烷 | <323 | 1.477 |
| | 己烷 | <323 | 0.891 |
| | 庚烷 | <323 | 0.850 |
| | 癸烷 | <323 | 1.147 |
| | 二氯甲烷 | <323 | 0.533 |
| | 辛烷 | <323 | 1.138 |
| | 戊烷 | <323 | 1.129 |
| | 环己烷 | <323 | 0.688 |
| 聚丙烯腈 | γ-丁内酯 | <323 | 0.335 |
| | γ-丁内酯 | 323～373 | 0.340 |
| | 二甲基甲酰胺 | <323 | 0.12～0.29 |
| 聚丁二烯 | 二甲基甲酰胺 | 323～373 | 0.295 |
| | 苯 | <323 | 0.314 |
| 聚乙烯基二甲苯 | 苯 | <323 | 0.47 |
| 聚二甲基硅氧烷(高分子量的) | 苯 | <323 | 0.481 |
| | 氯苯 | <323 | 0.477 |
| | 氯苯 | 323～373 | 0.458 |
| | 环己烷 | <323 | 0.429 |

续表

| 聚合物 | 溶剂 | $T$/K | $\chi_1$ |
|---|---|---|---|
| 聚二甲基硅氧烷（低分子量的） | 苯 | 323～373 | 0.62 |
| | 己烷 | 323～373 | 0.43 |
| | 庚烷 | 323～373 | 0.45 |
| | 2,4-二甲基戊烷 | 323～373 | 0.42 |
| | 2-甲基戊烷 | 323～373 | 0.42 |
| | 3-甲基戊烷 | 323～373 | 0.41 |
| | 辛烷 | 323～373 | 0.49 |
| | 戊烷 | 323～373 | 0.45 |
| | 环己烷 | 323～373 | 0.44 |
| | 四氯化碳 | 323～373 | 0.42 |
| 聚衣康酸二环己酯 | 苯 | ＜323 | 0.21 |
| 聚亚甲基(高分子量的) | 二甲苯 | ＜323 | 0.34 |
| | 1,2,3,4-四氢化萘 | ＜323 | 0.33 |
| 聚甲基丙烯酸甲酯 | γ-丁内酯 | ＜323 | 0.487 |
| | | 323～373 | 0.479 |
| | 二甲基甲酰胺 | ＜323 | 0.486 |
| | | 323～373 | 0.481 |
| 聚苯乙烯 | 环己烷 | ＜323 | 0.50 |
| | 氘化环己烷 | ＜323 | 0.5087 |
| 聚氘化苯乙烯 | 环己烷 | ＜323 | 0.487 |
| | 氘化环己烷 | ＜323 | 0.5024 |
| 聚甲基丙烯酸环己酯 | 丁醇 | ＜323 | 0.5 |
| 双酚A和4,4′-二氯二苯基砜共聚物 | 二甲基亚砜 | ＞373 | 0.50 |
| | 二甲基甲酰胺 | ＜323 | 0.48 |
| | 四氢呋喃 | ＜323 | 0.468 |
| | 氯仿 | ＜323 | 0.376 |

## 11. 共聚物和聚合物混合物的玻璃化温度

**共聚物和聚合物混合物的玻璃化温度**

| 第一组分的质量分数/% | | $T_g$/K | $T_{g1}$/K | $T_{g2}$/K | 备注 |
|---|---|---|---|---|---|
| 丙烯腈-丁二烯 | 27.3 | 231 | — | — | 无规共聚物 |
| | 35.5 | 242 | — | — | 无规共聚物 |
| | 41.4 | 247 | — | — | 无规共聚物 |
| | 42.3 | 250 | — | — | 无规共聚物 |
| | 49.9 | 257 | — | — | 无规共聚物 |
| | 51.0 | 259 | — | — | 无规共聚物 |
| 丁二烯-苯乙烯 | 0.38 | 272 | — | — | 无规共聚物 |
| | 0.43 | 262 | — | — | 无规共聚物 |
| | 0.48 | 253 | — | — | 无规共聚物 |
| | 0.58 | 240 | — | — | 无规共聚物 |

续表

| 第一组分的质量分数/% | | $T_g$/K | $T_{g1}$/K | $T_{g2}$/K | 备注 |
|---|---|---|---|---|---|
| 氯丁烯-丙烯酸丁酯 | 27 | | 238 | 343 | 嵌段共聚物 |
| | 34 | | 240 | 339 | 嵌段共聚物 |
| | 50 | | 243 | 338 | 嵌段共聚物 |
| | 62 | | 241 | 341 | 嵌段共聚物 |
| | 70 | | 239 | 342 | 嵌段共聚物 |
| | 75 | | 236 | 343 | 嵌段共聚物 |
| | 80 | | 235 | 345 | 嵌段共聚物 |
| | 85 | | 234 | 351 | 嵌段共聚物 |
| 氯乙烯-甲基丙烯酸丁酯 | 25 | | 301 | 353 | 嵌段共聚物 |
| | 35 | | 301 | 353 | 嵌段共聚物 |
| | 40 | | 303 | 351 | 嵌段共聚物 |
| | 45 | | 302 | 350 | 嵌段共聚物 |
| | 50 | | 302 | 351 | 嵌段共聚物 |
| | 60 | | 301 | 352 | 嵌段共聚物 |
| 氯乙烯-丙烯酸甲酯 | 30 | | 289 | 350 | 嵌段共聚物 |
| | 48 | | 289 | 345 | 嵌段共聚物 |
| | 58 | | 288 | 346 | 嵌段共聚物 |
| | 62 | | 288 | 353 | 嵌段共聚物 |
| | 70 | | 288 | 353 | 嵌段共聚物 |
| | 75 | | 288 | 353 | 嵌段共聚物 |
| | 80 | | 288 | 353 | 嵌段共聚物 |
| | 90 | | 288 | 353 | 嵌段共聚物 |
| 氯乙烯-甲基丙烯酸甲酯 | 23 | | 353 | 378 | 嵌段共聚物 |
| | 28 | | 353 | 378 | 嵌段共聚物 |
| | 40 | | 351 | 378 | 嵌段共聚物 |
| | 50 | | 356 | 376 | 嵌段共聚物 |
| | 62 | | 354 | 376 | 嵌段共聚物 |
| | 72 | | 353 | 376 | 嵌段共聚物 |
| 氯乙烯-苯乙烯 | 20 | | 373 | 355 | 嵌段共聚物 |
| | 26 | | 373 | 353 | 嵌段共聚物 |
| | 34 | | 373 | 355 | 嵌段共聚物 |
| | 40 | | 372 | 357 | 嵌段共聚物 |
| 甲基丙烯酸甲酯-各种单体 | 50 | | 311 | 371 | 醋酸乙烯酯 |
| | 50 | | 342 | 379 | 甲基丙烯酸乙酯 |
| | 56 | | 250 | 388 | 丙烯酸乙酯 |
| 苯乙烯-各种单体 | 40 | | — | 371 | 甲基丙烯酸甲酯 |
| | 40 | | 204 | 375 | 异丁烯 |
| | 46 | | 218 | 372 | 丙烯酸丁酯 |
| | 50 | | 198 | 374 | 异戊二烯 |
| | 50 | | 201 | 373 | 环氧乙烷 |

## 12. 均聚物的熔点和熔融热

均聚物的熔点和熔融热

| 高分子 | $T_m$/℃ | $\Delta H_m$/(kJ/mol) |
| --- | --- | --- |
| 聚乙烯 | 137 | 7.74 |
| 聚丙烯 | 176 | 9.92 |
| 聚 1-丁烯 | 126 | 13.93 |
| 顺式聚异戊二烯(天然橡胶) | 28(36) | 4.39 |
| 反式聚异戊二烯(杜仲橡胶) | 74 | 12.72 |
| 1,4-反式-聚丁二烯 | 148(92) | 5.98(4.18) |
| 聚异丁烯 | 128(105) | 12.00 |
| 聚苯乙烯(等规) | 240 | 9.00 |
| 聚对二甲苯 | 375 | 30.13 |
| 聚氧化甲烯 | 181 | 3.72 |
| 聚氧化乙烯 | 66 | 8.28 |
| 聚对苯二甲酸乙二酯 | 267 | 24.35 |
| 聚对苯二甲酸丁二酯 | 232 | 31.80 |
| 聚对苯二甲酸己二酯 | 160 | 34.73 |
| 聚对苯二甲酸癸二酯 | 138 | 46.02 |
| 聚间苯二甲酸丁二酯 | 152 | 41.84 |
| 聚癸二酸乙二酯 | 76 | 29.08 |
| 聚癸二酸癸二酯 | 80 | 19.67(50.21) |
| 聚己二酸乙二酯 | 80 | 15.90(42.68) |
| 聚己二酸癸二酯 | 60 | 41.84 |
| 尼龙-66 | 265 | 46.44 |
| 尼龙-610 | 227 | 30.54 |
| 尼龙-1010 | 210(216) | 32.64 |
| 纤维素三丁酸酯 | 183(207) | 12.55 |
| 纤维素三辛酸酯 | 86(116) | 12.97 |
| 纤维素三硝酸酯 | ＞725 | ＞6.28 |
| 聚氯乙烯 | 212 | 12.72 |
| 聚偏二氯乙烯 | 198 | 15.82 |
| 聚氯丁二烯 | 80 | 8.37 |
| 聚氟乙烯 | 200 | 7.53 |
| 聚三氟氯乙烯 | 220 | 5.02 |
| 聚四氟乙烯 | 327 | 2.87(3.18) |
| 聚丙烯腈 | 317 | 4.85 |

## 13. 共聚物和聚合物的混合物的熔点和其他热力学特性

共聚物和聚合物的混合物的熔点和其他热力学特性

| 第一组分的含量/% | 结晶链节的摩尔分数 | $M/\times10^4$ | $T_m$/K | $T_{m1}$/K | $T_{m2}$/K | $\Delta H_m$/(kJ/mol) | $\Delta S_m$/(J/mol) |
|---|---|---|---|---|---|---|---|
| 苯二甲酸亚己酯-环氧乙烷(嵌段共聚物) | | | | | | | |
| 0[1] | — | 1.72 | — | — | 419 | — | — |
| 0.70[1] | — | 1.75 | — | — | 419 | — | — |
| 0.58[1] | — | 1.40 | — | — | 419 | — | — |
| 0.82[1] | — | 1.61 | — | — | 418.5 | — | — |
| 1.73[1] | — | 1.20 | — | — | 419.5 | — | — |
| 1.73[1] | — | 1.20 | — | 289.5～291 | 417 | — | — |
| 2.24[1] | — | 2.16 | — | 294 | 417 | — | — |
| 3.56[1] | — | 1.85 | — | 299～301 | 416 | — | — |
| 4.71[1] | — | 1.65 | — | — | 415 | — | — |
| 5.38[1] | — | 1.95 | — | 302～307 | 415 | — | — |
| 7.15[1] | — | 1.89 | — | 311.5～316 | 411 | — | — |
| 10.7[1] | — | 2.69 | — | — | 408 | — | — |
| 16.0[1] | — | 2.18 | — | 321～323.5 | 300.5 | — | — |
| 48.0[1] | — | 2.27 | — | 327.7 | — | — | — |
| 羟苯磺酰氯-3,5-二甲基-4-羟苯磺酰氯 | | | | | | | |
| 0 | — | — | 550 | — | — | — | — |
| 25 | — | — | 528 | — | — | — | — |
| 50 | — | — | 453 | — | — | — | — |
| 75 | — | — | 463 | — | — | — | — |
| 100 | — | — | 523 | — | — | — | — |
| ε-己内酯-苯乙烯 | | | | | | | |
| 26 | — | 5.4 | 328 | — | — | — | — |
| 49 | — | 7.8 | 331 | — | — | — | — |
| 53 | — | 8.7 | 332 | — | — | — | — |
| 70 | — | 14.0 | 333 | — | — | — | — |
| 甲基丙烯酸硬脂酰酯-甲基丙烯腈 | | | | | | | |
| 42.7[1] | — | — | — | 311.8 | 302.0 | 9.0 | 28.8 |
| 62.6[1] | — | — | — | 309.6 | 304.6 | 10.2 | 34.4 |
| 81.8[1] | — | — | — | 307.5 | 304.0 | 12.1 | 39.5 |
| 100[1] | — | — | — | 308.7 | 302.5 | 17.8 | 58.0 |
| 乙烯-丁二烯(嵌段共聚物) | | | | | | | |
| 33 | — | 0.155[1] | 366 | 389 | — | — | — |
| 50 | — | 0.120[1] | 373 | 383 | — | — | — |
| 50 | — | 0.125[1] | 379 | 381 | — | — | — |
| 58 | — | 0.110[2] | 376 | 380 | — | — | — |
| 62 | — | 0.130[2] | 357 | 386 | — | — | — |
| 70 | — | 0.105[2] | 378 | 379 | — | — | — |
| 72 | — | 0.135[2] | 364 | 386 | — | — | — |
| 75 | — | 0.105[2] | 376 | 397 | — | — | — |
| 93 | — | 0.145[2] | 366 | 390 | — | — | — |

续表

| 第一组分的含量/% | 结晶链节的摩尔分数 | $M/\times10^4$ | $T_m$/K | $T_{m1}$/K | $T_{m2}$/K | $\Delta H_m$/(kJ/mol) | $\Delta S_m$/(J/mol) |
|---|---|---|---|---|---|---|---|
| 乙烯-醋酸乙烯酯 | | | | | | | |
| 82.1① | 0.03 | — | 328 | — | — | — | — |
| 90.2① | 0.06 | — | 351 | — | — | — | — |
| 92.5① | 0.09 | — | 358 | — | — | — | — |
| 95.8① | 0.18 | — | 362 | — | — | — | — |
| 96.9① | 0.18 | — | 362 | — | — | — | — |
| 100① | 0.42 | — | 381 | — | — | — | — |
| 乙烯-一氯三氟乙烯 | | | | | | | |
| 50① | — | — | 509 | — | — | 18.85 | — |
| 56① | — | — | 443 | — | — | — | — |
| 60① | — | — | 461 | — | — | — | — |
| 70① | — | — | 393 | — | — | — | — |
| 80① | — | — | 340 | — | — | — | — |

①表示第一组分的摩尔数。

②表示聚乙烯链节的分子量。

## 14. 某些共聚物-溶剂体系的热力学作用参数 $\chi_1$

某些共聚物-溶剂体系的热力学作用参数 $\chi_1$

| 第二组分的含量/% | 溶剂 | $T$/K | $\chi_1$ |
|---|---|---|---|
| 丙烯腈-苯乙烯 | | | |
| 62(3.32) | 二甲基甲酰胺 | — | 0.382 |
| | 甲乙酮 | — | 0.428 |
| 76(1.8) | 苯 | — | 0.507 |
| | 二甲基甲酰胺 | — | 0.426 |
| | 二噁烷 | — | 0.426 |
| | 甲乙酮 | — | 0.429 |
| 77(6.66) | 苯 | — | 0.507 |
| | 二甲基甲酰胺 | — | 0.426 |
| | 二噁烷 | — | 0.420 |
| 丙烯腈-苯乙烯 | | | |
| 77(6.66) | 甲乙酮 | — | 0.430 |
| 85.8(2.9) | 苯 | — | 0.433 |
| | 二甲基甲酰胺 | — | 0.450 |
| | 二噁烷 | — | 0.418 |
| | 甲乙酮 | — | 0.453 |
| 异戊二烯-苯乙烯 | | | |
| 24 | 甲苯 | 185 | 0.416 |
| 45 | 甲苯 | 206 | 0.420 |
| 48 | 甲苯 | 193 | 0.440 |
| 70 | 甲苯 | 180 | 0.421 |
| 24 | 环乙烷 | 192 | 0.450 |
| 45 | 环乙烷 | 252 | 0.450 |
| 48 | 环乙烷 | 249 | 0.412 |
| 70 | 环乙烷 | 279 | 0.460 |

续表

| 第二组分的含量/% | 溶剂 | $T$/K | $\chi_1$ |
|---|---|---|---|
| 甲基丙烯酸甲酯-丙烯腈 | | | |
| 41.5 | | 303 | 0.495 |
| | | 313 | 0.496 |
| | | 323 | 0.495 |
| | | 303 | 0.493 |
| | | 318 | 0.493 |
| | | 338 | 0.494 |
| | | 303 | 0.492 |
| | | 318 | 0.491 |
| | | 333 | 0.492 |
| | | 303～333 | 0.494 |
| 甲基丙烯酸甲酯-甲基丙烯酸 | | | |
| 8.5 | | 298 | 0.469 |
| | | 298 | 0.424 |
| | | 298 | 0.347 |
| 苯乙烯-4-乙烯基吡啶 | | | |
| 8.85 | | 298 | 0.495 |
| | | 298 | 0.471 |
| | | 298 | 0.464 |

注：1. 苯乙烯-丙烯腈体系的组成按质量分数计；其他体系的组成按摩尔分数计。

2. 括号内的数值为共聚物的 $M_n \times 10^{-5}$。

## 15. 某些共聚物的第二维利系数与分子量的关系

某些共聚物的第二维利系数与分子量的关系

| 共聚物 | 溶剂 | $T$/K | $C/\times 10^3$ | ε |
|---|---|---|---|---|
| 丙烯腈-苯乙烯(1∶1,质量) | 二甲基甲酰胺 | 303 | 1.34 | 0.42 |
| 甲基丙烯酸丁酯-丙烯腈(1∶1,质量) | 二甲基甲酰胺 | 298 | 99.08 | 0.23 |
| | 甲乙酮 | 298 | 22.23 | 0.72 |
| 甲基丙烯酸丁酯-苯乙烯 | 甲乙酮 | 308 | 0.389 | 0.36 |
| 甲基丙烯腈-苯乙烯(1∶1,质量) | 二甲基甲酰胺 | 303 | 0.641 | 0.42 |
| | 甲乙酮 | 308 | 0.135 | 0.33 |
| 苯乙烯-甲氧基苯乙烯(甲氧基苯乙烯的摩尔分数)/% | | | | |
| 21.4 | 甲苯 | 298 | 2.0 | 0.115 |
| 53.0 | 甲苯 | 298 | 2.4 | 0.135 |
| 76.5 | 甲苯 | 298 | 2.3 | 0.145 |
| 苯乙烯-甲基丙烯酸乙酯(1∶1,质量) | 乙酸乙酯 | 298 | 0.84 | 0.38 |

## 16. 在固体状态下相容的（按 Schneier）聚合物

在固体状态下相容的（按 Schneier）聚合物

| 第一组分 | | | | | 第二组分 | | | |
|---|---|---|---|---|---|---|---|---|
| 聚合物，共聚物 | $M$ | $d$ /(g/cm³) | $\delta$/(J/cm³)$^{1/2}$ [(cal/cm³)$^{1/2}$] | 质量分数/% | 聚合物，共聚物 | $M$ | $d$ /(g/cm³) | $\delta$/(J/cm³)$^{1/2}$ [(cal/cm³)$^{1/2}$] |
| 天然橡胶 | — | — | — | 0～100 | 聚丁二烯 | — | — | — |
| 聚醋酸乙烯酯 | 86.09 | 1.19 | 19.6 (9.56) | 40～50 | 氯乙烯-醋酸乙烯酯(9∶1) | 64.86 | 1.38 | 19.5 (9.53) |
| | 86.09 | 1.19 | 19.6 (9.56) | 50 | 聚甲基丙烯酸甲酯 | 87.1 | 1.22 | 20.5 (10.0) |
| 聚氯乙烯 | 62.50 | 1.40 | 19.5 (9.52) | 90～20 | 丁二烯-丙烯腈(66.7∶33.3) | 53.75 | 0.976 | 19.8 (9.68) |
| 聚甲基丙烯酸甲酯 | 100.23 | 1.17 | 19.9 (9.71) | 21 | 聚丙烯酸乙酯 | 101.15 | 1.12 | 19.3 (9.42) |
| 聚苯乙烯 | 104.12 | 1.05 | 18.7 (9.1) | 40 | 丁二烯-苯乙烯(75∶25) | 66.01 | 0.92 | 17.4 (8.48) |
| 聚苯乙烯 | — | — | — | 44～50 | 聚 α-甲基苯乙烯 | — | — | — |
| 丁二烯-丙烯腈(60∶40) | 52.68 | 1.10 | 20.5 (10.0) | 20～90 | 纤维素乙酸丁酸酯 | 59.8 | 1.25 | 21.7 (10.6) |
| 丁二烯-丙烯腈(82∶18) | 53.0 | 1.07 | 18.6 (9.09) | 0～100 | 丁二烯-丙烯腈(60∶40) | 53.68 | 1.10 | 20.87 (10.18) |
| 苯乙烯-丙烯腈(80∶20) | 93.91 | 1.07 | 19.5 (9.50) | 70～100 | 丁二烯-丙烯腈(65∶35) | 53.76 | 0.981 | 20.0 (9.78) |
| 苯乙烯-丙烯腈(79.5∶20.5) | 91.90 | 1.07 | 19.8 (9.64) | 50 | 苯乙烯-丙烯腈(76∶24) | 93.7 | 1.07 | 19.6 (9.55) |
| 氯化聚乙烯(Cl,62%) | 98.83 | 1.42 | 20.3 (9.90) | 0～100 | 氯化聚乙烯(Cl,66%) | 152.28 | 1.50 | 20.1 (9.80) |
| 硬质胶 | — | — | — | 98～50 | 多硫化物 | — | — | — |

注：当聚苯乙烯含量为50%时，聚合物和共聚物体系在固体状态下是不相容的。

## 17. 在固体状态下不相容的（按 Schneier）聚合物

在固体状态下不相容的（按 Schneier）聚合物

| 第一组分 | | | | | 第二组分 | | | |
|---|---|---|---|---|---|---|---|---|
| 聚合物，共聚物 | $M$ | $d$ /(g/cm³) | $\delta$/(J/cm³)$^{1/2}$ [(cal/cm³)$^{1/2}$] | 质量分数/% | 聚合物，共聚物 | $M$ | $d$ /(g/cm³) | $\delta$/(J/cm³)$^{1/2}$ [(cal/cm³)$^{1/2}$] |
| 尼龙-6 | 113.13 | 1.15 | 22.88 (11.88) | 77.65 | 聚甲基丙烯酸甲酯 | — | — | — |
| | — | — | — | 87 | 聚醋酸乙烯酯 | — | — | — |
| | — | — | — | 85～76 | 聚丙烯酸甲酯 | — | — | — |
| | — | — | — | 91.8 | 聚丙烯酸乙酯 | — | — | — |
| 天然橡胶 | 68.11 | 0.80 | 16.4 (8.0) | — | 丁二烯-苯乙烯(75∶25) | 66.01 | 0.92 | 17.4 (8.48) |
| 聚氯乙烯 | — | — | — | 40～80 | 丁二烯-苯乙烯(75∶25) | — | — | — |
| 聚甲基丙烯酸甲酯 | — | — | — | 50.70 | 聚醋酸乙烯酯 | — | — | — |
| | — | — | — | 25～50 | 聚丙烯酸甲酯 | — | — | — |

续表

| 第一组分 | | | | | 第二组分 | | | |
|---|---|---|---|---|---|---|---|---|
| 聚合物，共聚物 | $M$ | $d$ /(g/cm³) | $\delta$/(J/cm³)$^{1/2}$ [(cal/cm³)$^{1/2}$] | 质量分数/% | 聚合物，共聚物 | $M$ | $d$ /(g/cm³) | $\delta$/(J/cm³)$^{1/2}$ [(cal/cm³)$^{1/2}$] |
| 聚苯乙烯 | — | — | — | 20～30 | 丁二烯-苯乙烯(75∶25) | 53.83 | 0.96 | 19.4 (9.48) |
| | — | — | — | 50 | 聚氯乙烯 | — | — | — |
| | — | — | — | 0～30 | 聚乙烯 | — | — | — |
| | — | — | — | 5～95 | 聚丙烯 | 42.04 | 0.905 | 16.8 (8.2) |
| | — | — | — | 50∶80 | 聚丙烯酸甲酯 | — | — | — |

## 18. 相容聚合物体系

**相容聚合物体系**

| 聚合物体系 | 判断相容性的准则 | |
|---|---|---|
| | 在溶液中 | 在本体中 |
| 硝化纤维素(Ⅰ)-乙酸丙酸纤维素(Ⅱ) | 组成1∶1的混合物在环己酮中不分层 | 在环己酮中由组成1∶1的混合物制成的薄膜透明 |
| 硝化纤维素(Ⅰ)-聚醋酸乙烯酯(Ⅱ) | 在丙酮、甲乙酮、乙酸、乙酸乙酯、乙酸戊酯中，于下述条件下：$T=290$K，$M_n$(Ⅰ)$=9.2\times10^4$，在丙酮中[$\eta$](Ⅰ)$=2.6$；$M_n$(Ⅱ)$=1.2\times10^4$，[$\eta$](Ⅱ)$=0.85$，可按所有比例混合 | 混合物具有一个玻璃化温度 $T_g$ |
| 硝化纤维素(Ⅰ)-聚丙烯酸甲酯(Ⅱ) | | |
| 硝化纤维素(Ⅰ)-苯乙烯-丙烯腈共聚物(Ⅱ) | 组成1∶1的混合物在环己酮中不分层 | 在环己酮中由组成1∶1的混合物得到的薄膜透明 |
| 聚氯乙烯(Ⅰ)-聚甲基丙烯酸丁酯(Ⅱ) | 组成1∶1的混合物在四氢呋喃中，浓度$c=30\%$时不分层 | — |
| 聚氯乙烯(Ⅰ)-聚甲基丙烯酸异丁酯(Ⅱ) | 组成1∶1的混合物在四氢呋喃中，浓度$c=30\%$时不分层 | — |
| 苯乙烯-不同组成的甲基丙烯酸甲酯共聚物 | — | 固体状态的混合物是透明的 |
| 纤维素(Ⅰ)-丙烯腈(Ⅱ) | — | 含有50%(质量分数)聚丙烯腈的混合物有一个 $T_g$ |

## 19. 不相容聚合物体系

**不相容聚合物体系**

| 聚合物体系 | 判断相容性的准则 | |
|---|---|---|
| | 在溶液中 | 在本体中 |
| 醋酸丁酸纤维素(Ⅰ)-丁腈橡胶(Ⅱ) | 当Ⅰ中丁酰基含量为17%时，组成为1∶1的混合物在环乙酮中相分层 | 从组成为1∶1的混合物在环乙酮中形成的溶液的薄膜发暗，变形与温度的关系曲线，在Ⅰ中含17%的丁酰基而在Ⅱ中含40%的丙烯腈和在混合物中含40%～80%的Ⅰ时，有两个或多个峰值，但当混合物中含有1%～10%或90%～99%的Ⅱ时，则有一个峰值 |

续表

| 聚合物体系 | 判断相容性的准则 | |
|---|---|---|
| | 在溶液中 | 在本体中 |
| 醋酸丁酸纤维素(Ⅰ)-聚甲基丙烯酸甲酯(Ⅱ) | 当Ⅰ中丁酰基含量为17%时,组成为1∶1的混合物在环己酮中相分层 | — |
| 醋酸丁酸纤维素(Ⅰ)-各种聚合物(Ⅱ) | 组成为1∶1的混合物在环己酮中分层的条件是:Ⅰ中丁酰基含量为17%时,Ⅱ为聚苯乙烯、聚碳酸酯、聚环氧氯丙烷、聚亚苯基醚、聚砜或环氧丙烷-环氧乙烷共聚物、甲乙醚-马来酸酐共聚物、苯乙烯-丙烯腈共聚物、苯乙烯-甲基丙烯酸甲酯共聚物、氯乙烯-醋酸乙烯酯共聚物 | — |
| 醋酸纤维素(Ⅰ)-各种聚合物(Ⅱ) | 组成为1∶1的混合物在环己酮中相分层的条件是:Ⅰ为二醋酸纤维素,Ⅱ为丁苯橡胶、环氧丙烷-环氧乙烷共聚物、聚碳酸酯、聚环氧氯丙烷、聚环氧乙烷、苯乙烯-丙烯腈共聚物、苯乙烯-甲基丙烯酸共聚物、氯乙烯-醋酸乙烯酯共聚物 | 由组成为1∶1的混合物之环己烷溶液中得到的薄膜发暗 |
| 硝基纤维素(Ⅰ)-各种聚合物(Ⅱ) | 组成为1∶1的混合物在环己酮中相分层,如果,Ⅱ为聚碳酸酯、聚亚苯醚、聚砜,或者为下列共聚物,甲乙醚-马来酸酐共聚物、环氧氯丙烷-氧化乙烯共聚物、氯乙烯-醋酸乙烯酯共聚物 | 由组成为1∶1的混合物之环己烷溶液中得到的薄膜发暗 |
| 聚丙烯酸(Ⅰ)-丙烯酸和甲基丙烯酸共聚物(Ⅱ) | 在水中相分层的条件是:$T=298K$,$c=20g/100cm^3$,$M_\eta$(Ⅰ)$=1.6\times10^6$,Ⅱ含10%的丙烯酸 | — |
| 聚丁二烯(Ⅰ)-聚苯乙烯(Ⅱ) | 在苯中相分层的条件是:$[\eta]$(Ⅰ)$=1.7$和$[\eta]$(Ⅱ)$=2.9$(在苯、甲苯和四氯化碳中)。$M_n$(Ⅰ)$=2.72\times10^3\sim2.66\times10^4$。在四氯化碳中分层的条件是:$T=291K$,$M_\eta$(Ⅰ)$=3\times10^5$,$M_w$(Ⅱ)$=1.2\times10^6$。 | — |
| 聚丙烯酸丁酯(Ⅰ)-聚甲基丙烯酸丁酯(Ⅱ) | 在丙酮中相分层的条件是:$[\eta]$(Ⅰ)$=1.0$,$[\eta]$(Ⅱ)$=5.1$(在丙酮中) | — |
| 聚丙烯酸丁酯(Ⅰ)-聚甲基丙烯酸甲酯(Ⅱ) | 在氯仿中相分层的条件是:$M_\eta$(Ⅰ)$=1.5\times10^6$,$M_\eta$(Ⅱ)$=8.48\times10^5$ | — |
| 聚醋酸乙烯酯(Ⅰ)-聚丙烯腈(Ⅱ) | 组成为1∶1的混合物在二甲基甲酰胺中经过50天相分层,体系的各组分是相容的(发现混合物的黏度与组成是非加和性关系) | — |

续表

| 聚合物体系 | 判断相容性的准则 | |
|---|---|---|
| | 在溶液中 | 在本体中 |
| 聚醋酸乙烯酯(Ⅰ)-聚苯乙烯(Ⅱ) | 组成为1∶1的混合物在苯中相分层的条件是:$M_w$(Ⅰ)$=1.1\times10^5\sim10^6$,$M_w$(Ⅱ)$=3\times10^5$。在氯仿中($c>1.5\%$)相分层的条件是:$T=290$K,$M_w$(Ⅰ)$=1.12\times10^5$,[$\eta$](Ⅰ)=0.85(在丙酮中),$M_w$(Ⅱ)$=2.25\times10^5$,[$\eta$](Ⅱ)=2.15(在氯仿中) | 体系的各组分是相容的(在分解活化能与组成关系的曲线上发现有最低值) |
| | 组成为1∶1的混合物在苯中相分层的条件为:$c=20\%$,$M_w$(Ⅰ)$=5\times10^4$或$1.5\times10^5$,[$\eta$](Ⅱ)=1.06(在甲苯中) | 由1∶1的混合物之环己烷溶液中得到的薄膜发暗 |
| 聚氯乙烯(Ⅰ)-聚丙烯酸丁酯(Ⅱ) | 组成为1∶1的混合物在四氢呋喃中在$c=10\%$相分层 | — |
| 聚氯乙烯(Ⅰ)-聚苯乙烯(Ⅱ) | 组成为1∶1的混合物在四氢呋喃中在$c=10\%$相分层 | — |
| | 组成为1∶1的混合物在四氢呋喃中相分层的条件是:$c=15\%$,$T=298$K,[$\eta$](Ⅱ)=1.06(在甲苯中) | — |

## 20. 某些常见聚合物的折射率

**某些常见聚合物的折射率**

| 聚合物 | 折射率 | 聚合物 | 折射率 |
|---|---|---|---|
| 聚四氟乙烯 | 1.35～1.38 | 聚乙烯 | 1.512～1.519(25℃) |
| 聚三氟氯乙烯 | 1.39～1.43 | 聚异戊二烯(天然橡胶) | 1.519(25℃) |
| 醋酸纤维素 | 1.46～1.50 | 聚丁二烯 | 1.52 |
| 聚醋酸乙烯酯 | 1.47～1.49 | 聚异戊二烯(合成橡胶) | 1.5219(25℃) |
| 聚甲基丙烯酸甲酯 | 1.485～1.49 | 聚酰胺 | 1.54 |
| 聚丙烯 | 1.49 | 聚氯乙烯 | 1.54～1.56 |
| 聚乙烯醇 | 1.49～1.53 | 聚苯乙烯 | 1.59～1.60 |
| 酚醛树脂 | 1.5～1.7 | 聚偏氯乙烯 | 1.60～1.63 |
| 聚异丁烯 | 1.505～1.51 | | |

## 21. 镍铬-镍硅(镍铬-镍铝)热电偶分度表

**镍铬-镍硅(镍铬-镍铝)热电偶分度表**

| 温度/℃ | 热电动势/mV | | | | | | | | | |
|---|---|---|---|---|---|---|---|---|---|---|
| | 0 | 1 | 2 | 3 | 4 | 5 | 6 | 7 | 8 | 9 |
| 0 | 0.00 | 0.04 | 0.08 | 0.12 | 0.16 | 0.20 | 0.24 | 0.28 | 0.32 | 0.36 |
| 10 | 0.40 | 0.44 | 0.48 | 0.52 | 0.56 | 0.60 | 0.64 | 0.68 | 0.72 | 0.76 |
| 20 | 0.80 | 0.84 | 0.88 | 0.92 | 0.96 | 1.00 | 1.04 | 1.08 | 1.12 | 1.16 |
| 30 | 1.20 | 1.24 | 1.28 | 1.32 | 1.36 | 1.41 | 1.45 | 1.49 | 1.53 | 1.57 |

续表

| 温度/℃ | 热电动势/mV | | | | | | | | | |
|---|---|---|---|---|---|---|---|---|---|---|
| | 0 | 1 | 2 | 3 | 4 | 5 | 6 | 7 | 8 | 9 |
| 40 | 1.61 | 1.65 | 1.69 | 1.73 | 1.77 | 1.82 | 1.86 | 1.90 | 1.94 | 1.98 |
| 50 | 2.02 | 2.06 | 2.10 | 2.14 | 2.18 | 2.23 | 2.27 | 2.31 | 2.35 | 2.39 |
| 60 | 2.43 | 2.47 | 2.51 | 2.56 | 2.60 | 2.64 | 2.68 | 2.72 | 2.77 | 2.81 |
| 70 | 2.85 | 2.89 | 2.93 | 2.97 | 3.01 | 3.06 | 3.10 | 3.14 | 3.18 | 3.22 |
| 80 | 3.26 | 3.30 | 3.34 | 3.39 | 3.43 | 3.47 | 3.51 | 3.55 | 3.60 | 3.64 |
| 90 | 3.68 | 3.72 | 3.76 | 3.81 | 3.85 | 3.89 | 3.93 | 3.97 | 4.02 | 4.06 |
| 100 | 4.10 | 4.14 | 4.17 | 4.22 | 4.26 | 4.31 | 4.35 | 4.39 | 4.43 | 4.47 |
| 110 | 4.51 | 4.55 | 4.59 | 4.63 | 4.67 | 4.72 | 4.76 | 4.80 | 4.84 | 4.88 |
| 120 | 4.92 | 4.92 | 5.00 | 5.04 | 5.08 | 5.13 | 5.17 | 5.21 | 5.25 | 5.29 |
| 130 | 5.33 | 5.33 | 5.41 | 5.45 | 5.49 | 5.53 | 5.57 | 5.61 | 5.65 | 5.69 |
| 140 | 5.73 | 5.73 | 5.18 | 5.85 | 5.89 | 5.93 | 5.97 | 6.01 | 6.05 | 6.09 |
| 150 | 6.13 | 6.13 | 6.21 | 6.25 | 6.29 | 6.33 | 6.37 | 6.41 | 6.45 | 6.49 |
| 160 | 6.53 | 6.53 | 6.61 | 6.65 | 6.69 | 6.73 | 6.77 | 6.81 | 6.85 | 6.89 |
| 170 | 6.93 | 6.93 | 7.01 | 7.05 | 7.09 | 7.13 | 7.17 | 7.21 | 7.25 | 7.29 |
| 180 | 7.33 | 7.33 | 7.41 | 7.45 | 7.49 | 7.53 | 7.57 | 7.61 | 7.65 | 7.69 |
| 190 | 7.73 | 7.73 | 7.81 | 7.85 | 7.89 | 7.93 | 7.97 | 8.01 | 8.05 | 8.00 |
| 200 | 8.13 | 8.17 | 8.21 | 8.25 | 8.29 | 8.33 | 8.37 | 8.41 | 8.45 | 8.49 |
| 210 | 8.53 | 8.57 | 8.61 | 8.65 | 8.69 | 8.73 | 8.77 | 8.81 | 8.85 | 8.89 |
| 220 | 8.93 | 8.97 | 9.01 | 9.06 | 9.10 | 9.14 | 9.18 | 9.22 | 9.26 | 9.30 |
| 230 | 9.34 | 9.38 | 9.42 | 9.46 | 9.50 | 9.54 | 9.58 | 9.63 | 9.66 | 9.70 |
| 240 | 9.74 | 9.78 | 9.82 | 9.86 | 9.90 | 9.95 | 9.98 | 10.03 | 10.07 | 10.11 |
| 250 | 10.15 | 10.19 | 10.23 | 10.27 | 10.31 | 10.35 | 10.40 | 10.44 | 10.48 | 10.52 |
| 260 | 10.56 | 10.60 | 10.64 | 10.68 | 10.72 | 10.77 | 10.81 | 10.85 | 10.89 | 0.93 |
| 270 | 10.97 | 11.01 | 11.05 | 11.29 | 11.13 | 11.18 | | | | 11.34 |
| 280 | 11.38 | 11.42 | 11.46 | 11.51 | 11.55 | 11.59 | | | | 11.76 |
| 290 | 11.80 | 11.84 | 11.88 | 11.92 | 11.96 | 12.01 | | | | 12.17 |
| 300 | 12.21 | 12.25 | 12.29 | 12.33 | 12.37 | 12.42 | | | | 12.58 |
| 310 | 12.62 | 12.66 | 12.70 | 12.75 | 12.79 | 12.83 | | | | 13.00 |
| 320 | 13.04 | 13.08 | 13.12 | 13.16 | 13.20 | 13.25 | | | | 13.41 |
| 330 | 13.45 | 13.49 | 13.553 | 13.58 | 13.68 | 13.66 | | | | 13.83 |
| 340 | 13.87 | 13.91 | 13.95 | 14.00 | 14.04 | 14.08 | | | | 14.25 |
| 350 | 14.30 | 14.34 | 14.38 | 14.43 | 14.47 | 14.51 | | | | 14.68 |
| 360 | 14.72 | 14.76 | 14.85 | 14.85 | 14.89 | 14.03 | | | | 15.10 |
| 370 | 15.14 | 15.18 | 15.22 | 15.27 | 15.31 | 15.35 | | | | 15.52 |
| 380 | 15.56 | 15.60 | 15.64 | 15.69 | 15.73 | 15.77 | | | | 15.94 |
| 390 | 15.99 | 16.02 | 16.06 | 16.11 | 16.15 | 16.19 | | | | 16.63 |
| 400 | 16.40 | 16.44 | 16.49 | 16.53 | 16.57 | 16.63 | | | | 16.79 |
| 410 | 16.83 | 16.87 | 16.91 | 16.96 | 17.00 | 17.04 | | | | 17.21 |
| 420 | 17.25 | 17.29 | 17.33 | 17.38 | 17.42 | 17.46 | | | | 17.68 |
| 430 | 17.67 | 17.71 | 17.75 | 17.79 | 17.84 | 17.88 | | | | 18.05 |
| 440 | 18.09 | 18.13 | 18.17 | 18.22 | 18.26 | 18.30 | | | | 18.47 |

续表

| 温度/℃ | 热电动势/mV | | | | | | | | | |
|---|---|---|---|---|---|---|---|---|---|---|
| | 0 | 1 | 2 | 3 | 4 | 5 | 6 | 7 | 8 | 9 |
| 450 | 18.51 | 18.55 | 18.60 | 18.64 | 18.68 | 18.73 | | | | 18.90 |
| 460 | 18.94 | 18.98 | 19.03 | 19.07 | 19.11 | 19.16 | | | 19.28 | 19.33 |
| 470 | 19.37 | 19.41 | 19.45 | 19.50 | 19.54 | 19.58 | | | 19.71 | 19.75 |
| 480 | 19.79 | 19.83 | 19.88 | 19.92 | 19.96 | 20.01 | | | 20.13 | 20.18 |
| 490 | 20.12 | 20.26 | 20.31 | 20.35 | 20.339 | 20.44 | | | 20.56 | 20.61 |
| 500 | 20.65 | 20.69 | 20.74 | 20.78 | 20.82 | 20.87 | | | 20.99 | 21.04 |

注：自由端温度为0℃。

## 附录15 主要高聚物的溶剂和沉淀剂

| 聚合物 | 溶剂 | 沉淀剂 |
|---|---|---|
| 聚乙烯(高压) | 十氢萘(70℃)、甲苯、对二甲苯(75℃) | 正丙醇、丙酮、甲醇 |
| 聚乙烯(低压) | 十氢萘(135℃)、四氢萘(120℃)、对二甲苯(100℃) | 正丙醇、丙酮、甲醇 |
| 聚丙烯(无规) | 环己烷、十氢萘(135℃)、苯、甲苯、二甲苯、四氢萘 | 丙酮、甲醇、邻苯二甲酸二甲酯 |
| 聚丙烯(全规) | 十氢萘(135℃)、四氢萘(135℃)、对二甲苯(85℃) | |
| 聚异丁烯 | 饱和脂肪烃、苯、THF、$CS_2$ | 低级醇、醚 |
| 聚丁二烯 | 氯代烃、高级酮、脂肪烃、芳香烃(甲苯、二甲苯)、THF | 烃、醇、水、酮、硝基甲烷 |
| 聚异戊二烯 | 氯代烃、脂肪烃、芳香烃(甲苯、二甲苯)、THF | 醇、丙酮、酮、硝基甲烷 |
| 聚环戊二烯 | 苯、甲苯、$CCl_4$、醚、$CS_2$ | 乙烷、石油醚、甲醇 |
| 聚对苯二甲酸二丙烯酯(预聚物) | 苯、氯仿、醚、丙酮 | |
| 聚乙烯 | 异丙胺、苯胺、DMF | 苯、甲醇、环己烷 |
| 聚乙烯醇 | 水、DMF、乙二醇、热DMSO、丙三醇 | 烃、低级醇、THF、酮、丙酮 |
| 部分水解聚乙烯醇 | | |
| 乙酰化度12% | 水 | 烃、酮、热水 |
| 乙酰化度35% | 水、醇 | 水 |
| 聚醋酸乙烯酯 | 苯、甲苯、氯仿、$CCl_4$、二氧杂环己烷、丙酮 | 脂肪烃、乙醇、醚、$CS_2$、环己烷 |
| 聚氯乙烯 | THF、甲乙酮、丙酮、$CS_2$、环己酮 | 脂肪烃、醇、乙烷、氯乙烷、水 |
| 聚偏二氯乙烯 | 热THF | 烃、醇 |
| 聚乙基乙烯基醚 | 苯、甲苯、丙酮、氯仿、乙醇 | 脂肪烃 |
| 聚甲基乙烯基酮 | 丙酮、THF、氯仿、DMF | 醇、石油醚、醚 |
| 聚苯乙烯 | 苯、甲苯、THF、甲乙酮、二氧杂环己烷、$CS_2$ | 醇、醚、酚 |
| 聚$\alpha$-甲基苯乙烯 | 苯、甲苯 | |
| 聚4-乙烯基吡啶 | 甲醇、乙醇、THF、吡啶 | 石油醚、丙酮、二氧杂环己烷 |
| 聚丙烯酸 | 醇、水 | 大部分有机溶液 |
| 聚甲基丙烯酸 | 水 | 大部分有机溶液 |

续表

| 聚合物 | 溶剂 | 沉淀剂 |
|---|---|---|
| 聚甲基丙烯酸甲酯 | 苯、甲苯、氯仿、丙酮、二氧杂环己烷、二氯甲烷、丁酮、THF | 脂肪烃、醚、甲醇、乙醇 |
| 聚丙烯腈 | DMF、二甲基丙胺、DMSO＋LiCl/ZnCl 的 NaSCN 浓水溶液、乙酸酐 | 醚、酮 |
| 聚丙烯酰胺 | 水 | 有机溶剂 |
| 聚甲醛 | 苯甲醇、醚、DMF | 低级醇、低级醚 |
| 聚环氧乙烷 | 苯、氯仿、醇、水、$CCl_4$ | 脂肪烃、醚 |
| 聚四氢呋喃 | 苯、THF、二氯甲烷、醚、丙酮 | 石油醚、甲醇、水 |
| 三聚氰胺-甲醛树脂 | 水、醇、吡啶、甲酸、甲醛 | 烃 |
| 脲醛树脂 | 醇、水、吡啶、甲酸、甲醛 | 烃 |
| 聚四氟乙烯 | 全氟煤油(350℃) | 大多数溶剂 |
| 聚对苯二甲酸乙二醇酯 | 酚、氯苯酚、硝基苯、酚-四氯乙烷、浓 $H_2SO_4$ | 烃、醇 |
| 尼龙-6 | 吡啶、DMF、DMSO、间二甲酚、氯酚、甲酸 | 烃、氯仿、醇、醚 |
| 尼龙-66 | 酚、二甲酚、甲酸、苯甲醇(120℃) | 烃、氯仿、醇、醚 |
| 聚氨酯 | 酚、间二甲酚、甲醇、硫酸、甲酸 | 饱和烃、醇、醚 |
| 天然橡胶 | 苯、甲苯 | 醇、丙酮 |
| 纤维素 | 乙烯二胺铜水溶液、黄原酸钠水溶液、甲基羟胺水溶液、硫氰酸钙水溶液 | 水、醇 |
| 酚醛树脂 | 烃、酮、醇、酯、醚 | 水 |
| 聚 2,6-二甲基苯醚 | 苯、甲苯、丁酮、四氯化碳 | 甲醇、石油醚 |

注：THF 为四氢呋喃；DMF 为二甲基甲酰胺；DMSO 为二甲基亚砜。

## 附录 16　常用专业术语中英文对照

| | |
|---|---|
| 聚合 | polymerization |
| 引发剂 | initiator (starter) |
| 单体 | monomer |
| 共聚合 | copolymerization |
| 缩合聚合 | condensation polymerization |
| 加成聚合 | polyaddition polymerization |
| 悬浮聚合 | suspension polymerization |
| 本体聚合 | bulk polymerization |
| 溶液聚合 | solution polymerization |
| 乳液聚合 | emulsion polymerization |
| 自由基聚合 | free radical polymerization |
| 离子聚合 | ionic polymerization |
| 溶液共聚合 | solution polycondensation |
| 交联 | crosslink |
| 阻聚剂 | inhibitor |

| | |
|---|---|
| 结晶聚合物 | crystalline polymer |
| 胶乳 | latex |
| 胶束 | micelles |
| 弹性体 | elastomer |
| 竞聚率 | reactivity ratios |
| 链转移 | chain transfer |
| 链增长 | chain propagation |
| 连锁反应 | chain reaction |
| 蠕变 | creep |
| 力学损耗 | mechanical loss |
| 龟裂 | cracking |
| 降解 | degradation |
| 内聚力 | cohesive force |
| 微晶 | crystallite |
| 构型 | configuration |
| 构象 | conformation（constellation） |
| 聚合度 | polymerization degree |
| 官能度 | functionality |
| 纤维增强塑料 | fiber reinforced plastic |
| 高分子纳米材料 | polymer nano material |
| 高分子载体 | polymer support |
| 高分子胶体 | polymer colloid |
| 涂料 | coating |
| 涂料催干剂 | coating terebine |
| 防霉剂 | mould inhibitor |
| 可挤压性 | extrudability |
| 可纺织性 | spinnability |
| 可模塑性 | mouldability |
| 可混合性 | compatibility |
| 聚合物混合体 | polymer mixture |
| 聚合物取向 | polymer orientation |
| 聚合物溶胀 | polymer swelling |
| 聚合物配合物 | polymer complex |
| 聚合物加工 | polymer processing |
| 聚合物改性 | polymer modification |
| 聚合物改性剂 | polymer modifier |
| 聚合物熔体 | polymer melt |
| 聚合物球晶 | polymer spherulite |
| 聚合物链段 | polymer segment |
| 聚合物晶须 | polymer whisker |
| 聚合物晶体 | polymer crystal |
| 聚合物应力松弛 | polymer stress relaxation |
| 聚合物力学损耗 | polymer mechanical loss |
| 聚合物分子量 | polymer molecular weight |

| | |
|---|---|
| 聚合物分子量分布 | polymer molecular weight distribution |
| 聚合物模量 | polymer modulus |
| 聚合物流变学 | polymer rheology |
| 聚合高压釜 | polymerization autoclave |
| 聚合物异构体 | polymer isomer |
| 聚合物配方 | polymer formulator |
| 聚合物能力 | polymerizing power |
| 聚合釜 | polymerizer |
| 催化剂 | catalyst |
| 调节剂 | modifier（controller，regulator） |
| 促进剂 | accelerator（promoter） |
| 阻聚剂 | retarder |
| 活化剂 | polymerization activator |
| 偶联剂 | polymerization-coupling reactant |
| 絮凝剂 | flocculant |
| 分散剂 | dispersant |
| 胶黏剂 | adhesive（binder） |
| 交联剂 | cross linker |
| 固化剂 | curing agent |
| 增塑剂 | plasticizer |
| 防老剂 | antioxidant |
| 终止剂 | terminator |
| 稳定剂 | stabilizer |
| 润滑剂 | lubricant |
| 抗静电剂 | anstatic agent |
| 表面活性剂 | surfactant |
| 热固性塑料 | thermoset plastic |
| 热塑性塑料 | thermoplastic plastic |
| 纤维增强复合材料 | fiber reinforced composite |

# 参考文献

[1] 潘祖仁. 高分子化学. 第 5 版. 北京：化学工业出版社，2014.
[2] 何天白，胡汉杰. 海外高分子科学的新进展. 北京：化学工业出版社，1997.
[3] 何卫东. 高分子化学实验. 合肥：中国科学技术大学出版社，2003.
[4] 梁晖，卢江. 高分子化学实验. 北京：化学工业出版社，2004.
[5] 张兴英，李齐方. 高分子科学实验. 北京：化学工业出版社，2007.
[6] 周诗彪，肖安国. 高分子科学与工程实验. 南京：南京大学出版社，2011.
[7] 杜奕. 高分子化学实验与技术. 北京：清华大学出版社，2008.
[8] 邱建辉. 高分子合成化学实验. 北京：国防工业出版社，2008.
[9] 卿大咏，何毅，冯茹森. 高分子实验教程. 北京：化学工业出版社，2011.
[10] 刘建平，郑玉斌. 高分子科学与材料工程实验. 北京：化学工业出版社，2005.
[11] 林尚安等. 高分子化学. 北京：科学出版社，1984.
[12] 周其凤，胡汉杰. 高分子化学. 北京：化学工业出版社，2001.
[13] 马立群，张晓辉，王雅珍. 微型高分子化学实验技术. 北京：中国纺织出版社，1996.
[14] 金日光，华幼卿. 高分子物理. 第 2 版. 北京：化学工业出版社，2000.